EXLIBRIS

葉國盛 輯校

武夷茶文獻輯校

武夷文獻叢書

海峽出版發行集團
THE STRAITS PUBLISHING & DISTRIBUTING GROUP

福建教育出版社

圖書在版編目（CIP）數據

武夷茶文獻輯校/葉國盛輯校. —福州：福建教
育出版社，2022.11（2023.2 重印）
　（武夷文獻叢書）
　ISBN 978-7-5334-9483-4

　Ⅰ. ①武… Ⅱ. ①葉… Ⅲ. ①武夷山－茶文化－文獻
－匯編　Ⅳ. ①TS971.21

中國版本圖書館 CIP 數據核字（2022）第 146394 號

武夷文獻叢書
武夷茶文獻輯校
葉國盛　輯校

出版發行	福建教育出版社	
	（福州市夢山路 27 號　郵編：350025　網址：www.fep.com.cn	
	編輯部電話：0591-83716190	
	發行部電話：0591-83721876　87115073　010-62024258）	
出 版 人	江金輝	
印　　刷	福州印團網印刷有限公司	
	（福州市倉山區建新鎮十字亭路 4 號）	
開　　本	710 毫米×1000 毫米　1/16	
印　　張	31.25	
字　　數	402 千字	
插　　頁	6	
版　　次	2022 年 11 月第 1 版　2023 年 2 月第 2 次印刷	
書　　號	ISBN 978-7-5334-9483-4	
定　　價	72.00 元	

如發現本書印裝質量問題，請向本社出版科（電話：0591-83726019）調換。

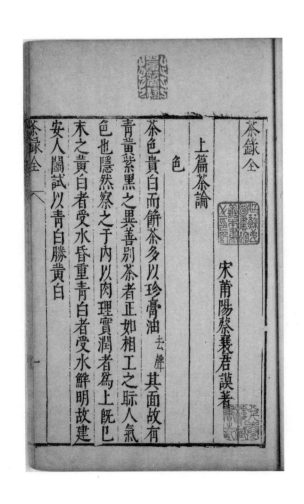

蔡襄《茶録》書影

喻政《茶書》明萬曆四十一年（1613）刻本　南京圖書館藏

泉元寵官焙於武夷花故事至今
御茶園側有井一泓土人亦名喊山泉也

餅茶存末不留膏潑醴何堪但哺榾高榰壓成乾竹葉懸
知陸羽定號呪宋則有黃儒品茶要錄云榰欲去其膏育意又云武夷茶何所知謂草今葉之味短而談惟恐去膏漸所號爲建茶謂
慶類數百年物慧苑初和猶渝屏山云茶之厚薄以花蕊葉重焙反奪眞味此膏育反害眞也膏盡
甲氷芽次第論各種梅近巳奇香木植桂彌陀大最要不前宜茶本甚古藍韓卷上重
奇種天然眞味存木瓜微釀桂微辛何當更續新茶譜雨

今茶譜以綱陸
蔡熊黃之後

翠厂丹崖隱士家半堨榛莽牛開畲五百年來山脈死更
無者舊臥煙雲頌祠至明然隱屏山院繪畫山長以今省無片椽
半尨之遺云

自從茶莽遠流傳遞使山林潤市廛獨有山中茶莽烏聲
聲哀怨似啼鵑茶莽二字其譜三月間鳴此鳥土人爲
夫所虜死化爲鳥狛不忘其故夫故呼茶莽以相警乎
日非也茶山之害於今烈矣此鳥其得氣之先歟
同作　　　許廣暉秋史

鷓鴣飛上喊茶臺
泉聲萬壑自清哀不見山頭鼓似雷夕照低邊荒草綠

蔣蘅《雲寥山人詩鈔》書影
清咸豐元年（1851）刻本　中國國家圖書館藏

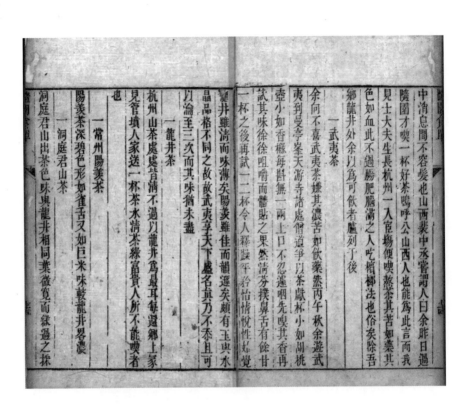

中消息間不容髮也山西裴中丞嘗謂人曰余昨日過
隨園才喫一杯好茶鳴呼公山西人也能為此言而我
見士大夫生長杭州一入宦場便喫熬煎之苦其苦如藥其
色如血此不過腸肥腦滿之人吃檳榔法也俗矣除吾
鄉龍井外余以為可飲者臚列于後

一武夷茶

余向不喜武夷茶嫌其濃苦如飲藥然丙午秋余遊武
夷到曼亭峰天游寺諸處僧道爭以茶獻杯小如胡桃
壺小如香櫞每斟無一兩上口不忍遽咽先嗅其香再
試其味徐徐咀嚼而體貼之果然清芬撲鼻舌有餘甘
一杯之後再試一二杯令人釋躁平矜怡情悅性始覺

龍井雖清而味薄矣陽羨雖佳而韻遜矣頗有玉與水
晶品格不同之故故武夷享天下盛名真乃不忝且可
以淪至三次而其味猶未盡

一龍井茶

杭州山茶處處皆清不過以龍井為最每還鄉上家
見管墳人家送一杯茶水清茶綠富貴人所不能喫者
也

一常州陽羨茶

陽羨茶深碧色形如雀舌又如巨米味較龍井略濃

一洞庭君山茶

洞庭君山出茶色味與龍井相同葉微寬而綠過之採

風潮遲滯則米價騰湧又山皆童山束芻尺薪皆自外來

春雨連綿有米珠薪桂之慮焉

俗好啜茶器具精小壺必曰孟公壺杯必曰若深杯茶葉

重一兩價有貴至四五番錢者文火煎之如啜酒然以佐

客客必辨其色香味而細啜之否則相為嗤笑名曰工夫

茶或曰君謨茶之訛彼誇此競逐有關茶之舉有其癖者

不能自已甚有士子終歲課讀所入不足以供茶費亦嘗

試之殊覺悶人雖無傷於雅尚何忍以有用工夫而棄之

於無益之茶也

城東之靖山禪師嶺超然洞冽水山莊白鹿虎谿山足一

周凱《廈門志》書影
清道光十九年（1839）刻本　臺灣大學圖書館藏

北苑御茶園鑿字岩　宋慶暦八年（1048）刻

to see that none of them accidentally fall through the interstices of the sieves, which would occasion smoke, and thereby injure the tea.

The instrument used for this purpose is a kind of basket, called a Poey Long, about two and a half feet in height, and one and a half in diameter, open at both ends : or rather a tubular piece of basket-work of those dimensions covered with paper, which we may here denominate a " Drying Tube," having a slight inclination from the ends to the centre, thus making the centre the smallest circumference.   In the inner part, a little above the

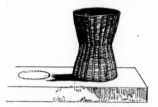

centre, are placed two cross wires for the purpose of receiving the sieve which contains the tea, and which is placed about fourteen inches above the fire. When the tea is sufficiently prepared for this process, the drying-tube is then placed over a low stove built upon the ground to contain a small quantity of charcoal. The stoves, consisting of circular receptacles for charcoal, are constructed

塞繆爾·鮑爾（Samuel Ball）《中國茶葉的種植和製作》
（*An Account of the Cultivation and Manufacture of Tea in China*）書影
1848年版

序 一

葉國盛同志的《武夷茶文獻輯校》即將付梓了，我有幸先覽書稿，寫幾句感言，權作小序。

茶文化的研究隨着飲茶檔次的提升和茶葉生產的蓬勃發展，應運而興，實有時髦莫過茶文化之感。但是，依在下之愚見，坊間茶文化之熱，多是從衆潮流使然，真正瞭解茶文化的人還不夠多。原因是茶文化文獻的整理、注釋、介紹還有欠缺，應當加強。所以我推崇葉國盛同志的努力，點贊《武夷茶文獻輯校》一書的付梓。它的出版，有利於人們深度瞭解名傳遐邇的武夷名茶。

《武夷茶文獻輯校》很專業，因爲它是武夷山的專屬茶文獻，相比其他茶產區，是一種特色。一般説來，“識寶者稀，知音蓋寡”，知曉特色，就是識寶、知音，本書恰好是知武夷名茶之由來，識武夷名茶之特色的入門著作。

本書編者慎選底本，互校諸本，使文本有比較高的準確性。因爲編者受過文獻整理訓練，所以其輯校文本，有其學術價值。如蔡襄的《茶録》，是繼唐陸羽《茶經》之後的一部記録茶的名著。編者以古香齋寶藏蔡帖絹本爲底本，參校《百川學海》陶氏景刊咸淳本、明喻政《茶書》本和文淵閣《四庫全書》本。可以説，文本臻於完善。

更值得一提的是，本書注意到與茶文化有關的詩、文、方志、碑刻及域外茶文化著作，摘録部分編入書中。這些資料對武夷茶的製作、特色描述生動，令人難忘，可加深人們對武夷名茶之特色的認識，如明代詩人吳拭曾記載說：武夷茶"周右文極抑之。蓋緣山中不諳製焙法，一味計多狗利之過也。余試采少許，製以松蘿法，汲虎嘯岩下語兒泉烹之，三德俱備，帶雲石而復有甘軟氣"。又錄吳棭臣《閩游偶記》記載說："蓋製茶者，仍係土著僧人耳。近有人招黃山僧，用松蘿法製之，則與松蘿無異，香味似反勝之，時有武夷松蘿之稱。"可見武夷茶也吸收了黃山松蘿茶之製作工藝，優化了武夷茶之品質。我覺得這兩條史料，還提供我們另一思路：自宋以後，武夷團茶製作什麼時候有了替代的工藝？這個工藝與松蘿製作工藝引進有否關係？甚至與近世烏龍茶製作工藝的出現有否關係？等等。至於域外茶葉史料，雖收錄不多，亦可廣開讀者視野。

總之，我對所輯文獻之精，極爲首肯。尤其史料中的某些記載，還可能幫助我們破解茶史的某些疑團，因此彌足珍貴。

謹此爲序。

鄭學檬

二〇二一年七月二十日於廈門大學海韵北區寓所

2

序 二

武夷山是中國茶區的一顆燦燦明珠，中國六大茶類有兩類即誕生在這裏；武夷山是人才薈萃之地，民國《崇安縣新志》載："宋時范仲淹、歐陽修、梅聖俞、蘇軾、蔡襄、丁謂、劉子翬、朱熹等從而張之，武夷茶遂馳名天下。"由於歷史悠久，自然而然就留下了豐富的涉茶文獻。這些是我們今天研究武夷茶史的寶貴資料。

二〇一四年我邀請國內一些專家在宜興開芥茶研討會，劉勤晉教授與會并帶葉國盛等隨行。聽到劉教授介紹國盛從事茶文化研究、教學，我很高興，并囑他利用立足武夷學院的地理優勢，整理一下武夷山的茶文獻。國盛很勤奮，在教學之餘努力爬梳，屢有所得，終於彙編成册。

初讀書稿，第一感覺便是該書收錄範圍較廣，不僅收錄了茶書、茶文學作品、筆記和方志等，更爲難得的是把石刻和域外文獻也收錄其中，使讀者眼界爲之一寬。第二感覺是書稿規範，在選擇底本和出校等方面，很見功底。

略感不足的是，個別材料所用的本，尚可選擇再精一些。

我從事古籍整理出版工作數十年，深知其中的艱難。在今天"短、平、快"的時代，盛行"混搭"與"跨界"，肯坐冷板凳的人寥寥無幾。國盛能夠長期堅持，終有所成，樂以爲序。

穆祥桐

二〇二一年九月於北京望京茗室

3

整理前言

  對茶葉文獻資料的整理，學界已有諸多成果。萬國鼎《茶書總目提要》著録近百種茶書，梳理其源流。陳祖槼、朱自振《中國茶葉歷史資料選輯》將散存各處、散見各書的茶葉史料匯成一書，是研究茶史的案頭書。其後茶書類的整理成果豐厚，朱自振、沈冬梅、增勤《中國古代茶書集成》，方健《中國茶書全集校證》等力作呈現了中國歷代茶葉典籍的基本面貌。另外，全國圖書館文獻縮微復制中心《民國茶文獻史料彙編》，許嘉璐《中國茶文獻集成》和福建省圖書館《閩茶文獻叢刊》等影印文獻爲茶文化研究提供了寬廣的文獻視野。

  武夷山擁有豐富的茶樹種質資源和精湛的茶葉製作技藝，更有各類獨具韵味的茶品："骨清肉膩和且正"的建茶，品具岩骨花香之勝的武夷岩茶，具有松烟香的小種紅茶，風靡西方社會的 Bohea Tea，等等。可以説，武夷茶具有深厚的文化内涵，是生活的健康之飲、清心雅志之飲。同時，它沿着茶路與域外文化交融，傳播了來自東方的生活方式與文化價值。這些故實，有扎實而豐富的文獻資料記載。研讀武夷茶文獻，可以看到一幅壯闊的武夷茶業歷史圖景，亦能看到福建茶業乃至中國茶業發展歷程的縮影。

  本書輯校文獻的範圍是民國以前關於武夷茶的文獻資料，涵蓋了同屬於"大武夷"地區建茶的内容。以文獻資料的來源與性質分譜録、文學、筆記、地方志、石刻、域外文獻等。限於篇幅且部分文獻已爲《續茶經》等文獻所著録，故正史、政書、類書等有關資料本書暫未輯録。《附録》有福建其他地區茶文獻選輯等。各類文獻資料因特點與功能有別，采取不同的輯校方式。譜録與域外文獻整理説明置於各書正文前，其他各篇整理説明列於篇首。輯校中，底本出現訛、脱、衍字者，以及部分异文、文本信息予以出校。除人名、"石刻篇"外，底本所用的异體字、古今字、俗體字，均徑改爲通用規範漢字（用字參考《通用規範漢字表》《現代漢語詞典》等），不出校。

　　武夷茶文獻的搜集與整理工作，還有進一步探索的空間，仍有豐富而重要的資料有待挖掘與研究。本書如有不妥之處，請隨時指教。

目　録

譜録篇

文學篇

8

筆記篇

地方志篇

石刻篇

域外文獻篇

附録

譜錄篇

茶録并序

〔宋〕蔡襄 撰

整理説明

蔡襄（1012—1067），宋仙游（治所在今福建省仙游縣）人，字君謨。宋天聖八年（1030）進士。慶曆三年（1043）知諫院，後出知福州，改福建路轉運使。至和、嘉祐間，歷知開封府、福州、泉州，建萬安橋。英宗朝以母老求知杭州。卒諡忠惠。工書法，詩文清妙。有《茶録》《荔枝譜》《蔡忠惠集》。《茶録》成書於宋皇祐年間（1049—1054），治平元年（1064）刻石，是繼陸羽《茶經》之後又一部重要的茶書。其版本主要有自書本、拓本、絹本，蔡襄相關文集本，另有宋左圭《百川學海》本、明陶宗儀《説郛》本、明喻政《茶書》本、文淵閣《四庫全書》本等。因"陸羽《茶經》不第建安之品，丁謂《茶圖》獨論采造之本，至於烹試，曾未有聞"，故該書專論烹試之法。上篇論茶，分色、香、味、藏茶、炙茶、碾茶、羅茶、候湯、熁盞、點茶十目，主要論述茶湯品質與點飲方法；下篇論茶器，分茶焙、茶籠、砧椎、茶鈐、茶碾、茶羅、茶盞、茶匙、湯瓶九目，談事茶所用器具。此次整理以古香齋寶藏蔡帖絹本爲底本，《百川學海》陶氏景刊咸淳本、喻政《茶書》明萬曆四十一年（1613）刻本、文淵閣《四庫全書》本爲參校本。校勘記中，"《百川學海》陶氏景刊咸淳本"簡稱"《百川學海》本"，"喻政《茶書》明萬曆四十一年（1613）刻本"簡稱"《茶書》本"，"文淵閣《四庫全書》本"簡稱"四庫本"。

朝奉郎、右正言、同修起居注臣蔡襄上進：臣前因奏事，伏蒙陛下諭，臣先任福建轉運使日所進上品龍茶，最爲精好。臣退念草木之微，首辱陛下知鑒，若處之得地，則能盡其材。昔陸羽《茶經》不第建安之品，丁謂《茶圖》獨論采造之本，至於烹試，曾未有聞。臣輒條數事，簡而易明，勒成二篇，名曰《茶錄》。伏惟清閑之宴，或賜觀采，臣不勝惶懼榮幸之至。蔡襄謹叙。

上篇　論茶

色

茶色貴白，而餅茶多以珍膏油_{去聲}其面，故有青黃紫黑之异。善別茶者，正如相工之視人氣色也。隱然察之於內，以肉理實潤者爲上。既已末之，黃白者受水昏重，青白者受水鮮明，故建安人鬥試，以青白勝黃白。

香

茶有真香，而入貢者微以龍腦和膏，欲助其香。建安民間試茶皆不入香，恐奪其真。若烹點之際，又雜珍果香草，其奪益甚，正當不用。

味

茶味主於甘滑，惟北苑鳳凰山連屬諸焙所産者味佳。隔溪諸山，雖及時加意製作，色味皆重，莫能及也。又有水泉不甘，能損茶味。前世之論水品者以此。

藏茶

茶宜蒻葉而畏香藥，喜溫燥而忌濕冷，故收藏之家，以蒻葉封裹入焙中，兩三日一次，用火常如人體溫，溫則禦濕潤。若火多，則茶焦不可食。

炙茶

茶或經年，則香色味皆陳。於净器中以沸湯漬之，刮去膏油，一兩重乃止，以鈐箝之，微火炙乾，然後碎碾。若當年新茶，則不用此説。

碾茶

碾茶先以净紙密裹，椎碎，然後孰[一] 碾。其大要，旋碾則色白，或經宿則色已昏矣。

羅茶

羅細則茶浮，粗則水浮。

候湯

候湯最難。未熟則沫浮，過孰則茶沉，前世謂之蟹眼者，過熟湯也。沉瓶中煮之不可辩，故曰候湯最難。

熁盞

凡欲點茶，先須熁盞令熱，冷則茶不浮。

點茶

茶少湯多，則雲脚散；湯少茶多，則粥面聚。建人謂之雲脚、粥面。鈔茶一錢匕，先注湯調令極勻，又添注之，環回擊拂。湯上盞可四分則止。視其面色鮮白，著盞無水痕爲絶佳。建安鬥試，以水痕先者爲負，耐久者爲勝，故較勝負之説，曰相去一水、兩水。

下篇　論茶器

茶焙

茶焙編竹爲之，裹^[二] 以蒻葉，蓋其上，以收火也。隔其中，以有容也。納火其下，去茶尺許，常温温然，^[三] 所以養茶色香味也。

茶籠

茶不入焙者，宜密封裹，以蒻籠盛之，置高處，不近濕氣。

砧椎

砧椎蓋以碎茶。砧以木爲之，椎或金或鐵，取於便用。

茶鈐

茶鈐屈金鐵爲之，用以炙茶。

茶碾

茶碾以銀或鐵爲之。黃金性柔，銅及鍮石皆能生鉎音星，不入用。

茶羅

茶羅以絶細爲佳。羅底用蜀東川鵝溪畫絹之密者，投湯中揉洗以冪之。

茶盞

茶色白，宜黑盞。建安所造者紺黑，紋如兔豪[四]，其坯[五] 微厚，熻之久熱難冷，最爲要用。出佗處者，或薄或色紫，皆不及也。其青白盞，鬥試家自不用。

茶匙

茶匙要重，擊拂有力。黄金爲上，人間以銀、鐵爲之。竹者輕，建茶不取。

湯瓶

瓶要小者易候湯，又點茶注湯有準。黄金爲上，人間以銀、鐵或瓷石爲之。

臣皇祐中修起居注，奏事仁宗皇帝，屢承天問以建安貢茶并所以試茶之狀。臣謂論茶雖禁中語，無事於密，造《茶録》二篇上進。後知福州，爲掌書記竊去藏稿，不復能記。知懷安縣樊紀購得之，遂以刊勒行於好事者，然多舛謬。臣追念先帝顧遇之恩，攬本流涕，輒加正定，書之於石，以永其傳。

治平元年五月二十六日，三司使給事中臣蔡襄謹記。

　　［一］“埶”，《百川學海》本、《茶書》本、四庫本作“熱”，二字通。下“過埶則茶沉”同。

　　［二］“裏”，原作“衷”，今據《百川學海》本、《茶書》本、四庫本改。

　　［三］“常溫溫然”四字原闕，今據《百川學海》本、《茶書》本、四庫本補。

　　［四］“豪”，《百川學海》本、《茶書》本、四庫本作“亳”，二字通。

　　［五］“坏”，《百川學海》本、《茶書》本作“柸”，四庫本作“杯”。

品茶要録

〔宋〕黄儒　撰

整理説明

黄儒（生卒年不詳），宋建安（治所在今福建省建甌市）人，字道輔。《品茶要録》約成書於宋嘉祐三年（1058），有明周履靖《夷門廣牘》本、明陶宗儀《説郛》本、明程百二刊本、明喻政《茶書》本、明《五朝小説》本、清《古今圖書集成》本等。全書前後有總論、後論一篇，説“予因收閲之暇，爲原采造之得失，較試之低昂”，分采造過時、白合盜葉、入雜、蒸不熟、過熟、焦釜、壓黄、漬膏、傷焙、辨壑源與沙溪等十目。主要闡述建茶采製弊端與品質之間的關係。此次整理以明萬曆四十三年（1615）程百二刻本爲底本，《説郛》明弘治十三年（1500）鈔本（中國國家圖書館藏，善本書號：03907）、喻政《茶書》明萬曆四十一年（1613）刻本、《説郛》民國十六年（1927）上海商務印書館涵芬樓重校鉛印本、陸廷燦《續茶經》清雍正十三年（1735）陸氏壽椿堂刻本爲參校本。校勘記中，“《説郛》明弘治十三年（1500）鈔本”簡稱“弘治本”，“喻政《茶書》明萬曆四十一年（1613）刻本”簡稱“《茶書》本”，“《説郛》民國十六年（1927）上海商務印書館涵芬樓重校鉛印本”簡稱“涵芬樓本”，“陸廷燦《續茶經》清雍正十三年（1735）陸氏壽椿堂刻本”簡稱“《續茶經》本”。

總論

　　説者常怪陸羽《茶經》不第建安之品，蓋前此茶事未甚興，靈芽真笋，往往委翳消腐，而人不知惜。自國初以來，士大夫沐浴膏澤，咏歌升平之日久矣。夫體勢灑落，神觀冲澹，惟茲茗飲爲可喜。園林亦相與摘英誇异，製捲[一] 鬻薪[二] 而趨時之好，故殊絶之品始得自出於蓁莽之間，而其名遂冠天下。借使陸羽復起，閱其金餅，味其雲腴，當爽然自失矣。因念草木之材，一有負瓌偉絶特者，未嘗不遇時而後興，况於人乎！然士大夫間爲珍藏精試之具，非會雅好真，未嘗輒出。其好事者，又嘗論其采製之出入，器用之宜否，較試之湯火，圖於縑素，傳玩於時，獨未有補於賞鑒之明爾。蓋園民射利，膏油其面，香[三] 色品味易辨而難評。予因收閲之暇，爲原采造之得失，較試之低昂，次爲十説，以中其病，題曰《品茶要録》云。

一、采造過時

　　茶事起於驚蟄前，其采芽如鷹爪。初造曰試焙，又曰一火，次曰二火[四]。二火之茶，已次一火矣，故市茶芽者，惟同出於三火前者爲最佳。尤喜薄寒氣候，陰不至於凍。芽茶尤畏霜，有造於一火二火皆遇霜，而三火霜霽，則三火之茶已勝矣。晴不至於暄，則穀芽含養約勒而滋長有漸，采工亦優爲矣。凡試時泛色鮮白、隱於薄霧者，得於佳時而然也。有造於積雨者，其色昏黄；或氣候暴暄，茶芽蒸發，采工汗手薰漬，揀摘不給，則製造雖多，皆爲常品矣。試時色非鮮白、水脚微紅者，過時之病也。

二、白合盜葉

茶之精絶者曰鬥，曰亞鬥，其次揀芽。茶芽，鬥品雖最上，園
戶或止一株，蓋天材間有特異，非能皆然也。且物之變勢無窮，而
人之耳目有盡，故造鬥品之家，有昔優而今劣、前負而後勝者，雖
工有至有不至，亦造化推移，不可得而擅也。其造，一火曰鬥，二
火曰亞鬥，不過十數銙而已。揀芽則不然，遍園隴中擇其精英者
爾。其或貪多務得，又滋色澤，往往以白合、盜葉間之。試時色雖
鮮白，其味澀淡者，間白合、盜葉之病也。一鷹爪之芽，有兩小葉抱而
生者，白合也。新條葉之抱生而色白者，盜葉也。造揀芽常剔取鷹爪，而白
合不用，況盜葉乎？

三、入雜

物固不可以容僞，況飲食之物，尤不可也。故茶有入他葉[五]
者，建人號爲"入雜"。銙列入柿葉，常品入桴檻葉。二葉易致，
又滋色澤，園民欺售直而爲之。試時無粟紋甘香，盞面浮散，隱如
微毛，或星星如纖絮者，入雜之病也。善茶品者，側盞視之，所入
之多寡，從可知矣。嚮上下品有之，近雖銙列，亦或勾使。

四、蒸不熟

穀芽初采，不過盈掬[六]而已，趣時爭新之勢然也。既采而蒸，
既蒸而研。蒸有不熟之病，有過熟之病。蒸不熟，則雖精芽，所損
已多。試時色青易沉，味爲桃仁[七]之氣者，不蒸熟之病也。唯正
熟者，味甘香。

五、過熟

茶芽方蒸，以氣爲候，視之不可以不謹也。試時色黃而粟紋大者，過熟之病也。然雖過熟，愈於不熟，甘香之味勝也。故君謨論色，則以青白勝黃白。余論味，則以黃白勝青白。

六、焦釜

茶，蒸不可以逾久，久而過熟，又久則湯乾而焦釜之氣上。茶工有泛^[八] 新湯以益之，是致熏損茶黃。試時色多昏紅，氣焦味惡者，焦釜之病也。建人號爲"熱鍋氣"。

七、壓黃

茶已蒸者爲黃，黃細，則已入棬模製之矣，蓋清潔鮮明，則香色如之。故采佳品者，常於半曉間衝蒙雲霧，或以罐汲新泉懸胸間，得必投其中，蓋欲鮮也。其或日氣烘爍，茶芽暴長，工力不給，其芽已陳而不及蒸，蒸而不及研，研或出宿而後製，試時色不鮮明，薄如壞卵氣者，壓黃之病^[九] 也。

八、漬膏

茶餅光黃，又如蔭潤者，榨不乾也。榨欲盡去其膏，膏盡，則有如乾竹葉之色。唯飾首面者，故榨不欲乾，以利易售。試時色雖鮮白，其味帶苦者，漬膏之病也。

九、傷焙

夫茶本以芽葉之物就之棬模，既出棬^[十]，上笪焙之。用火務令通徹，即以灰覆之，虛其中，以透[十一] 火氣。然茶民不喜用實炭，號爲“冷火”，以茶餅新濕[十二]，欲速乾以見售，故用火常帶烟焰。烟焰既多，稍失看候，以故熏損茶餅。試時其色昏紅，氣味帶焦者，傷焙[十三] 之病也。

十、辨壑源、沙溪

壑源、沙溪，其地相背而中隔一嶺，其勢無數里之遠，然茶產頓殊。有能出力[十四] 移栽植之，亦爲土氣所化。竊嘗怪茶之爲草，一物爾，其勢必由得地而後異，豈水絡地脉偏鍾[十五] 粹於壑源，抑御焙占此大岡巍隴，神物伏護，得其餘蔭耶？何其甘芳精至而獨擅天下也！觀夫春雷一驚，筍籠纔起，售者已擔簦挈囊於其門，或先期而散留金錢，或茶纔入笪而爭酬所直，故壑源之茶常不足客所求。其有桀猾之園民，陰取沙溪茶黃雜，就家梣而製之。人徒趣其名，眡其規模之相若，不能原其實者蓋有之矣。凡壑源之茶售以十，則沙溪之茶售以五，其直大率放[十六] 此。然沙溪之園民亦勇於爲利，或雜以松黃，飾其首面。凡肉理怯薄，體輕而色黃，試時雖鮮白，不能久泛，香薄而味短者，沙溪之品也。凡肉理實厚，體堅而色紫，試時泛盞凝久，香滑而味長者，壑源之品也。

後論

余嘗論茶之精絶者，白合未開，細如麥，蓋得青陽之輕清者也。又其山多帶砂石而號嘉品者，皆在山南，蓋得朝陽之和者也。余嘗事閑，乘暑景之明净，適軒亭之瀟灑，一取佳品嘗試，既而求水生於華池，愈甘而清，其有助乎！然建安之茶散天下者不爲少，而得建安之精品不爲多。蓋有得之者不能辨，能辨矣，或不善於烹試，善烹試矣，或非其時，猶不善也，況非其賓乎？然未有主賢而賓愚者也。夫惟知此，然後盡茶之事。昔者陸羽號爲知茶，然羽之所知者，皆今所謂草茶。何哉？如鴻漸所論"蒸笋并葉[十七]，畏流其膏"，蓋草茶味短而淡，故常恐去膏。建茶力厚而甘，故惟欲去膏。又論福、建爲"未詳，往往得之，其味極佳"，由是觀之，鴻漸未嘗到建安歟？

【校勘記】

[一]"棬"，原作"捲"，今據《茶書》本、陸羽《茶經》"二之具"文改。下文"則已入棬模製之矣""夫茶本以芽葉之物就之棬模"同。

[二]"薪"，原作"新"，今據弘治本、《茶書》本改。

[三]"香"字原闕，今據弘治本、《茶書》本補。

[四]"火"，原作"次"，今據《茶書》本、涵芬樓本改。

[五]"葉"，弘治本、《茶書》本作"草"。

[六]"挶"，原作"箱"，今據弘治本、《茶書》本改。日本早稻田大學藏《茶書》本於"挶"字旁有浮簽作"説　筐"。"説"指《説郛》，當據《説郛》某版本校。

[七]"仁"，原作"人"，今據《茶書》本、涵芬樓本改。

[八]"泛"，原作"乏"，今據涵芬樓本改。

[九]"之病"二字原闕，今據《續茶經》本補。

[十]"棬"，原作"卷"，今據《茶書》本改。

[十一]"透"，原作"熱"，今據《續茶經》本改。

[十二]"濕"，原作"温"，今據弘治本、《茶書》本、涵芬樓本改。

[十三]"焙"，原作"焰"，今據《茶書》本、涵芬樓本改。

[十四]"力"，原作"火"，今據弘治本、《茶書》本、涵芬樓本改。

[十五]"鍾"，原作"種"，今據弘治本、《茶書》本、涵芬樓本改。

[十六]"放"，弘治本、《茶書》本、涵芬樓本作"倣"，二字通。

[十七]"蒸笋并葉"，陸羽《茶經》作"散所蒸牙笋并葉"。

東溪試茶録

〔宋〕宋子安　撰

整理説明

宋子安（生卒年不詳），宋建安（治所在今福建省建甌市）人。《東溪試茶録》約成書於宋治平元年（1064），有宋左圭《百川學海》本、明胡文焕《格致叢書》本、明喻政《茶書》本、文淵閣《四庫全書》本、清《古今圖書集成》本等版本。作者因丁謂、蔡襄等記載建安茶事尚有未盡，故撰此書。全書首爲緒論，次分總叙焙名、北苑、壑源、佛嶺、沙溪、茶名、采茶、茶病等八目。叙述諸焙沿革及所隷茶園的位置與特點，又論茶葉品質與産地自然條件的關係，指出"茶宜高山之陰，而喜日陽之早"等，頗有見地。此次整理以《百川學海》陶氏景刊咸淳本爲底本，喻政《茶書》明萬曆四十一年（1613）刻本、文淵閣《四庫全書》本、《古今圖書集成》本爲參校本。校勘記中，"喻政《茶書》明萬曆四十一年（1613）刻本"簡稱"《茶書》本"，"文淵閣《四庫全書》本"簡稱"四庫本"，"《古今圖書集成》本"簡稱"《集成》本"。

建首七閩，山川特異，峻極回環，勢絕如甌。其陽多銀銅，其陰孕鉛鐵。厥土赤墳，厥植惟茶。會建而上，群峰益秀，迎抱相向，草木叢條，水多黃金，茶生其間，氣味殊美。豈非山川重復，土地秀粹之氣鍾於是，而物得以宜歟？

北苑西距建安之洄溪二十里而近，東至東宮百里而遙。焙[一]名有三十六，東東宮[二]其一也。過洄溪，逾東宮，則僅能成餅耳。獨北苑連屬諸山者最勝。北苑前枕溪流，北涉數里，茶皆氣弇然，色濁，味尤薄惡，況其遠者乎？亦猶橘過淮爲枳也。近蔡公作《茶錄》亦云："隔溪諸山，雖及時加意製造，色味皆重矣。"

今北苑焙風氣亦殊，先春朝隮常雨，霽則霧露昏蒸，晝午猶寒，故茶宜之。茶宜高山之陰，而喜日陽之早。自北苑鳳山南，直苦竹園頭東南，屬張坑頭，皆高遠先陽處，歲發常早，芽極肥乳，非民間所比。次出壑源嶺，高土沃地，茶味甲於諸焙。丁謂亦云："鳳山高不百丈，無危峰絕崦，而崗阜環抱，氣勢柔秀，宜乎嘉植靈卉之所發也。"又以："建安茶品，甲於天下，疑山川至靈之卉，天地始和之氣，盡此茶矣。"又論："石乳出壑嶺斷崖缺石之間，蓋草木之仙骨。"丁謂之記，錄建溪茶事詳備矣。至於品載，止云"北苑壑源嶺"，及總記"官私諸焙千三百三十六"耳。近蔡公亦云："唯北苑鳳凰山連屬諸焙所產者味佳。"故四方以建茶爲目，皆曰北苑。建人以近山所得，故謂之壑源。好者亦取壑源口南諸葉，皆云彌珍絕。傳致之間，識者以色味品第，反以壑源爲疑。

今書所異者，從二公紀土地勝絕之目，具疏園隴百名之異，香味精粗之別，庶知茶於草木爲靈最矣。去畝步之間，別移其性。又以佛嶺、葉源、沙溪附見，以質二焙之美，故曰《東溪試茶錄》。自東宮、西溪、南焙、北苑皆不足品第，今略而不論。

總叙焙名北苑諸焙，或還民間，或隸北苑，前書未盡，今始終其事。

舊記建安郡官焙三十有八，自南唐歲率六縣民采造，大爲民間所苦。我宋建隆已來，環北苑近焙歲取上供，外焙俱還民間而裁稅之。至道年中，始分游坑、臨江、汾常西、濛洲西、小豐、大熟六焙，隸南劍；又免五縣茶民，專以建安一縣民力裁足之，而除其口率泉。

慶曆中，取蘇口、曾坑、石坑、重院，還屬北苑焉。又丁氏舊錄云"官私之焙，千三百三十有六"，而獨記官焙三十二。東山之焙十有四：北苑龍焙一，乳橘内焙二，乳橘外焙三，重院四，壑嶺五，渭[三]源六，范源七，蘇口八，東宮九，石坑十，建溪十一，香口十二，火梨十三，開山十四；南溪之焙十有二：下瞿一，濛洲東二，汾東三，南溪四，斯源五，小香六，際會七，謝坑八，沙龍九，南鄉十，中瞿十一，黃熟十二；西溪之焙四：慈善西一，慈善東二，慈惠三，船坑四；北山之焙二：慈善東一，豐樂二。

北苑曾坑、石坑附。

建溪之焙三十有二，北苑首其一，而園別爲二十五。苦竹園頭甲之，鼯鼠窠次之，張坑頭又次之。

苦竹園頭連屬窠坑，在大山之北，園植北山之陽，大山多修木叢林，鬱蔭相及。自焙口達源頭五里，地遠而益高。以園多苦竹，故名曰苦竹。以高遠居衆山之首，故曰園頭。直西定山之隈，土石迴向如窠然，南挾泉流，積陰之處而多飛鼠，故曰鼯鼠窠。其下曰小苦竹園。又西至於大園，絶山尾，疏竹蓊蔚，昔多飛雉，故曰鷄藪窠。又南出壤園、麥園，言其土壤沃，宜麰麥也。自青山曲折而北，嶺勢屬如貫魚，凡十有二。又隈曲如寪巢者九，其地利，爲九寪十二壟。隈深絕數里曰廟坑，坑有山神祠焉。又焙南直東嶺，極高峻，曰教練壟。東入張坑，南距苦竹，帶北岡勢橫直，故曰坑。坑又北出鳳凰山，其勢中峙，如鳳之首，兩山相向，如鳳之翼，因取象焉。鳳凰山東南至於袁雲壟，又南至於張坑，又南最高處曰張坑頭。言昔有袁氏、張氏居於此，因名其地焉。出袁雲之北，平下，故曰平園。絕嶺之表曰西際，其東爲東際。焙東之山，縈紆如帶，故曰帶園。其中曰中歷坑，東又曰馬鞍山，又東黃淡寪，謂山多黃淡也。絕東爲林園，又南曰柢園。又有蘇口焙，與北苑不相屬。昔有蘇氏居之，其園別爲四：其最高處曰曾坑，際上又曰尼園，又北曰官坑。上園下坑，園，慶曆中始入北苑。歲貢有曾坑上品一斤，叢出於此。曾坑山淺土薄，苗發多紫，復不肥乳，氣味殊薄。今歲貢以苦竹園茶充之，而蔡公《茶錄》亦不云曾坑者佳。又石坑者，涉溪東，北距焙僅一舍，諸焙絕下。慶曆中，分屬北苑。園之別有十：一曰大番，二曰石雞望，三曰黃園，四曰石坑古焙，五曰重院，六曰彭坑，七曰蓮湖，八曰嚴歷，九曰烏石高，十曰高尾。山多古木修林，今爲本焙取材之所。園焙歲久，今廢不開。二焙非產茶之所，今附見之。

壑源葉源附。

建安郡東望北苑之南山，叢然而秀，高峙數百丈，如郛郭焉，民間所謂捍火山也。其絕頂西南，下視建之地邑。民間謂之望州山。山起壑源口而西，周抱北苑之群山，迤邐南絕其尾，巋然山阜高者爲壑源頭，言壑源嶺山自此首也。大山南北，以限沙溪。其東曰壑水之所出。水出山之南，東北合爲建溪。壑源口者，在北苑之東北。

18

南徑數里，有僧居曰承天，有園隴、北稅官山，其茶甘香，特勝近
焙，受水則渾然色重，粥面無澤。道山之南，又西至於章歷。章歷
西曰後坑，西曰連焙，南曰焙上，又南曰新宅，又西曰嶺根，言北
山之根也。茶多植山之陽，其土赤埴，其茶香少而黃白。嶺根有流
泉，清淺可涉。涉泉而南，山勢回曲，東去如鉤，故其地謂之壑嶺
坑頭，茶爲勝絕處。又東，別爲大窠坑頭，至大窠爲正壑嶺，寔爲
南山。土皆黑埴，茶生山陰，厥味甘香，厥色青白，及受水，則淳
淳光澤。民間謂之冷粥面。視其面，渙散如粟，雖去社，芽[四] 葉過[五]
老，色益青明，氣益鬱然，其止，則苦去而甘至。民間謂之草木大而
味大是也。他焙芽葉遇老，色益青濁，氣益勃然，甘至，則味去而苦
留，爲异矣。大窠之東，山勢平盡，曰壑嶺尾，茶生其間，色黃而
味多土氣。絕大窠南山，其陽曰林坑，又西南曰壑嶺根，其西曰壑
嶺頭。道南山而東曰穿欄焙，又東曰黃際。其北曰李坑，山漸平
下，茶色黃而味短。自壑嶺尾之東南，溪流繚繞，岡阜不相連附。
極南塢中曰長坑，逾嶺爲葉源。又東爲梁坑，而盡於下湖。葉源
者，土赤多石，茶生其中，色多黃青，無粥面粟紋而頗明爽，復性
重喜沉，爲次也。

佛嶺

佛嶺連接葉源下湖之東，而在北苑之東南，隔壑源溪水道，自
章阪東際爲丘坑，坑口西對壑源，亦曰壑口，其茶黃白而味短。東
南曰曾坑，今屬北苑。其正東曰後歷。曾坑之陽曰佛嶺，又東至於張
坑，又東曰李坑，又有硬頭、後洋、蘇池、蘇源、郭源、南源、畢
源、苦竹坑、歧頭、槎頭，皆周環佛嶺之東南，茶少甘而多苦，色
亦重濁。又有篔源、篔，音膽，未詳此字。石門、江源、白沙，皆在

佛嶺之東北，茶泛然縹塵色而不鮮明，味短而香少，爲劣耳。

沙溪

　　沙溪去北苑西十里，山淺土薄，茶生則葉細，芽不肥乳。自溪口諸焙，色黃而土氣。自龔漈南曰挺頭，又西曰章坑，又南曰永安，西南曰南坑漈，其西曰砰溪。又有周坑、范源、温湯漈、厄源、黃坑、石龜、李坑、章坑、章村、小梨，皆屬沙溪。茶大率氣味全薄，其輕而浮，浡浡如土色，製造亦殊壑源者。不多留膏，蓋以去膏盡，則味少而無澤也，茶之面無光澤也。故多苦而少甘。

茶名茶之名類殊別，故錄之。

　　茶之名有七。一曰白葉茶，民間大重，出於近歲，園焙時有之。地不以山川遠近，發不以社之先後，芽葉如紙，民間以爲茶瑞。取其第一者爲鬥茶，而氣味殊薄，非食茶之比。今出壑源之大窠者六，葉仲元、葉世萬、葉世榮、葉勇、葉世積、葉相。壑源岩下一，葉務滋。源頭二，葉團、葉肱。壑源後坑一[六]，葉久。壑源嶺根三，葉公、葉品、葉居。林坑黃漈一，游容。丘坑一，游用章。畢源一，王大照。佛嶺尾一，游道生。沙溪之大梨漈上一，謝汀。高石岩一，雲擦院。大梨一，呂演。砰溪嶺根一。任道者。次有柑葉茶，樹高丈餘，徑頭七八寸，葉厚而圓，狀類柑橘之葉。其芽發即肥乳，長二寸許，爲食茶之上品。三曰早茶，亦類柑葉，發常先春，民間采製爲試焙者。四曰細葉茶，葉比柑葉細薄，樹高者五六尺，芽短而不乳。今生沙溪山中，蓋土薄而不茂也。五曰稽茶，葉細而厚密，芽晚而青黃。六曰晚茶，蓋稽[七]茶之類，發比諸茶晚，生於社後。七曰叢茶，亦曰蘗茶，叢生，高不數尺，一歲之間，發者數四，貧民取以爲利。

采茶辨茶，須知製造之始，故次。

　　建溪茶比他郡最先，北苑、壑源者尤早。歲多暖，則先驚蟄十日即芽。歲多寒，則後驚蟄五日始發。先芽者，氣味俱不佳，唯過驚蟄者最爲第一。民間常以驚蟄爲候。諸焙後北苑者半月，去遠則益晚。凡采茶必以晨興，不以日出。日出露晞，爲陽所薄，則使芽之膏腴立耗於內，茶及受水而不鮮明，故常以早爲最。凡斷芽必以甲，不以指。以甲則速斷不柔，以指則多溫易損。擇之必精，濯之必潔，蒸之必香，火之必良，一失其度，俱爲茶病。民間常以春陰爲采茶得時。日出而采，則芽[八]葉易損，建人謂之采摘不鮮，是也。

茶病試茶辨味，必須知茶之病，故又次之。

　　芽擇肥乳，則甘香，而粥面著盞而不散。土瘠而芽短，則雲脚渙亂，去盞而易散。葉梗半，則受水鮮白。葉梗短，則色黃而泛。梗謂芽之身除去白合處，茶民以茶之色味俱在梗中。烏蒂、白合，茶之大病。不去烏蒂，則色黃黑而惡。不去白合，則味苦澀。丁謂之論備矣。蒸芽必熟，去膏必盡。蒸芽未熟，則草木氣存。適口則知。去膏未盡，則色濁而味重。受烟則香奪，壓黃則味失，此皆茶之病也。受烟，謂過黃時火中有烟，使茶香盡而烟臭不去也；壓去膏之時，[九]久留茶黃未造，使黃經宿，香味俱失，弇然氣如假鷄卵臭也。

【校勘記】

　　[一]“焙”，原作“姬”，按：鄭培凱、朱自振《中國歷代茶書彙編校注本》據明朱祐檳《茶譜》本校改爲“焙”，今據改。

　　[二]“東東宮”，《茶書》本作“東宮”。

［三］"渭"，原作"謂"，今據《集成》本改。

［四］"芽"，原作"茅"，今據《茶書》本、四庫本改。

［五］"過"，原作"遇"，今據《茶書》本改。

［六］"一"字原闕，據文理補。

［七］"稽"，原作"雞"，今據前文"五曰稽茶"句改。

［八］"芽"，原作"茅"，今據四庫本改。

［九］"壓去膏之時"，按：鄭培凱、朱自振《中國歷代茶書匯編校注本》增補作"壓黄，謂去膏之時"。

大觀茶論

〔宋〕趙佶　撰

整理説明

　　趙佶（1082—1135），即宋徽宗，神宗子，哲宗弟。元符三年（1100）即位，在位二十六年。工書，稱“瘦金體”，有《千字文卷》傳世。擅畫，有《芙蓉錦鷄》等存世。又能詩詞，有《宣和宮詞》等。《茶論》約成書於宋大觀元年（1107），《郡齋讀書志》著録：“聖宋茶論一卷，右徽宗御製。”自收録於明初陶宗儀《説郛》始改今名。另有清《古今圖書集成》刊本。首爲序，次分地産、天時、采擇、蒸壓、製造、鑒辨、白茶、羅碾、盞、筅、瓶、杓、水、點、味、香、色、藏焙、品名、外焙二十目。對於當時蒸青餅茶的産地、采製、烹試、品質等均有詳細論述。其中論及采摘之精、製作之工、品第之勝、烹點之妙頗爲精闢。此次整理，以《説郛》明弘治十三年（1500）鈔本爲底本，《説郛》明代鈕氏世學樓鈔本、《説郛》民國十六年（1927）上海商務印書館涵芬樓重校鉛印本、《古今圖書集成》本爲參校本。校勘記中，“《説郛》明代鈕氏世學樓鈔本”簡稱“世學樓本”，“《説郛》民國十六年（1927）上海商務印書館涵芬樓重校鉛印本”簡稱“涵芬樓本”，“《古今圖書集成》本”簡稱“《集成》本”。

序

嘗謂首地而倒生，所以供人之求者，其類[一]不一。穀粟之於饑，絲枲之於寒，雖庸人孺子皆知常須而日用，不以歲時之舒迫而可以興廢也。至若茶之爲物，擅甌閩之秀氣，鍾山川之靈禀，祛襟滌滯，致清道和，則非庸人孺子可得而知矣；冲澹閑潔，韵高致靜，則非遑遽之時而好尚矣。本朝之興，歲修建溪之貢，龍團鳳餅，名冠天下，而壑源之品，亦自此而盛。延及於今，百廢俱舉，海內晏然，垂拱密勿，俱致無爲。薦紳之士，韋布之流，沐浴膏澤，薰陶德化，咸以雅尚相從，從事茗飲。故近歲以來，采擇之精，製作之工，品第之勝，烹點之妙，莫不咸造其極。且物之興廢，固自有時，然亦係乎時之污隆。時或遑遽，人懷勞瘁，則向所謂常須而日用，猶且汲汲營求，惟恐不獲，飲茶何暇議哉？世既累洽，人恬物熙，則常須日用者，固之厭飫狼藉。而天下之士，勵志清白，競爲閑暇修[二]索之玩，莫不碎玉鏘金，啜華咀英。較篋笥之精，爭鑒裁之妙，雖否士[三]於此時，不以蓄茶爲羞，可謂盛世之清尚也。嗚呼！致治之世，豈惟人得以盡其材，而草木之靈者，亦得以盡其用矣。偶因暇日，研究精微，所得之妙，焙人有不自知爲利害者，叙本末列於二十篇，號曰《茶論》。

地產

植產之地，崖必陽，圃必陰。蓋石之性寒，其葉抑以瘠，其味疏以薄，必資陽和以發之；土之性敷，其葉疏以暴，其味強以肆，其則資陰以節之。今圃家皆植木以資茶之陰。陰陽相濟，則茶之滋長得其宜。

天時

　　茶工作於驚蟄，尤以得[四] 天時爲急。輕寒薄寒，英華漸[五]長，條達[六] 而不迫，茶之從容致力，故其色味兩全。若或時暘[七]鬱燠[八]，芽甲奮暴，促土暴力，隨槁。暑[九] 刻所迫，有蒸而未及壓，壓而未及研，研而未及製，茶黃留漬，其色味所失已半，故焙人得茶天爲慶。

采擇

　　擷茶以黎明，見日則止。用爪斷芽，不以指揉，慮[十] 氣汗熏漬，茶不鮮潔，故茶工多以新汲水自隨，得芽則投諸水。凡芽如雀舌、穀粒者爲鬥品，一槍一旗爲揀芽，一槍二旗爲次之，餘斯爲下。茶之始萌則有白合，既擷則有烏蒂[十一]，白合不去害茶味，烏蒂不去害茶色。

蒸壓

　　茶之美惡，尤以於蒸芽壓黃之得失。蒸太生則芽滑，故色清而味烈。過熟則芽爛，故茶色赤而不膠。壓久則氣竭味漓，不及則色暗味澀。蒸芽欲及熟而香，壓黃欲膏盡亟止。如此，則製造之功，十已得七八矣。

製造

　　滌芽惟潔，濯器惟净，蒸壓惟[十二] 宜，研膏惟熟，焙[十三] 火惟良。飲而有土砂者，滌濯之[十四] 不精也；文理燥赤者，焙火之過熟也。夫造茶，先度日晷之短長，均工力之衆寡，會采擇之多少，使一日造成[十五]，恐茶黃過宿，則害色味。

鑒辨

茶之範度不同，如人之[十六]有面目也。膏稀者，其膚蹙以文；膏稠者，其理斂[十七]以實[十八]；即日成者，其色則青紫；越宿製造者，其色則慘黑。有肥凝如赤蠟者，末[十九]雖白，受湯則黃；有縝密如蒼玉[二十]者，末[二十一]雖灰，受湯愈白。有光華外暴而中暗者，有明白內備而表質者，其首面之异同，難概論。要之，色瑩徹而不駁，質縝繹而不浮，舉之凝然，碾之則鏗[二十二]然，可驗其爲精品也。有得於言意之表者，可以心[二十三]解。又有[二十四]貪利之民，購[二十五]求外焙已采之芽，假以製造，碎已成之餅，易以模範。雖名氏[二十六]采製似之，其膚理色澤，何所逃於僞哉！

白茶

白茶自爲一種，與常茶不同，其條敷闡，其葉瑩[二十七]薄。崖林之間，偶然生出，非[二十八]人力所可致。正[二十九]焙之有者不過四五家，生者[三十]不過一二株，所造止於二三胯而已。芽英不多，尤難蒸焙，湯火一失，則已變而爲常品。須製造精微，運[三十一]度得宜，則已表裏昭徹，如玉之在璞，它無爲倫也。淺焙亦有之，但品格[三十二]不及。

羅碾

碾以銀爲上，熟鐵次之，生鐵者非淘揀搥磨所成，間有黑屑藏於隙穴，害茶之色尤甚。凡碾爲製，槽欲深而峻，輪欲銳而薄。槽深而峻，則底有準而茶常聚；輪銳而薄，則運適中而槽不戛。羅欲細而面緊，則絹不泥而常透。碾必力而速，不欲久，恐鐵之害色；羅必輕而平，不壓數，庶已細者不耗。惟再羅則入湯輕泛，粥面光凝，盡茶之色。

盞

盞色貴青黑，玉毫條達者爲上，取其煥發茶采[三十三] 色也。底必差深而微寬，底深則茶宜立作，易於取乳；寬則運筅旋徹[三十四]，不礙[三十五] 擊拂。然須度茶之多少，用盞之小大，盞高茶少[三十六] 則掩蔽茶色，茶多盞小則受湯不盡。盞惟熱，則茶發立耐久。

筅

茶筅以觔竹老者爲之。身欲厚重，筅欲疏勁，本欲壯而末必眇，當如劍脊之狀。蓋身厚重，則操之有力而易於運用。筅疏勁如劍脊，則擊拂雖過而浮沫[三十七] 不生。

瓶

瓶宜金銀，大小之制，惟久所裁。然注湯利[三十八] 害，獨瓶之口嘴而已。嘴之口欲[三十九] 差大而宛直，則注湯力緊而不散；嘴之末欲圓小而峻削，則用湯有節而不滴瀝。蓋湯力緊則發速有節而不滴瀝，則茶面不破。

杓

杓之大小，當以可受一盞茶爲量，過一盞則必歸其有餘，不及則必取其不足。傾勻煩數，茶必冰矣。

水

水以輕清甘潔爲美。輕甘乃水之自然，獨爲難得。古人第水，雖曰中泠[四十]、惠山爲上，然人相去之遠近，似不常得。但當取山泉之清潔者。其次，則井水之常汲者爲可用。若江河之水，則魚鱉之鮮腥，泥濘之污，雖輕甘無取。凡用湯以魚目蟹眼連繹并躍爲度，過老則以少新水投之，就火頃刻而後用。

點

點茶不一，而調膏繼刻，以湯注之，手重筅輕，無粟文蟹眼者，謂之靜面點。蓋擊拂無力，茶不發立，水乳未浹，又復增湯，色澤不盡，英華淪散，茶無立作矣。有隨湯擊拂，手筅俱重，粟文泛泛，謂之[四十一]一發點。蓋用[四十二]湯已過，指腕不圓，粥面未凝，茶力已盡，雲[四十三]霧雖泛，水腳易生。妙於此者，量茶受湯，調如融膠。環注盞畔，勿使侵茶。勢不欲猛，先須攪[四十四]動茶膏，漸加擊拂，手輕筅重，指遶[四十五]腕旋，上下透徹，如酵蘗之起麵[四十六]，疏星皎月，燦然而生，則茶之根本立矣。第二湯自茶面注之，周匝一綫，急注急[四十七]止，茶面不動，擊拂既[四十八]力，色澤漸開，珠璣磊落。三湯多寡如前，擊拂漸貴輕勻，周環旋復，表裏洞徹，粟文[四十九]蟹眼，泛然雜起，茶之色十已得其六七。四湯尚嗇，筅欲轉稍寬而勿速，其真精華彩，既已煥發，雲霧漸生。五湯乃可少縱，筅欲輕勻而透達。如發立未盡，則擊以作之。發立太過，則拂以斂之，然後靄然凝雪，茶色盡矣。六湯以觀立作，乳點勃然，則以筅著底，緩繞拂動而已。七湯以分[五十]輕清濁重，相[五十一]稀稠得中，可欲則止。乳霧洶涌，溢盞而起，周回凝而不動，謂之咬盞。宜勻其輕清浮合者飲之。《桐君錄》曰：“茗有餑，飲之宜人。”雖多，不爲過也。

味

夫茶以味爲上。甘香重滑，爲味之全，惟北苑、壑源之品兼之。其味醇而乏風骨[五十二] 者，蒸壓太過也。茶槍乃條之始萌者，木性酸，槍過長則初甘重而終微鏃澀。茶旗乃葉之方敷[五十三] 者，葉味苦，旗過老則初雖留舌而飲徹及甘矣。此則芽[五十四] 胯有之，若夫卓絕之品，真香靈味，自然不同。

香

茶有真香，非龍麝可擬。要須蒸及熟而壓之，及乾而研，研及細而造，則諸美具足。入盞則馨香四達，秋爽灑然。或蒸氣如桃仁[五十五] 夾雜，則其氣酸烈而惡。

色

點茶之色，以純白爲上，青白爲次，灰白次之，黃白又次之。天時得於上，人力盡於下，茶必純白。天時暴暄，萌芽[五十六] 狂長，采造留積，雖白而黃矣。青白者蒸壓微生，灰白者蒸壓過熟。壓膏不盡，則色青暗。焙火太烈，則色昏赤。

藏焙

焙數則首面乾而香減，失焙則顔色剥[五十七] 而味散。要當新芽[五十八] 初生即焙，以去水陸風濕[五十九] 之氣。焙用熟火置爐中，以静灰擁合七分，露火三分，亦以輕灰糝覆，良久即置焙其上，以逼散焙中潤氣。然後列茶於其中，盡展角焙之，未可蒙蔽，俟火通徹，即覆之。火之多少，以焙之大小增減。探手爐中，火氣雖熱^[六十]，而不至逼人手者爲良。時以手按茶，體雖甚熱而無害，欲其火力通徹茶體爾。或曰，焙火如人體溫，但能燥茶皮膚而已，內之餘潤未盡，則復蒸喝矣。焙畢，即以用久竹漆器中緘藏之，陰潤勿開，如此終年再焙，色常如新。

品名

名茶各以取地産之地。如葉耕之平園臺星岩，葉剛之高峰青鳳髓，葉思純之大嵐，葉嶼之屑山，葉^[六十一] 五崇柎之羅漢山水桑^[六十二]芽，葉堅之碎石窠、石臼窠—作突，葉瓊、葉輝之山皮林，葉師復、師貺之虎岩，葉椿之無雙岩芽，葉茂之老窠園。名擅其美，未嘗混淆，不可概舉。其後相争衒鬻，互爲剥割，參錯無據。曾不知茶之美惡在於製造之工拙而已，豈崗地之虛名所能增減哉？焙人之茶，固有前優而後劣者，昔負而今勝者，是亦園地之不常也。

外焙

世稱外焙之茶，釁小而色駁，體耗而味淡。方之正焙，昭然可則。近之好事者，篋笥之中，往往半蓄外焙之品。蓋外焙之家，久而益工，製造之妙，咸取則於壑源。效像規摹，圭釁亦相等。燥黃出膏，色澤亦腴潤。範必稱寔而不輕，壓必留膏而味必不淡，以是或以爲正。殊不知圭釁雖等而蔑風骨，色澤雖潤而藏無畜，體雖寔而膚理乏^[六十三]縝密之文，味雖重而澀滯乏甘香之美，何所逃乎外焙哉？雖然，有外焙者，有淺焙者。蓋淺焙之茶，去壑源爲未遠，製之雖工，則色亦瑩白，擊拂有度，則體亦立湯，雖甘重香滑之味，不遠於正焙耳。至於外焙，則迥然可辨。其有甚者，又至於采^[六十四]柿葉桴欖之萌，相雜而造，味雖與茶相類，點時隱隱如輕絮泛然，茶面粟文不生，乃其驗也。桑苧翁曰："雜以卉莽，飲之成病。"可不細鑒而熟辨之？

【校勘記】

[一]"類"，原作"數"，今據涵芬樓本、《集成》本改。

[二]"修"，原作"俊"，今據涵芬樓本、《集成》本改。

[三]"士"，原作"是"，今據涵芬樓本改。

[四]"以得"，原作"得以"，今據涵芬樓本、《集成》本乙正。

[五]"漸"，原作"慚"，今據涵芬樓本、《集成》本改。

[六]"達"字下原衍"之"字，今據涵芬樓本、《集成》本刪。

[七]"賜"，原作"傷"，今據涵芬樓本、《集成》本改。

[八]"燠"，原作"煩"，今據涵芬樓本、《集成》本改。

[九]"晷"，原作"晷"，今據涵芬樓本、《集成》本改。

[十]"慮"，原作"虜"，今據涵芬樓本、《集成》本改。

[十一]"蒂"，底本、校本作"帶"，應爲"蔕"字之訛。蔕，即蒂。今據趙汝礪《北苑別錄》改。下"烏蒂不去害茶色"同。

[十二]"惟"字原闕，今據世學樓本補。

[十三]"焙"字上原衍"惟"字，今據世學樓本、涵芬樓本、《集成》本刪。

[十四]"之"字下原衍"下"字，今據世學樓本、涵芬樓本、《集成》本刪。

[十五]"成"，原作"化"，今據涵芬樓本、《集成》本改。

[十六]"之"，原作"知"，今據世學樓本、涵芬樓本、《集成》本改。

[十七]"斂"，原作"劍"，今據涵芬樓本、《集成》本改。

[十八]"寔"，涵芬樓本、《集成》本作"實"，二字通。

［十九］"末"，原作"未"，今據涵芬樓本、《集成》本改。

［二十］"玉"字下原衍"玉"字，今據世學樓本、涵芬樓本、《集成》本刪。

［二十一］"末"，原作"未"，今據涵芬樓本、《集成》本改。

［二十二］"鏗"，原作"鑒"，今據《集成》本改。

［二十三］"心"，原作"新"，今據世學樓本、涵芬樓本、《集成》本改。

［二十四］"又"字上原衍"此有"二字，今據《集成》本刪。

［二十五］"購"上原衍"眠"字，今據世學樓本、涵芬樓本、《集成》本刪。

［二十六］"氏"，原作"民"，今據世學樓本、涵芬樓本、《集成》本改。

［二十七］"瑩"，原作"莖"，今據世學樓本、涵芬樓本、《集成》本改。

［二十八］"非"字下原衍"雖"字。按：熊蕃《宣和北苑貢茶録》："至大觀初，今上親製《茶論》二十篇，以白茶與常茶不同，偶然生出，非人力可致，於是白茶遂爲第一。"今據此刪。

［二十九］"正"，原作"止"，今據涵芬樓本改。

［三十］"生者"二字原闕，今據《集成》本補。

［三十一］"運"，原作"過"，今據《集成》本改。

［三十二］"格"，原作"各"，今據世學樓本、涵芬樓本改。

［三十三］"采"，原作"菜"，今據世學樓本、涵芬樓本、《集成》本改。

［三十四］"徹"字原闕，今據世學樓本、涵芬樓本、《集成》本補。

［三十五］"礙"字下原衍"徹"字，今據世學樓本、涵芬樓本、《集成》本刪。

［三十六］"少"，原作"久"，今據世學樓本、涵芬樓本、《集成》本改。

［三十七］"沫"，原作"味"，今據世學樓本、涵芬樓本、《集成》本改。

［三十八］"利"，原作"和"，今據涵芬樓本改。

［三十九］"欲"字原闕，今據涵芬樓本及下文"嘴之末欲圓小而峻削"文法補。

［四十］"泠"，原作"濡"，今據《集成》本改。

［四十一］“之”字下原衍“之”字，今據涵芬樓本、《集成》本刪。

［四十二］“蓋用”，原作“善用”，今據世學樓本、涵芬樓本、《集成》本改。

［四十三］“雲”，原作“靈”，今據涵芬樓本、《集成》本改。

［四十四］“攬”，原作“擾”，今據涵芬樓本、《集成》本改。

［四十五］“遠”，原作“逸”，今據涵芬樓本、《集成》本改。

［四十六］“麵”，原作“麪”，今據世學樓本改。

［四十七］“急”字原闕，今據世學樓本、涵芬樓本、《集成》本補。

［四十八］“既”字下原衍“急”字，今據世學樓本、涵芬樓本、《集成》本刪。

［四十九］“文”，原作“之”，今據世學樓本、涵芬樓本、《集成》本改。

［五十］“分”，原作“粉”，今據涵芬樓本、《集成》本改。

［五十一］“相”，原作“則”，今據涵芬樓本、《集成》本改。

［五十二］“骨”，原作“膏”，今據《集成》本改。

［五十三］“敷”，原作“數”，今據世學樓本、涵芬樓本、《集成》本改。

［五十四］“芽”，原作“茅”，今據世學樓本、涵芬樓本、《集成》本改。

［五十五］“仁”，原作“人”，今據涵芬樓本改。

［五十六］“萌芽”，原作“茅萌”，今據世學樓本改。

［五十七］“剝”，原作“則”，今據世學樓本、涵芬樓本、《集成》本改。

［五十八］“芽”，原作“茅”，今據世學樓本、涵芬樓本、《集成》本改。

［五十九］“濕”，原作“温”，今據世學樓本、涵芬樓本、《集成》本改。

［六十］“熱”，原作“然”，今據涵芬樓本、《集成》本改。

［六十一］“葉”，原作“業”，今據世學樓本、涵芬樓本、《集成》本改。下“葉堅”“葉瓊”“葉輝”“葉師復”“葉椿”“葉茂”同。

［六十二］“桑”，原作“業”，今據世學樓本、《集成》本改。

［六十三］“乏”，原作“之”，今據涵芬樓本改。

［六十四］“采”，原作“乎”，今據世學樓本、涵芬樓本、《集成》本改。

宣和北苑貢茶録

〔宋〕熊蕃　撰

〔宋〕熊克　補

〔清〕汪繼壕　按校

整理説明

　　熊蕃（生卒年不詳），宋建陽（治所在今福建省南平市建陽區）人，字叔茂，號獨善。善詩文。曾奉遣去建安（治所在今福建省建甌市）鳳凰山麓的北苑造團茶。熊蕃據所見所聞，於宋宣和三年至七年（1121—1125）撰成《宣和北苑貢茶録》。其子熊克於宋紹興二十八年（1158）攝事北苑，遂加注文并補入貢茶圖制三十八幅，附以蕃撰《御苑采茶歌十首并序》。全書初刊於宋孝宗淳熙九年（1182），後清人汪繼壕爲此書所作按語附入其中，收録於清代顧修的《讀畫齋叢書》。此書詳述建茶沿革和貢茶種類，并附圖和説明大小分寸，可見當時貢茶品類與形制。其版本主要有明陶宗儀《説郛》本、明喻政《茶書》本、文淵閣《四庫全書》本、清顧修《讀畫齋叢書》本等。本次整理以《讀畫齋叢書》本爲底本，喻政《茶書》明萬曆四十一年（1613）刻本、文淵閣《四庫全書》本、《説郛》民國十六年（1927）上海商務印書館涵芬樓重校鉛印本爲參校本。校勘記中，"喻政《茶書》明萬曆四十一年（1613）刻本"簡稱"《茶書》本"，"文淵閣《四庫全書》本"簡稱"四庫本"，"《説郛》民國十六年（1927）上海商務印書館涵芬樓重校鉛印本"簡稱"涵芬樓本"。

陸羽《茶經》、裴汶《茶述》皆不第建品，說者但謂二子未嘗至閩，〔繼壕按〕《說郛》“閩”作“建”。曹學佺《輿地名勝志》：“甌寧縣雲際山在鐵獅山左，上有永慶寺，後有陸羽泉，相傳唐陸羽所鑿。宋楊億詩云‘陸羽不到此，標名慕昔賢’是也。”而不知物之發也固自有時。蓋昔者山川尚閟，靈芽未露，至於唐末，然後北苑出爲之最。〔繼壕按〕張舜民《畫墁錄》云：“有唐茶品，以陽羨爲上供，建溪北苑未著也。貞元中，常袞爲建州刺史，始蒸焙而研之，謂研膏茶。”顧祖禹《方輿紀要》云：“鳳凰山之麓名北苑，廣二十里。舊經云：‘僞閩龍啓中，里人張廷暉以所居北苑地宜茶，獻之官，其地始著。’”沈括《夢溪筆談》云：“建溪勝處曰郝源、曾坑，其間又岔根、山頂二品尤勝。李氏時號爲北苑，置使領之。”姚寬《西溪叢語》云：“建州龍焙面北，謂之北苑。”《宋史·地理志》：“建安有北苑茶焙、龍焙。”宋子安《試茶錄》云：“北苑西距建安之洄溪二十里，東至東宮百里。過洄溪，逾東宮，則僅能成餅耳。獨北苑連屬諸山者最勝。”蔡絛《鐵圍山叢談》云：“北苑龍焙者，在一山之中間，其周遭則諸葉地也。居是山，號正焙，一出是山之外，則曰外焙。正焙、外焙，色香迥殊，此亦山秀地靈所鍾之有异色已。龍焙又號官焙。”是時，僞蜀詞臣毛文錫作《茶譜》，〔繼壕按〕吳任臣《十國春秋》：“毛文錫，字平珪，高陽人，唐進士。從蜀高祖，官文思殿大學士，拜司徒，貶茂州司馬。有《茶譜》一卷。”《說郛》作“王文錫”，《文獻通考》作“燕文錫”，《合璧事類》《山堂肆考》作“毛文勝”，《天中記》“茶譜”作“茶品”，并誤。亦第言建有紫笋，〔繼壕按〕樂史《太平寰宇記》云：“建州土貢茶。”引《茶經》云：“建州方山之芽及紫笋，片大極硬，須湯浸之，方可碾，極治頭痛，江東老人多味之。”而臘面乃産於福。五代之季，建屬南唐。南唐保大三年，俘王延政而得其地。歲率諸縣民，采茶北苑，初造研膏，繼造臘面。丁晋公《茶錄》載：泉南老僧清錫，年八十四，嘗示以所得李國主書寄研膏茶，隔兩歲，方得臘面。此其實也。至景祐中，監察御史丘荷撰《御泉亭記》，乃云：“唐季敕福建罷貢橄欖，但贄臘面茶。”即臘面産於建安，明矣。荷不知臘面之號始於福，其後建安始爲之。〔按〕《唐·地理志》：福州貢茶及橄欖，建州惟貢練練，未嘗貢茶。前所謂"罷供橄欖，惟贄臘面茶"，皆爲福也。慶曆初，林世程作《閩中記》，言福茶所産在閩縣十里，且言往時建茶未盛，本土有之，今則土人皆食建茶。世程之説，蓋得其實。而晋公所記臘面起於南唐，乃建茶也。既又〔繼壕按〕原本"又"作"有"，據《説郛》《天中記》《廣群芳譜》改。製其佳者，號曰"京鋌"，其狀如貢神金、白金之鋌。聖朝開寶末，下南唐。太平興國初，特置龍鳳模，遣使即北苑造團茶，以別庶飲，龍鳳茶蓋始於此。〔按〕《宋史·食貨志》載："建寧臘茶，北苑爲第一，其最佳者曰社前，次曰火前，又曰雨前，所以供玉食，備賜予。太平興國始置。大觀以後，製愈精，數愈多，胯式屢變，而品不一。歲貢片茶二十一萬六千斤。"又《建安志》："太平興國二年，始置龍焙，造龍鳳茶，漕臣柯適爲之記云。"〔繼壕按〕祝穆《事文類聚續集》云："建安北苑始於太宗太平興國三年。"又一種茶，叢生石崖，枝葉尤茂。至道初，有詔造之，別號"石乳"，〔繼壕按〕彭乘《墨客揮犀》云："建安能仁院有茶生石縫間，寺僧采造，得茶八餅，號石岩白，當即此品。"《事文類聚續集》云："至道間，仍添造石乳、臘面。"而此無臘面，稍異。又一種號"的乳"，〔按〕馬令《南唐書》：嗣主李璟命建州茶製的乳茶，號曰"京鋌"。臘茶之貢自此始，罷貢陽羨茶。〔繼壕按〕《南唐書》事在保大四年。又一種號"白乳"。蓋自龍、鳳與京、〔繼壕按〕原本脱"京"字，據《説郛》補。石、的、白四種繼出，而臘面降爲下矣。楊文公億《談苑》所記，龍茶以供乘輿及賜執政、親王、長主，其餘皇族、學士、將帥皆得鳳茶，舍人、近臣賜金鋌、的乳，而白乳賜館閣，惟臘面不在賜品。〔按〕《建安志》載《談苑》云：京鋌、的乳賜舍人、近臣，白乳、的乳賜館閣。疑"京鋌"誤"金鋌"，"白乳"下遺"的乳"。〔繼壕按〕《廣群芳譜》引《談苑》與原注同。惟原注內"白茶賜館閣，惟臘面不在賜品"二句，作"館閣白乳"。龍鳳、石乳茶，皆太宗令罷。"金鋌"正作"京鋌"。王鞏《甲申雜記》云："初貢團茶及白羊酒，惟見任兩府方賜之。仁宗朝及前宰臣，歲賜茶一斤、酒二壺，後以爲例。"《文獻通考》"榷茶"條云:"凡茶有二類,曰片曰散,其名有龍、鳳、石乳、的乳、白乳、頭金、臘面、頭骨、次骨、末骨、粗骨、山挺十二等,以充歲貢及邦國之用。"注云:"龍、鳳皆團片,石乳、頭乳[一]皆狹片,名曰京。的乳亦有闊片者,乳[二]以下皆闊片。"

蓋龍鳳等茶,皆太宗朝所製。至咸平初,丁晉公漕閩,始載之於《茶錄》。人多言龍鳳團起於晉公,故張氏《畫墁錄》云:晉公漕閩,始創爲龍鳳團。此説得於傳聞,非其實也。慶曆中,蔡君謨將漕,創造小龍團以進,被旨仍歲貢之。君謨《北苑•造茶》詩自序云:"其年改造上品龍茶,二十八片纔一斤,尤極精妙,被旨仍歲貢之。"歐陽文忠公《歸田錄》云:"茶之品莫貴於龍鳳,謂之小團,凡二十八片重一斤,其價直金二兩。然金可有,而茶不可得。嘗南郊致齋,兩府共賜一餅,四人分之,宮人往往鏤金花其上,蓋貴重如此。"〔繼壕按〕石刻蔡君謨《北苑十咏•采茶》詩自序云:"其年改作新茶十斤,尤甚精好,被旨號爲上品龍茶,仍歲貢之。"又詩句注云:"龍鳳茶八片爲一斤,上品龍茶每斤二十八片。"《澠水燕談》作"上品龍茶一斤二十餅"。葉夢得《石林燕語》云:"故事:建州歲貢大龍鳳團茶各二斤,以八餅爲斤。仁宗時,蔡君謨知建州,始別擇茶之精者爲小龍團十斤以獻,斤爲十餅。仁宗以非故事,命劾之。大臣爲請,因留免劾,然自是遂爲歲額。"王從謹《清虛雜著補闕》云:"蔡君謨始作小團茶入貢,意以仁宗嗣未立,而悦上心也。又作曾坑小團,歲貢一斤,歐文忠所謂兩府共賜一餅者,是也。"吳曾《能改齋漫[三]錄》云:"小龍、小鳳,初因君謨爲建漕,造十斤獻之,朝廷以其額外免勘。明年,詔第一綱盡爲之。"自小團出,而龍鳳遂爲次矣。元豐間,有旨造密雲龍,其品又加於小團之上。昔人詩云:"小璧雲龍不入香,元豐龍焙乘詔作。"蓋謂此也。〔按〕此乃山谷《和楊王休點雲龍詩》。〔繼壕按〕《山谷集•博士王揚休碾密雲龍同十三人飲之戲作》云:"矞雲蒼璧小盤龍,貢包新樣出元豐。王郎坦腹飯床東,太官分賜來婦翁。"又山谷《謝送碾賜壑源揀芽詩》云:"矞雲從龍小蒼璧,元豐至今人未識。"俱與本注异。《石林燕語》云:"熙寧中,賈青爲轉運使,又取小團之精者爲密雲龍，以二十餅爲斤而雙袋，謂之雙角團茶。大小團袋皆用緋，通以爲賜也。密雲獨用黃，蓋專以奉玉食。其後，又有爲瑞雲翔龍者。"周煇《清波雜志》云："自熙寧後，始貴密雲龍，每歲頭綱修貢，奉宗廟及供玉食外，賚及臣下無幾，戚里貴近丐賜尤繁。宣仁一日慨嘆曰：'令建州今後不得造密雲龍，受他人煎炒不得也。出來道：我要密雲龍，不要團茶，揀好茶吃了，生得甚意智？'此語既傳播於縉紳間，由是密雲龍之名益著。"是密雲龍實始於熙寧也。《畫墁録》亦云："熙寧末，神宗有旨，建州製密雲龍，其品又加於小團矣。然密雲龍之出，則二團少粗，以不能兩好也。"惟《清虛雜著補闕》云："元豐中，取揀芽不入香，作密雲龍茶，小於小團，而厚實過之。終元豐時，外臣未始識之。宣仁垂簾，始賜二府兩指許一小黃袋，其白如玉，上題曰揀芽，亦神宗所藏。"《鐵圍山叢談》云："神祖時，即龍焙又進密雲龍。密雲龍者，其雲紋細密，更精絶於小龍團也。"**紹聖間，改爲瑞雲翔龍。**〔繼壕按〕《清虛雜著補闕》："元祐末，福建轉運司又取北苑槍旗，建人所作鬥茶者也，以爲瑞雲龍。請進，不納。紹聖初，方入貢，歲不過八團。其製與密雲龍[四]等而差小也。"《鐵圍山叢談》云："哲宗朝，益復進瑞雲翔龍者，御府歲止得十二餅焉。"**至大觀初，今上親製《茶論》二十篇，以白茶與常茶不同，偶然生出，非人力可致，於是白茶遂爲第一。**

慶曆初，吳興劉異爲《北苑拾遺》云："官園中有白茶五六株，而雍培不甚至。茶戶唯有王免者家一巨株，向春常造浮屋以障風日。"其後有宋子安者，作《東溪試茶録》，亦言："白茶，民間大重，出於近歲。芽葉如紙，建人以爲茶瑞。"則知白茶可貴，自慶曆始，至大觀而盛也。〔繼壕按〕《蔡忠惠文集·茶記》云："王家白茶聞於天下，其人名大詔。白茶惟一株，歲可作五七餅，如五銖錢大。方其盛時，高視茶山，莫敢與之角。一餅直錢一千，非其親故不可得也。終爲園家以計枯其株。予過建安，大詔垂涕爲予言其事。今年枯枿輒生一枝，造成一餅，小於五銖。大詔越四千里，特携以來京師見予，喜發顏面。予之好茶固深矣，而大詔不遠數千里之役，其勤如此，意謂非予莫之省也。可憐哉！己巳初月朔日書。"本注作"王免"，與此異。宋子安

《試茶錄》、晁公武《郡齋讀書志》作"朱子安"。既又製三色細芽，〔繼壕按〕《說郛》《廣群芳譜》俱作"細茶"。及試新銙、大觀二年，造御苑玉芽、萬壽龍芽。四年，又造無比壽芽及試新銙。〔按〕《宋史·食貨志》"銙"作"胯"。〔繼壕按〕《石林燕語》作"銙"，《清波雜志》作"夸"。貢新銙。政和三年，造貢新銙式，新貢皆創爲此，獻在歲額之外。自三色細芽出，而瑞雲翔龍顧居下矣。〔繼壕按〕《石林燕語》："宣和後，團茶不復貴，皆以爲賜，亦不復如向日之精。後取其精者爲銙茶，歲賜者不同，不可勝紀矣。"《鐵圍山叢談》云："祐陵雅好尚，故大觀初，龍焙於歲貢色目外，乃進御苑玉芽、萬壽龍芽。政和間，且增以長壽玉圭。玉圭凡僅盈寸，大抵北苑絕品曾不過是，歲但可十百餅。然名益新，品益出，而舊格遞降於凡劣爾。"

　　凡茶芽數品，最上曰"小芽"，如雀舌、鷹爪，以其勁直纖銳，故號"芽茶"。次曰"中芽"，〔繼壕按〕《說郛》《廣群芳譜》俱作"揀芽"。乃一芽帶一葉者，號"一槍一旗"。次曰"紫芽"，〔繼壕按〕《說郛》《廣群芳譜》俱作"中芽"。乃一芽帶兩葉者，號"一槍兩旗"。其帶三葉、四葉，皆漸老矣。芽茶，早春極少。景德中，建守周絳〔繼壕按〕《文獻通考》云："絳，祥符初知建州。"《福建通志》作"天聖間任"。爲《補茶經》，言"芽茶只作早茶，馳奉萬乘嘗之可矣。如一槍一旗，可謂奇茶也"，故一槍一旗，號"揀芽[五]"，最爲挺特光正。舒王《送人官閩中》詩云："新茗齋中試一旗"，謂揀芽也。或者乃謂茶芽未展爲槍，已展爲旗，指舒王此詩爲誤，蓋不知有所爲揀芽也。今上聖製《茶論》曰："一旗一槍爲揀芽。"又見王岐公珪詩云："北苑和香品最精，綠芽未雨帶旗新。"故相韓康公絳詩云："一槍已笑將成葉，百草皆羞未敢花。"此皆咏揀芽，與舒王之意同。〔繼壕按〕王荊公追封舒王，此乃荊公《送福建張比部》詩中句也。《事文類聚續集》作"送元厚之詩"，誤。夫揀芽猶貴重如此，而況芽茶以供天子之新嘗者乎？

　　芽茶絕矣，至於水芽，則曠古未之聞也。宣和庚子歲，漕臣鄭公可簡〔按〕《潛確類書》作"鄭可聞"。〔繼壕按〕《福建通志》作"鄭可簡"，宣和間，任福建路轉運司。《説郛》作"鄭可問"。始創爲銀綫水芽。蓋將已揀熟芽再剔去，秖取其心一縷，用珍器貯清泉漬之，光明瑩潔，若銀綫然，其制方寸新銙，有小龍蜿蜒其上，號"龍園勝雪"。〔按〕《建安志》云："此茶蓋於白合中，取一嫩條如絲髮大者，用御泉水研造成。分試，其色如乳，其味腴而美。"又"園"字，《潛確類書》作"團"。今仍從原本，而附識於此。〔繼壕按〕《説郛》《廣群芳譜》"園"俱作"團"，下同。唯姚寬《西溪叢語》作"園"。又廢白、的、石三乳，鼎造花銙二十餘色。初，貢茶皆入龍腦，蔡君謨《茶録》云："茶有真香，而入貢者微以龍腦和膏，欲助其香。"至是慮奪真味，始不用焉。

　　蓋茶之妙，至勝雪極矣，故合爲首冠。然猶在白茶之次者，以白茶上之所好也。异時，郡人黃儒撰《品茶要録》，極稱當時靈芽之富，謂使陸羽數子見之，必爽然自失。蕃亦謂使黃君而閱今日，則前乎此者，未足詫焉。

　　然龍焙初興，貢數殊少，太平興國初，纔貢五十片。〔繼壕按〕《能改齋漫録》云："建茶務，仁宗初，歲造小龍、小鳳各三十斤，大龍、大鳳各三百斤，不入香京鋌共二百斤，蠟茶一萬五千斤。"王存《元豐九域志》云："建州土貢龍鳳茶八百二十斤。"累增至於元符，以片〔繼壕按〕《説郛》作"斤"。計者一萬八千，視初已加數倍，而猶未盛。今則爲四萬七千一百片〔繼壕按〕《説郛》作"斤"。有奇矣。此數皆見范逵所著《龍焙美成茶録》。逵，茶官也。〔繼壕按〕《説郛》作"范達"。

　　自白茶、勝雪以次，厥名實繁，今列於左，使好事者得以觀焉。

　　貢新銙大觀二年造。

　　試新銙政和二年造。

　　白茶政和三年造。〔繼壕按〕《説郛》作"二年"。

龍園勝雪宣和二年造。

御苑玉芽大觀二年造。

萬壽龍芽大觀二年造。

上林第一宣和二年造。

乙夜清供宣和二年造。

承平雅玩宣和二年造。

龍鳳英華宣和二年造。

玉除清賞宣和二年造。

啓沃承恩宣和二年造。

雪英宣和三年造。〔繼壕按〕《說郛》作"二年"，《天中記》"雪"作"雲"。

雲葉宣和三年造。〔繼壕按〕《說郛》作"二年"。

蜀葵宣和三年造。〔繼壕按〕《說郛》作"二年"。

金錢宣和三年造。

玉華宣和三年造。〔繼壕按〕《說郛》作"二年"。

寸金宣和三年造。〔繼壕按〕《西溪叢語》作"千金"，誤。

無比壽芽大觀四年造。

萬春銀葉宣和二年造。

玉葉長春宣和四年造。〔繼壕按〕《說郛》《廣群芳譜》此條俱在"無疆壽龍"下。

宜年寶玉宣和二年造。〔繼壕按〕《說郛》作"三年"。

玉清慶雲宣和二年造。

無疆壽龍宣和二年造。

瑞雲翔龍紹聖二年造。〔繼壕按〕《西溪叢語》及下圖目并作"瑞雪祥龍"，當誤。

長壽玉圭政和二年造。

興國岩銙

香口焙銙

上品揀芽紹聖二年造。〔繼壕按〕《説郛》"紹聖"誤"紹興"。

新收揀芽

太平嘉瑞政和二年造。

龍苑報春宣和四年造。

南山應瑞宣和四年造。〔繼壕按〕《天中記》"宣和"作"紹聖"。

興國岩揀芽

興國岩小龍

興國岩小鳳已上號細色。

揀芽

小龍

小鳳

大龍

大鳳已上號粗色。

又有瓊林毓粹、浴雪呈祥、壑源拱秀、貢篚推先、價倍南金、暘谷先春、壽岩都〔繼壕按〕《説郛》《廣群芳譜》作"卻"。勝、延平石乳、清白可鑒、風韵甚高，凡十色，皆宣和二年所製，越五歲省去。

右歲分十餘綱，惟白茶與勝雪自驚蟄前興役，浹日乃成，飛騎疾馳，不出中春，已至京師，號爲頭綱。玉芽以下，即先後以次發。逮貢足時，夏過半矣。歐陽文忠公[六] 詩曰："建安三千五百里，京師三月嘗新茶。" 蓋异時如此。〔繼壕按〕《鐵圍山叢談》云："茶茁其芽，貴在社前，則已進御，自是迤邐。宣和間，皆占冬至而嘗新茗，是率人力爲之，反不近自然矣。"以今較昔，又爲最早。

念草木之微，有瓌奇卓异，亦必逢時而後出，而况爲士者哉？

昔昌黎先生感二鳥之蒙采擢，而自悼其不如。今蕃於是茶也，焉敢效昌黎之感賦？姑務自警而堅其守，以待時而已。

貢新銙
竹圈　銀模
方一寸二分

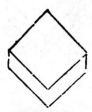

試新銙
竹圈　銀模
方一寸二分

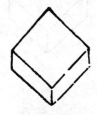

龍園勝雪
竹圈　銀模
方一寸二分

白茶
銀圈　銀模
徑一寸五分

御苑玉芽
銀圈　銀模
徑一寸五分

萬壽龍芽
銀圈　銀模
徑一寸五分

上林第一

竹[七]圈　模

方一寸二分

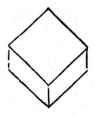

乙夜清供

竹圈　模

方一寸二分

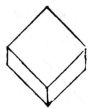

承平雅玩

竹圈　模

方一寸二分

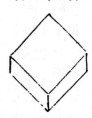

龍鳳英華

竹[八]圈　模

方一[九]寸二[十]分

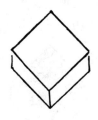

玉除清賞

竹[十一]圈　模

方一[十二]寸二[十三]分

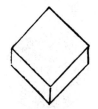

啓沃承恩

竹圈　模

方一寸二分

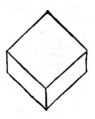

雪英

銀圈　銀模

橫長一寸五分

雲葉

銀模　銀圈

橫長一寸五分

蜀葵

銀模　銀圈

徑一寸五分

金錢

銀模　銀圈

徑一寸五分

玉華

銀模　銀圈

橫長一寸五分

寸金

銀模　竹圈

方一寸二分

無比壽芽

銀模　竹圈

方一寸二分

萬春銀葉

銀模　銀圈

兩尖徑二寸二分

宜年寶玉

銀模　銀圈

直長三寸

玉清慶雲

銀模　銀圈

方一寸八分

無疆壽龍

竹圈　銀模

直長三寸六分

玉葉長春

銀模　竹圈

直長一寸

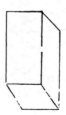

瑞雲祥龍

銀模　銅圈

徑二寸五分

長壽玉圭

銀模　銅圈

直長三寸

興國岩銙

竹圈　模

方一寸二分

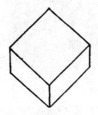

香口焙銙

竹圈　模

方一寸二分

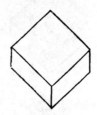

上品揀芽

銀模　銅圈

徑二寸五分[十四]〔繼壕按〕《説郛》此條脱分寸。

新收揀芽

銀模　銅圈

徑二寸五分[十五]〔繼壕按〕《説郛》此條脱分寸。

太平嘉瑞

銀模　銅圈

徑一寸五分

龍苑報春

銀模　銅圈

徑一寸七分

南山應瑞

銀模　銀圈

方一寸八分

興國岩揀芽

銀圈　銀模

徑三寸

小龍

銀圈　銀模

徑四寸五分[十六]〔繼壕按〕《説郛》此條脱分寸。以下即接"小龍"，注云"上同"，當同興國岩揀芽分寸也。此本下接"大龍"，與《説郛》次第异。

大龍

銀模[十七]　銅圈

小鳳

銀模　銅圈

徑四寸五分[十八]

大鳳

銀模　銅圈

〔按〕《建安志》載，銙式有方圓大小，式無龍鳳，則以竹爲圈，其製有龍鳳者，用銀、銅爲圈。

御苑采茶歌十首并序

先朝漕司封修睦，自號退士，嘗作《御苑采茶歌》十首，傳在人口。今龍園所制，視昔尤盛，惜乎退士不見也。蕃謹摭[十九] 故事，亦賦十首，獻之漕使，仍用退士元韵，以見仰慕前修之意。

雲腴貢使手親調，旋放春天采玉條。伐鼓危亭驚曉夢，嘯呼齊上苑東橋。

采采東方尚未明，玉芽同護見心誠。時歌一曲青山裏，便是春風陌上聲。

共抽靈草報天恩，貢令分明_{龍焙造茶依御厨法}。使指尊。邐卒日循雲塹繞，山靈亦守御園門。

紛綸爭徑蹂新苔，回首龍園曉色開。一尉鳴鉦三令趨，急持烟籠下山來。_{采茶不許見日出。}

紅日新升氣轉和，翠籃相逐下層坡。茶官正要龍芽潤，不管新來帶露多。_{采新芽不折水。}

翠虬新範絳紗籠，看罷人生玉節風。葉氣雲蒸千嶂綠，歡聲雷震萬山紅。

鳳山日日瀹非烟，剩得三春雨露天。棠圻淺紅酣一笑，柳垂淡綠困三眠。紅雲島上多海棠，兩堤官柳最盛。

龍焙夕薰凝紫霧，鳳池曉濯帶蒼烟。水芽只是宣和有，一洗槍旗二百年。

修貢年年采萬株，只今勝雪與初殊。宣和殿裏春風好，喜動天顔是玉胅。

外臺慶曆有仙官，龍鳳纔聞制小團。〔按〕《建安志》：慶曆間，蔡公端明爲漕使，始改造小團龍茶，此詩蓋指此。爭得似金模寸璧，春風第一薦宸餐。

先人作《茶録》，當貢品極盛之時，凡有四十餘色。紹興戊寅歲，克攝事北苑，閲近所貢，皆仍舊，其先後之序亦同。惟躋龍園勝雪於白茶之上，及無興國岩、小龍、小鳳。蓋建炎南渡，有旨罷貢三之一而省去之也。〔按〕《建安志》載：靖康初，詔減歲貢三分之一。紹興間，復減大龍及京鋌之半。十六年，又去京鋌，改造大龍團。至三十二年，凡工用之費，筐篚之式，皆令漕臣峕之，且減其數。雖府貢龍鳳茶，亦附漕綱以進，與此小异。〔繼壕按〕《宋史·食貨志》："歲貢片茶二十一萬六千斤。建炎以來，葉濃、楊勍等相因爲亂，園丁散亡，遂罷之。紹興二年，躅未起大龍鳳茶一千七百二十八斤。五年，復減大龍鳳及京鋌之半。"李心傳《建炎以來朝野雜記·甲集》云："建茶歲産九十五萬斤，其爲團胯者，號臘茶，久爲人所貴。舊制：歲貢片茶二十一萬六千斤。建炎二年，葉濃之亂，園丁亡散，遂罷之。紹興四年，明堂始命市五萬斤爲大禮賞。五年，都督府請如舊額發赴建康，召商人持往淮北。檢察福建財用章傑以片茶難市，請市末茶，許之。轉運司言其不經久，乃止。既而，官給長引，許商販渡淮。十二年六月，興権場，遂取臘茶爲場本。九月，禁私販，官盡権之。上京之餘，許通商，官收息三倍。又詔：私載建茶入海者，斬。此五年正月辛未詔旨。議者因請鬻建茶於臨安，十月，移茶事司於建州，專一買發。十三年閏月，以失陷引錢，復令通商。今上供龍鳳及京鋌茶，歲額視承平纔半，蓋高宗以賜賚既少，俱傷民力，故裁損其數云。"先人但著其名號，克今更寫其形製，庶覽之者無遺恨焉。先是，壬子春，漕司再葺茶政，越十三載，乃復舊額。且用政和故事，補種茶二萬株。政和間曾種三萬株。次年益虔貢職，遂有創增之目。仍改京鋌爲大龍團，由是大龍多於大鳳之數。凡此皆近事，或者猶未之知也。先人又嘗作《貢茶歌》十首，讀之可想見異時之事，故并取以附於末。三月初吉，男克北苑寓舍書。

北苑貢茶最盛，然前輩所錄，止於慶曆以上。自元豐之密雲龍、紹聖之瑞雪龍相繼挺出，制精於舊，而未有好事者記焉，但見於詩人句中。及大觀以來，增創新銙，亦猶用揀芽。蓋水芽至宣和始有，故龍園勝雪與白茶角立，歲充首貢。復自御苑玉芽以下，厥名實繁，先子親見時事，悉能記之，成編具存。今閩中漕臺新〔繼壔按〕《説郛》作"所"。刊《茶錄》，未備此書，庶幾補其闕云。

淳熙九年冬十二月四日，朝散郎、行秘書郎兼國史編修官、學士院權直熊克謹記。

【校勘記】
〔一〕"頭乳"，疑爲"的乳"。
〔二〕"乳"，疑爲"白乳"。
〔三〕"漫"字原闕，今徑補。
〔四〕"龍"字原闕，今據文理補。
〔五〕"芽"，原作"茶"，今據《茶書》本、四庫本、涵芬樓本改。

［六］"公"字原闕，今據《茶書》本、涵芬樓本補。

［七］"竹"字原闕，今據《茶書》本補。

［八］"竹"字原闕，今據《茶書》本補。

［九］"一"字原闕，今據《茶書》本補。

［十］"二"字原闕，今據《茶書》本補。

［十一］"竹"字原闕，今據《茶書》本補。

［十二］"一"字原闕，今據《茶書》本補。

［十三］"二"字原闕，今據《茶書》本補。

［十四］"徑二寸五分"五字原闕，今據《茶書》本、涵芬樓本補。

［十五］"徑二寸五分"五字原闕，今據《茶書》本、涵芬樓本補。

［十六］"徑四寸五分"五字原闕，今據《茶書》本補。

［十七］"銀模"二字原闕，今據四庫本補。

［十八］"徑四寸五分"五字原闕，今據《茶書》本補。

［十九］"撫"，原作"撫"，今據四庫本改。

北苑別録

〔宋〕趙汝礪　撰
〔清〕汪繼壕　按校

整理説明

　　趙汝礪（生卒年不詳），南宋孝宗時人，曾任福建路轉運司主管帳司。《北苑別録》成書於宋淳熙十三年（1186），有明陶宗儀《説郛》本、明喻政《茶書》本、明《五朝小説》本、文淵閣《四庫全書》本、清《古今圖書集成》本及清顧修《讀畫齋叢書》本等刊本。此書爲趙氏任福建路轉運司主管帳司時，爲補熊蕃《宣和北苑貢茶録》而作。書首有序言，次分御園、開焙、采茶、揀茶、蒸茶、榨茶、研茶、造茶、過黃、綱次、開畬、外焙等十二目，綜記福建建安御茶園址四十六焙沿革和茶園管理，貢茶的采製、品類、數量以及包裝等内容。於貢茶綱次記載甚爲詳實，分細色共五綱，粗色共七綱，并述其工藝之别。此次整理以《讀畫齋叢書》本爲底本，喻政《茶書》明萬曆四十一年（1613）刻本、文淵閣《四庫全書》本、《説郛》民國十六年（1927）上海商務印書館涵芬樓重校鉛印本爲參校本。校勘記中，“喻政《茶書》明萬曆四十一年（1613）刻本”簡稱“《茶書》本”，“文淵閣《四庫全書》本”簡稱“四庫本”，“《説郛》民國十六年（1927）上海商務印書館涵芬樓重校鉛印本”簡稱“涵芬樓本”。

序言

建安之東三十里，有山曰鳳凰，其下直北苑，旁聯諸焙。厥土赤壤，厥茶惟上上。太平興國中，初爲御焙，歲模龍鳳，以羞貢篚，益表珍异。慶曆中，漕臺益重其事，品數日增，制度日精。厥今茶自北苑上者獨冠天下，非人間所可得也。方其春蟲震蟄，千夫雷動，一時之盛，誠爲偉觀，故建人謂“至建安而不詣北苑，與不至者同”。僕因攝事，遂得研究其始末。姑摭其大概，條爲十餘類，目曰《北苑別錄》云。

御園

九窠十二隴〔按〕《建安志·茶隴》注云：“九窠十二隴即土之凹凸處，凹爲窠，凸爲隴。”〔繼壕按〕宋子安《試茶錄》：“自青山曲折而北，嶺勢屬貫魚，凡十有二，又隈曲如窠巢者九，其地利爲九窠十二隴。”

麥窠〔按〕宋子安《試茶錄》作“麥園”，言其土壤沃，并宜蓻麥也，與此作“麥窠”异。

壤園〔繼壕按〕《試茶錄》：“鷄窠又南曰壤園、麥園。”

龍游窠

小苦竹〔繼壕按〕《試茶錄》作“小苦竹園”，園在鼯鼠窠下。

苦竹里

鷄藪窠〔按〕宋子安《試茶錄》：“小苦竹園又西至大園絶尾，疏竹蓊翳，多飛雉，故曰鷄藪窠。”〔繼壕按〕《太平御覽》引《建安記》：“鷄岩隔澗西與武彝相對，半岩有鷄窠四枚，石峭，上不可登履，時有群鷄百飛翔，雄者類鶡鴆。”《福建通志》云：“崇安縣武彝山大小二藏峰，峰臨澄潭，其半爲鷄窠岩，一名金鷄洞。鷄藪窠未知即在此否？”

苦竹〔繼壕按〕《試茶錄》：“自焙口達源頭五里，地遠而益高，以園多苦竹，故名曰苦竹，以遠居衆山之首，故曰園頭。"下"苦竹源"當即苦竹園頭。

苦竹源

鼯鼠窠 〔按〕宋子安《試茶録》："直西定山之隈，土石迴向如窠然，泉流積陰之處多飛鼠，故曰鼯鼠窠。"

教煉隴 〔繼壕按〕《試茶録》作"教練壟"，"焙南直東，嶺極高峻，曰教練壟，東入張坑，南距苦竹。"《説郛》"煉"亦作"練"。

鳳凰山 〔繼壕按〕《試茶録》："横坑又北出鳳皇山，其勢中跱，如鳳之首，兩山相向，如鳳之翼，因取象焉。"曹學佺《輿地名勝志》："甌寧縣鳳皇山，其上有鳳皇泉，一名龍焙泉，又名御泉。宋以來，上供茶取此水濯之。其麓即北苑，蘇東坡序略云：'北苑龍焙，山如翔鳳下飲之狀，山最高處有乘風堂，堂側豎石碣，字大尺許。'"宋慶曆中，柯適記御茶泉，深僅二尺許，下有暗渠，與山下溪合，泉從渠出，日夜不竭。又龍山與鳳皇山對峙。宋咸平間，丁謂於茶堂之前引二泉，爲龍、鳳池，其中爲紅雲島。四面植海棠，池旁植柳，旭日始升時，晴光掩映，如紅雲浮於其上。《方輿紀要》："鳳皇山一名茶山，又鑿源山在鳳皇山南，山之茶爲外焙綱，俗名捍火山，又名望州山。"《福建通志》："鳳皇山，今在建安縣吉苑里。"

大小焊 〔繼壕按〕《説郛》"焊"作"焊"。《試茶録》"鑿源"條云："建安郡東望北苑之南山，叢然而秀，高峙數百丈，如郛郭焉。"注云："民間所謂捍火山也。""焊"，疑當作"捍"。

横坑 〔繼壕按〕《試茶録》："教練壟帶北岡勢横直，故曰坑。"

猿游隴 〔按〕宋子安《試茶録》："鳳皇山東南至於袁雲隴，又南至於張坑，言昔有袁氏、張氏居於此，因名其地焉。"與此作"猿游隴"异。

張坑 〔繼壕按〕《試茶録》："張坑又南最高處曰張坑頭。"

帶園 〔繼壕按〕《試茶録》："焙東之山，縈紆如帶，故曰帶園，其中曰中歷坑。"

焙東

中歷〔按〕宋子安《試茶録》作"中歷坑"。

東際〔繼壕按〕《試茶録》："袁雲壟之北，絶嶺之表，曰西際，其東爲東際。"

西際

官平〔繼壕按〕《試茶録》："袁雲隴之北，平下，故曰平園。"當即官平。

上下官坑〔繼壕按〕《試茶録》："曾坑又北曰官坑，上園下坑，慶曆中始入北苑。"《説郛》在"石碎窠"下。

石碎窠〔繼壕按〕徽宗《大觀茶論》作"碎石窠"。

虎膝窠

樓隴

蕉窠

新園

夫樓基〔按〕《建安志》作"大樓基"。〔繼壕按〕《説郛》作"天樓基"。

阮坑

曾坑〔繼壕按〕《試茶録》云："又有蘇口焙，與北苑不相屬，昔有蘇氏居之。其園別爲四，其最高處曰曾坑，歲貢有曾坑上品一斤。曾坑，山土淺薄，苗發多紫，復不肥乳，氣味殊薄，今歲貢以苦竹園充之。"葉夢得《避暑録話》云："北苑茶正所産爲曾坑，謂之正焙。非曾坑爲沙溪，謂之外焙。二地相去不遠，而茶種懸絶。沙溪色白，過於曾坑，但味短而微澀，識茶者一啜，如別涇渭也。"

黃際〔繼壕按〕《試茶録》"壑源"條："道南山而東曰穿欄焙，又東曰黃際。"

馬鞍山〔繼壕按〕《試茶録》："帶園東又曰馬鞍山。"《福建通志》："建寧府建安縣有馬鞍山，在郡東北三里許，一名瑞峰，左爲鷄籠山。"當即此山。

林園〔繼壕按〕《試茶録》："北苑焙絶東曰林園。"

和尚園

黄淡窠〔繼壕按〕《試茶録》："馬鞍山又東曰黄淡窠，謂山多黄淡也。"

吴彦山

羅漢山

水桑窠

師姑園〔繼壕按〕《説郛》在"銅場"下。

銅場〔繼壕按〕《福建通志》："鳳皇山在東者曰銅場峰。"

靈滋

范馬園

高畬

大窠頭〔繼壕按〕《試茶録》"壑源"條："坑頭至大窠爲正壑嶺。"

小山

右四十六所，方廣袤三十餘里。自官平而上爲内園，官坑而下爲外園。方春靈芽荸坼，〔繼壕按〕《説郛》作"萌坼"。常先民焙十餘日。如九窠十二隴、龍游窠、小苦竹、張坑、西際，又爲禁園之先也。

開焙

驚蟄節，萬物始萌，每歲常以前三日開焙。遇閏則反之，〔繼壕按〕《説郛》"反"作"後"。以其氣候少遲故也。〔按〕《建安志》："候當驚蟄，萬物始萌，漕司常前三日開焙，令春夫喊山以助和氣，遇閏則後二日。"〔繼壕按〕《試茶録》："建溪茶比他郡最先，北苑壑源者尤早。歲多暖，則先驚蟄十日即芽。歲多寒，則後驚蟄五日始發。先芽者，氣味俱不佳，唯過驚蟄者最爲第一，民間常以驚蟄爲候。"

采茶

采茶之法，須是侵晨，不可見日。侵晨則夜露未晞，茶芽肥潤，見日則爲陽氣所薄，使芽之膏腴内耗，至受水而不鮮明，故每日常以五更撾鼓，集群夫於鳳皇山。山有打鼓亭。監采官人給一牌入山，至辰刻復鳴鑼以聚之，恐其逾時貪多務得也。大抵采茶亦須習熟，募夫之際，必擇土著及諳曉之人。非特識茶發早晚所在，而於采摘各知其指要。蓋以指而不以甲，則多溫而易損，以甲而不以指，則速斷而不柔，從舊説也。故采夫欲其習熟，政爲是耳。采夫日役二百二十五人。〔繼壕按〕《説郛》作“二百二十二人”。徽宗《大觀茶論》：“擷茶以黎明，見日則止。用爪斷芽，不以指揉，慮氣汗熏漬，茶不鮮潔，故茶工多以新汲水自隨，得芽則投諸水。”《試茶録》：“民間常以春陰爲采茶得時，日出而采，則芽葉易損，建人謂之采摘不鮮是也。”

揀茶

茶有小芽，有中芽，有紫芽，有白合，有烏蒂，此不可不辨。小芽者，其小如鷹爪，初造龍園勝雪、白茶，以其芽先次蒸熟，置之水盆中，剔取其精英，僅如針小，謂之水芽，是芽中之最精者也。中芽，古謂〔繼壕按〕《説郛》有“之”字。一槍一旗是也。紫芽，葉之〔繼壕按〕原本作“以”，據《説郛》改。紫者是也。白合，乃小芽有兩葉抱而生者是也。烏蒂，茶之蒂頭是也。凡茶以水芽爲上，小芽次之，中芽又次之，紫芽、白合、烏蒂，皆在所不取。〔繼壕按〕《大觀茶論》：“茶之始芽萌則有白合，既擷則有烏蒂。白合不去害茶味，烏蒂不去害茶色。”原本脱“不”字，據《説郛》補。使其擇焉而精，則茶之色味無不佳。萬一雜之以所不取，則首面不均，色濁而味重也。〔繼壕按〕《西溪叢語》：“建州龍焙，有一泉極清澹，謂之御泉。用其池水造茶，即[一]壞茶味。惟龍園勝雪、白茶二種，謂之水芽，先蒸後揀，每一芽先去外兩小葉，謂之烏蒂，又次去兩嫩葉，謂之白合，留小心芽置於水中，呼爲水芽，聚之稍多，即研焙爲二品，即龍園勝雪、白茶也。茶之極精好者，無出於此，每銙計工價近三十千。其他茶雖好，皆先揀而後蒸研，其味次第減也。"

蒸茶

茶芽再四洗滌，取令潔净，然後入甑，俟湯沸蒸之。然蒸有過熟之患，有不熟之患。過熟則色黃而味淡，不熟則色青易沉，而有草木之氣，唯在得中爲當也。

榨茶

茶既熟，謂之茶黃，須淋洗數過，<small>欲其冷也</small>。方入小榨，以去其水。又入大榨出其膏。<small>水芽則以馬榨壓之，以其芽嫩故也。</small>〔繼壕按〕《説郛》"馬"作"高"。先是包以布帛，束以竹皮，然後入大榨壓之，至中夜取出，揉勻，復如前入榨，謂之翻榨。徹曉奮擊，必至於乾净而後已。蓋建茶味遠而力厚，非江茶之比。江茶畏流其膏，建茶惟恐其膏之不盡，膏不盡，則色味重濁矣。

研茶

研茶之具，以柯爲杵，以瓦爲盆，分團酌水，亦皆有數。上而勝雪、白茶以十六水，下而揀芽之水六，小龍、鳳四，大龍、鳳二，其餘皆以十二焉。自十二水以上，日研一團。自六水而下，日研三團至七團。每水研之，必至於水乾茶熟而後已。水不乾，則茶不熟，茶不熟，則首面不勻，煎試易沉，故研夫尤[二]貴於强有力者也。嘗謂天下之理，未有不相須而成者。有北苑之芽，而後有龍井之水，其深不以丈尺，〔繼壕按〕文有脫誤，《說郛》無此六字，亦誤。柯適《記御茶泉》云："深僅二尺許。"清而且甘，晝夜酌之而不竭。凡茶自北苑上者皆資焉，亦猶錦之於蜀江，膠之於阿井，詎不信然？

造茶

造茶舊分四局，匠者起好勝之心，彼此相誇，不能無弊，遂并而爲二焉，故茶堂有東局、西局之名，茶銙有東作、西作之號。凡茶之初出研盆，蕩之欲其勻，揉之欲其膩。然後入圈製銙，隨笪過黃。有方銙，有花銙，有大龍，有小龍，品色不同，其名亦异，故隨綱繫之於貢茶云。

過黃

茶之過黃，初入烈火焙之，次過沸湯爁之。凡如是者三，而後宿一火，至翌日，遂過烟焙焉。然烟焙之火不欲烈，烈則面炮而色黑。又不欲烟，烟則香盡而味焦。但取其溫溫而已。凡火數之多寡，皆視其銙之厚薄。銙之厚者，有十火至於十五火。銙之薄者，亦〔繼壕按〕《說郛》無"亦"字。八火至於十[三]火。火數既足，然後過湯上出色。出色之後，當置之密室，急以扇扇之，則色澤自然光瑩矣。

綱次〔繼壕按〕《西溪叢語》云"茶有十綱。第一、第二綱太嫩，第三綱最妙，自六綱至十綱，小團至大團而止。第一名曰試新，第二名曰貢新，第三名有十六色，第四名有十二色，第五名[四]有十二色，已下五綱皆大小團也"，云云。其所記品目與録同，唯録載細色粗色共十二綱，而寬云十綱，又云第一名試新，第二名貢新，又細色第五綱十二色內，有先春一色，而無興國岩揀芽，并與録异，疑寬所據者宣和時修《貢録》，而此則本於淳熙間修《貢録》

也。《清波雜志》云："淳熙間，親黨許仲啓官麻沙，得《北苑修貢録》，序以刊行。其間載歲貢十有二綱，凡三等四十一名。第一綱曰龍焙貢新，止五十餘銙[五]，貴重如此。"正與録合。曾敏行《獨醒雜志》云："北苑産茶，今歲貢三等十有二綱，四萬八千餘銙。"《事文類聚續集》云："宣政間鄭可簡以貢茶進用，久領漕計，創添續入，其數浸廣，今猶因之。"

細色第一綱

龍焙貢新。水芽，十二水，十宿火。正貢三十銙，創添二十銙。〔按〕《建安志》云："頭綱用社前三日進發，或稍遲，亦不過社後三日。第二綱以後，只火候數足發，多不過十日。粗色雖於五旬内製畢，却候細綱貢絶，以次進發。第一綱拜，其餘不拜，謂非享上之物也。"

細色第二綱

龍焙試新。水芽，十二水，十宿火。正貢一百銙，創添五十銙。〔按〕《建安志》云："數有正貢，有添貢，有續添。正貢之外，皆起於鄭可簡爲漕日增。"

細色第三綱

龍園[六]勝雪。〔按〕《建安志》云："龍園勝雪用十六水，十二宿火。白茶用十六水，七宿火。勝雪係驚蟄後采造，茶葉稍壯，故耐火。白茶無培壅之力，茶葉如紙，故火候止七宿，水取其多，則研夫力勝而色白，至火力則但取其適，然後不損真味。"水芽，十六水，十二宿火。正貢三十銙，續添三十銙，創添六十銙。〔繼壕按〕《説郛》作"續添二十銙，創添二十銙"。

白茶。水芽，十六水，七宿火。正貢三十銙，續添十五銙，〔繼壕按〕《説郛》作"五十銙"。創添八十銙。

御苑玉芽。〔按〕《建安志》云："自御苑玉芽下凡十四品，係細色第三綱，其製之也，皆以十二水。唯玉芽、龍芽二色火候止八宿，蓋二色茶日數比諸茶差早，不取多用火力。"小芽，〔繼壕按〕據《建安志》，"小芽"當作"水芽"。詳"細色五綱"條注。十二水，八宿火。正貢一百片。

萬壽龍芽。小芽，十二水，八宿火。正貢一百片。

上林第一。〔按〕《建安志》云："雪英以下六品，火用七宿，則是茶力既強，不必火候太多。自上林第一至啓沃承恩，凡六品，日子之製同，故量日力以用火力，大抵欲其適當。不論采摘日子之淺深而水皆十二，研工多則茶色白故耳。"小芽，十二水，十宿火。正貢一百銙。

乙夜清供。小芽，十二水，十宿火。正貢一百銙。

承平雅玩。小芽，十二水，十宿火。正貢一百銙。

龍鳳英華。小芽，十二水，十宿火。正貢一百銙

玉除清賞。小芽，十二水，十宿火。正貢一百銙

啓沃承恩。小芽，十二水，十宿火。正貢一百銙。

雪英。小芽，十二水，七宿火。正貢一百片。

雲葉。小芽，十二水，七宿火。正貢一百片。

蜀葵。小芽，十二水，七宿火。正貢一百片。

金錢。小芽，十二水，七宿火。正貢一百片。

玉華。小芽，十二水，七宿火。正貢一百片。

寸金。小芽，十二水，九宿火。正貢一百銙。

細色第四綱

龍園勝雪。已見前。正貢一百五十銙。

無比壽芽。小芽，十二水，十五宿火。正貢五十銙，創添五十銙。

萬春銀芽。〔繼壕按〕《說郛》"芽"作"葉"。《西溪叢語》作"萬春銀葉"。小芽，十二水，十宿火。正貢四十片，創添六十片。

宜年寶玉。小芽，十二水，十二宿火。〔繼壕按〕《說郛》作"十宿火"。正貢四十片，創添六十片。

玉清慶雲。小芽，十二水，九宿火。〔繼壕按〕《説郛》作"十五宿火"。正貢四十片，創添六十片。

無疆壽龍。小芽，十二水，十五宿火。正貢四十片，創添六十片。

玉葉長春。小芽，十二水，七宿火。正貢一百片。

瑞雲翔龍。小芽，十二水，九宿火。正貢一百八片。

長壽玉圭。小芽，十二水，九宿火。正貢二百片。

興國岩銙。岩屬南州，頃遭兵火，廢，今以北苑芽代之。中芽，十二水，十宿火。正貢二百七十銙。

香口焙銙。中芽，十二水，十宿火。正貢五百銙。〔繼壕按〕《説郛》作"五十銙"。

上品揀芽。小芽，十二水，十宿火。正貢一百片。

新收揀芽。中芽，十二水，十宿火。正貢六百片。

細色第五綱

太平嘉瑞。小芽，十二水，九宿火。正貢三百片。

龍苑報春。小芽，十二水，九宿火。正貢六百片，〔繼壕按〕《説郛》作"六十片"，蓋誤。創添六十片。

南山應瑞。小芽，十二水，十五宿火。正貢六十銙，創添六十銙。

興國岩揀芽。中芽，十二水，十五宿火。正貢五百一十片。

興國岩小龍。中芽，十二水，十五宿火。正貢七百五十片。〔繼壕按〕《説郛》作"七百五片"，蓋誤。

興國岩小鳳。中芽，十二水，十五宿火。正貢五十片。

先春兩色

太平嘉瑞。已見前。正貢三百片。

長壽玉圭。已見前。正貢一百片。

續入額四色

御苑玉芽。*已見前。*正貢一百片。

萬壽龍芽。*已見前。*正貢一百片。

無比壽芽。*已見前。*正貢一百片。

瑞雲翔龍。*已見前。*正貢一百片。

粗色第一綱

正貢：不入腦子上品揀芽小龍，一千二百片，〔按〕《建安志》云："入腦茶，水須差多，研工勝則香味與茶相入。不入腦茶，水須差省，以其色不必白，但欲火候深，則茶味出耳。"六水，十六宿[七]火。入腦子小龍，七百片，四水，十五宿火。

增添：不入腦子上品揀芽小龍，一千二百片。入腦子小龍，七百片。

建寧府附發：小龍茶，八百四十片。

粗色第二綱

正貢：不入腦子上品揀芽小龍，六百四十片。入腦子小龍，六百四十二片。〔繼壕按〕《說郛》"二"作"七"。入腦子小鳳，一千三百四十四片，〔繼壕按〕《說郛》無下"四"字。四水，十五宿火。入腦子大龍，七百二十片，二水，十五宿火。入腦子大鳳，七百二十片，二水，十五宿火。

增添：不入腦子上品揀芽小龍，一千二百片。入腦子小龍，七百片。

建寧府附發：小鳳茶，一千二百片。〔繼壕按〕《說郛》"二"作"三"。

粗色第三綱

正貢：不入腦子上品揀芽小龍，六百四十片。入腦子小龍，六百四十四片。〔繼壕按〕《說郛》無下"四"字。入腦子小鳳，六百七十二片。入腦子大龍，一千八片。〔繼壕按〕《説郛》作“一千八百片”。入腦子大鳳，一千八百片。

增添：不入腦子上品揀芽小龍，一千二百片。入腦子小龍，七百片。

建寧府附發：大龍茶，四百片。大鳳茶，四百片。

粗色第四綱

正貢：不入腦子上品揀芽小龍，六百片。入腦子小龍，三百三十六片。入腦子小鳳，三百三十六片。入腦子大龍，一千二百四十片。入腦子大鳳，一千二百四十片。

建寧府附發：大龍茶，四百片。大鳳茶，四百片。〔繼壕按〕《説郛》作“四十片”，疑誤。

粗色第五綱

正貢：入腦子大龍，一千三百六十八片。入腦子大鳳，一千三百六十八片。京鋌改造大龍，一千六片。〔繼壕按〕《説郛》作“一千六百片”。

建寧府附發：大龍茶，八百片。大鳳茶，八百片。

粗色第六綱

正貢：入腦子大龍，一千三百六十片。入腦子大鳳，一千三百六十片。京鋌改造大龍，一千六百片。

建寧府附發：大龍茶，八百片。大鳳茶，八百片。京鋌改造大龍，一千三百片。〔繼壕按〕《説郛》“三”作“二”。

粗色第七綱

正貢：入腦子大龍，一千二百四十片。入腦子大鳳，一千二百四十片。京鋌改造大龍，二千三百五十二片。〔繼壕按〕《説郛》作“二千三百二十片”。

建寧府附發：大龍茶，二百四十片。大鳳茶，二百四十片。京鋌改造大龍，四百八十片。

細色五綱

〔按〕《建安志》云："細色五綱，凡四十三品，形式各异。其間貢新、試新、龍園勝雪、白茶、御苑玉芽，此五品中，水揀第一，生揀次之。"

貢新爲最上，後開焙十日入貢。龍園勝雪爲最精，而建人有直四萬錢之語。夫茶之入貢，圈以箬葉，內以黄斗，盛以花箱，護以重篚，扃以銀鑰。花箱內外，又有黄羅幕之，可謂什襲之珍矣。〔繼壕按〕周密《乾淳歲時記》："仲春上旬，福建漕司進第一綱茶，名北苑試新，方寸小銙，進御止百銙。護以黄羅軟盝，藉以青蒻，裹以黄羅夾複，臣封朱印外，用朱漆小匣、鍍金鎖。又以細竹絲織笈貯之，凡數重。此乃雀舌水芽所造，一銙之直四十萬，僅可供數甌之啜爾。或以一二賜外邸，則以生綫分解，轉遺好事，以爲奇玩。"

粗色七綱

〔按〕《建安志》云："粗色七綱，凡五品，大小龍鳳并揀芽，悉入腦和膏爲團，其四萬餅，即雨前茶。閩中地暖，穀雨前茶已老而味重。"

揀芽以四十餅爲角，小龍、鳳以二十餅爲角，大龍、鳳以八餅爲角。圈以箬葉，束以紅縷，包以紅楮，〔繼壕按〕《説郛》"楮"作"紙"。緘以蒨綾，惟揀芽俱以黄焉。

開畲

草木至夏益盛，故欲導生長之氣，以滲雨露之澤。每歲六月興工，虛其本，培其土，滋蔓之草、遏鬱之木，悉用除之，政所以導生長之氣而滲雨露之澤也。此之謂開畲。〔按〕《建安志》云："開畲，茶園惡草，每遇夏日最烈時，用衆鋤治，殺去草根，以糞茶根，名曰開畲。若私家開畲，即夏半、初秋各用工一次，故私園最茂，但地不及焙之勝耳。"惟桐木則留焉。桐木之性與茶相宜，而又茶至冬則畏寒，桐木望秋而先落，茶至夏而畏日，桐木至春而漸茂，理亦然也。

外焙

　　石門、乳吉、〔繼壕按〕《試茶録》載丁氏舊録東山之焙十四，有乳橘
内焙、乳橘外焙。此作"乳吉"，疑誤。香口。

　　右三焙常後北苑五七日興工。每日采茶，蒸，榨，以過黄，悉
送北苑并造。

　　舍人熊公，博古洽聞，嘗於經史之暇，輯其先君所著《北苑貢
茶録》，鋟諸木以垂後。漕使侍講王公，得其書而悦之，將命摹勒，
以廣其傳。汝礪白之公曰："是書紀貢事之源委，與製作之更沿，
固要且備矣。惟水數有贏縮，火候有淹亟，綱次有後先，品色有多
寡，亦不可以或闕。"公曰："然。"遂摭書肆所刊《修貢録》，曰幾
水，曰火幾宿，曰某綱，曰某品若干云者，條列之。又以其所采擇
製造諸説，并麗於編末，目曰《北苑别録》。俾開卷之頃，盡知其
詳，亦不爲無補。

　　淳熙丙午孟夏望日，門生從政郎、福建路轉運司主管帳司趙汝
礪敬書。

【校勘記】

　　［一］"即"，《西溪叢語》文淵閣《四庫全書》本作"不"，疑是。

　　［二］"尤"，原作"猶"，今據《茶書》本改。

　　［三］"十"，原作"六"，今據涵芬樓本改。

　　［四］"名"，原作"次"，今據文理改。

　　［五］"銙"，原作"夸"，今逕改。下文同。

　　［六］"圍"，《茶書》本、四庫本、涵芬樓本作"團"。

　　［七］"宿"字原闕，今據涵芬樓本補。

茶具圖贊

〔宋〕審安老人　撰

整理説明

　　審安老人（生卒年不詳），生平事迹不詳。《茶具圖贊》成書於宋咸淳五年（1269），有明《欣賞編》戊集本，後常與陸羽《茶經》合刻，例如《茶經》的明汪士賢《山居雜志》本、明孫大綬秋水齋刊本、明宜和堂本、明鄭煾校刻本等皆附有《茶具圖贊》一卷。另有明喻政《茶書》本、明胡文焕《百家名書》本、《叢書集成初編》本等。《茶具圖贊》集繪宋代茶具十二件，其後序言"錫具姓而繫名，寵以爵，加以號，季宋之彌文""贊法遷固"，即如司馬遷《史記》、班固《漢書》的寫法，爲每件茶具撰寫贊語。茶具包括韋鴻臚（茶籠）、木待制（木椎）、金法曹（茶碾）、石轉運（茶磨）、胡員外（茶瓢）、羅樞密（茶羅）、宗從事（茶帚）、漆雕秘閣（茶托）、陶寶文（茶盞）、湯提點（湯瓶）、竺副帥（茶筅）和司職方（茶巾）。此校本據明《欣賞編》戊集本整理。

茶具引

余性不能飲酒，間與客對春苑之葩，泛秋湖之月，則客未嘗不飲，飲未嘗不醉，予顧而樂之。一染指，顏且酡矣，兩眸子懵懵然矣。而獨耽味於茗，清泉白石，可以濯五臟之污，可以澄心氣之垢，服之不已，覺兩腋習習清風自生，視客之沉酣酩酊，久而忘倦，庶亦可以相當之。嗟呼！吾讀《醉鄉記》，未嘗不神游焉，而間與陸鴻漸、蔡君謨上下其議，則又爽然自釋矣。乃書此以博十二先生一鼓掌云。

庚辰秋七月既望，花溪里芝園主人茅一相撰并書

茶具十二先生姓名字號

韋鴻臚	文鼎	景暘	四窗閑叟
木待制	利濟	忘機	隔竹居人
金法曹	研古	元鍇	雍之舊民
	轢古	仲鏗	和琴先生
石轉運	鑿齒	遄行	香屋隱君
胡員外	惟一	宗許	貯月仙翁
羅樞密	若藥	傳師	思隱寮長
宗從事	子弗	不遺	掃雲溪友
漆雕秘閣	承之	易持	古臺老人
陶寶文	去越	自厚	兔園上客
湯提點	發新	一鳴	温谷遺老
竺副帥	善調	希點	雪濤公子
司職方	成式	如素	潔齋居士

咸淳己巳五月夏至後五日，審安老人書

韋鴻臚

贊曰：祝融司夏，萬物焦爍，火炎昆岡，玉石俱焚，爾無與焉。乃若不使山谷之英墮於塗炭，子與有力矣。上卿之號，頗著微稱。

木待制

上應列宿，萬民以濟，稟性剛直，摧折強梗，使隨方逐圓之徒，不能保其身，善則善矣。然非佐以法曹，資之樞密，亦莫能成厥功。

金法曹

柔亦不茹，剛亦不吐，圓機運用，一皆有法，使強梗者不得殊軌亂轍，豈不韙與！

石轉運

抱堅質，懷直心，嚌嚅英華，周行不怠。斡摘山之利，操漕權之重。循環自常，不捨正而適他，雖没齒無怨言。

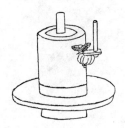

胡員外

周旋中規而不逾其間，動靜有常而性苦其卓，鬱結之患悉能破之，雖中無所有而外能研究，其精微不足以望圓機之士。

羅樞密

機事不密則害成，今高者抑之，下者揚之，使精粗不致於混淆，人其難諸？奈何矜細行而事喧嘩，惜之。

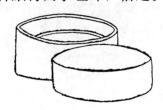

宗從事

孔門高弟，當灑掃應對事之末者亦所不弃，又況能萃其既散，拾其已遺，運寸毫而使邊塵不飛，功亦善哉！

漆雕秘閣

危而不持，顛而不扶，則吾斯之未能信。以其弭執熱之患，無坳堂之覆，故宜輔以寶文而親近君子。

陶寶文

出河濱而無苦窳，經緯之象，剛柔之理，炳其緗中，虛己待物，不飾外貌，位高秘閣，宜無愧焉。

湯提點

養浩然之氣，發沸騰之聲，以執中之能，輔成湯之德，斟酌賓主間，功邁仲叔圉。然未免外爍之憂，復有內熱之患，奈何？

竺副帥

首陽餓夫，毅諫於兵沸之時，方金鼎揚湯，能探其沸者幾希。子之清節，獨以身試，非臨難不顧者疇見爾。

司職方

互鄉童子，聖人猶與其進。況端方質素，經緯有理，終身涅而不緇者，此孔子之所以與潔也。

飲之用，必先茶，而茶不見於《禹貢》，蓋全民用而不爲利，後世榷茶立爲制，非古聖意也。陸鴻漸著《茶經》，蔡君謨著《茶譜》，孟諫議寄盧玉川三百月團，後侈至龍鳳之飾，責當備於君謨。製茶必有其具，錫具姓而繫名，寵以爵，加以號，季宋之彌文。然清逸高遠，上通王公，下逮林野，亦雅道也。贊法遷固，經世康國，斯焉攸寓，乃所願與十二先生周旋，嘗山泉極品以終身，此閑富貴也，天豈靳乎哉？

野航道人長洲朱存理題

續茶經（選録）

〔清〕陸廷燦　撰

整理説明

陸廷燦（生卒年不詳），清嘉定（治所在今上海市嘉定區）人，字扶照，又字幔亭。師於王士禎、宋犖，工於詩。以歲貢生入仕，康熙五十六年（1717）任崇安（治所在今福建省武夷山市）知縣。履職崇安期間，以“凡産茶之地、製茶之法業已歷代不同，即烹煮器具亦古今多异，故陸羽所述，其書雖古，而其法多不可行於今”，乃續著《茶經》，輯匯了大量茶文獻。此外，另著有《藝菊志》《南村隨筆》等。《續茶經》成書於清雍正十二年（1734），有清壽椿堂刻本、文淵閣《四庫全書》本。全書分上中下三卷，附録一卷，以陸羽《茶經》體例，分一之源、二之具、三之造、四之器、五之煮、六之飲、七之事、八之出、九之略、十之圖。另以歷代茶法作爲附録。陸氏所續，雖多爲古書資料輯録，但徵引繁富，頗切實用，補輯考定，足資參考。此次整理，以清雍正十三年（1735）陸氏壽椿堂刻本爲底本，文淵閣《四庫全書》本爲參校本，選録《續茶經》中涉武夷茶以及與之密切相關的茶器、茶藝等資料；與其他茶書、筆記重復者不再選録。校勘記中，“文淵閣《四庫全書》本”簡稱“四庫本”。

一之源

丁謂《進新茶表》：右件物産异金沙，名非紫笋。江邊地暖，方呈彼茁之形，闕下春寒，已發其甘之味。有以少爲貴者，焉敢韞而藏諸？見謂新茶，實遵舊例。

歐陽修《歸田録》：茶之品，莫貴於龍鳳，謂之團茶。凡八餅重一斤。慶曆中，蔡君謨始造小片龍茶以進，其品精絶，謂之小團，凡二十餅重一斤，其價值金二兩，然金可有而茶不可得。每因南郊致齋，中書、樞密院各賜一餅，四人分之。宮人往往縷金花於其上，蓋其貴重如此。

王闢之《澠水燕談》：建茶盛於江南，近歲製作尤精。龍團最爲上品，一斤八餅。慶曆中，蔡君謨爲福建運使，始造小團，以充歲貢，一斤二十餅，所謂上品龍茶者也。仁宗尤所珍惜，雖宰相未嘗輒賜。惟郊禮致齋之夕，兩府各四人，共賜一餅。宮人剪金爲龍鳳花貼其上，八人分蓄之。以爲奇玩，不敢自試，有佳客，出爲傳玩。歐陽文忠公云："茶爲物之至精，而小團又其精者也。"嘉祐中，小團初出時也。今小團易得，何至如此多貴？

元熊禾《勿軒[一]集·北苑茶焙記》：貢，古也。茶貢，不列《禹貢》《周·職方》而昉於唐，北苑又其最著者也。苑在建城東二十五里，唐末里民張暉始表而上之。宋初丁謂漕閩，貢額驟益，斤至數萬。慶曆承平日久，蔡公襄繼之，製益精巧，建茶遂爲天下最。公名在四諫官列，君子惜之。歐陽公修雖實不與，然猶誇侈歌咏之。蘇公軾則直指其過矣。君子創法可繼，焉得不重慎也！

謝肇淛《五雜組》：今茶品之上者，松蘿也，虎邱也，羅岕也，龍井也，陽羨也，天池也。而吾閩武夷、清源、鼓山三種，可與角勝。六安、雁宕、蒙山三種，祛滯有功而色香不稱，當是藥籠中物，非文房佳品也。

《西吳枝乘》：湖人於茗，不數顧渚，而數羅岕。然顧渚之佳者，其風味已遠出龍井下。岕稍清雋，然葉粗而作草氣。丁長儒嘗以半角見餉，且教余烹煎之法。迨試之，殊類羊公鶴，此余有解有未解也。余嘗品茗，以武夷、虎邱第一，淡而遠也。松蘿、龍井次之，香而艷也。天池又次之，常而不厭也。餘子瑣瑣，勿置齒喙。謝肇淛。

樂思白《雪庵清史》：夫輕身換骨，消渴滌煩，茶荈之功，至妙至神。昔在有唐，吾閩茗事未興，草木仙骨，尚閟其靈。五代之季，南唐采茶北苑而茗事興。迨宋至道初，有詔奉造而茶品日廣。及咸平、慶曆中，丁謂、蔡襄造茶進奉而製作益精。至徽宗大觀、宣和間，而茶品極矣。斷崖缺石之上，木秀雲腴，往往於此露靈。倘微丁、蔡來自吾閩，則種種佳品不幾於委翳消腐哉？雖然，患無佳品耳。其品果佳，即微丁、蔡來自吾閩，而靈芽真笋豈終於委翳消腐乎？吾閩之能輕身換骨、消渴滌煩者，寧獨一茶乎？茲將發其靈矣。

許次紓[二]《茶疏》：唐人首稱陽羨，宋人最重建州。於今貢茶，兩地獨多。陽羨僅有其名，建州亦非上品，惟武夷雨前最勝。近日所尚者，爲長興之羅岕，疑即古顧渚紫笋。然岕故有數處，今惟洞[三]山最佳。姚伯道云：“明月之峽，厥有佳茗，韵致清遠，滋味甘香，足稱仙品。其在顧渚亦有佳者，今但以水口茶名之，全與岕別矣。若歙之松蘿，吳之虎邱，杭之龍井，并可與岕頡頏。”郭次甫極稱黃山，黃山亦在歙，去松蘿遠甚。往時士人皆重天池，然飲之略多，令人脹滿。浙之產曰雁宕、大盤、金華、日鑄，皆與武夷相伯仲。錢塘諸山產茶甚多，南山盡佳，北山稍劣。武夷之外，有泉州之清源，儻以好手製之，亦是武夷亞匹。惜多焦枯，令人意盡。楚之產曰寶慶，滇之產曰五華，皆表表有名，在雁茶之上。其他名山所產，當不止此，或余未知，或名未著，故不及論。

文震亨《長物志》：古今論茶事者，無慮數十家，若鴻漸之《經》、君謨之《錄》可爲盡善。然其時法，用熟碾爲丸爲挺，故所稱有龍鳳團、小龍團、密雲龍、瑞雲翔龍。至宣和間，始以茶色白者爲貴，漕臣鄭可簡[四]始創爲銀絲水芽，以茶剔葉取心，清泉漬之，去龍腦諸香，惟新胯小龍蜿蜒其上，稱龍團勝雪，當時以爲不更之法。而吾朝所尚又不同，其烹試之法，亦與前人異。然簡便異常，天趣悉備，可謂盡茶之真味矣。至於洗茶、候湯、擇器，皆各有法，寧特侈言烏府、雲屯等目而已哉！

吳拭云：武夷茶賞自蔡君謨始，謂其味過於北苑龍團，周右文極抑之。蓋緣山中不諳製焙法，一味計多狥利之過也。余試采少許，製以松蘿法，汲虎嘯岩下語兒泉烹之，三德俱備，帶雲石而復有甘軟氣。乃分數百葉寄右文，令茶吐氣，復酹一杯，報君謨於地下耳。

釋超全《武夷茶歌》注：建州一老人始獻山茶，死後傳爲山神，喊山之茶始此。

《分甘餘話》：宋丁謂爲福建轉運使，始造龍鳳團茶上供，不過四十餅。天聖中，又造小團，其品過於大團。神宗時，命造密雲龍，其品又過於小團。元祐初，宣仁皇太后曰：“指揮建州今後更不許造密雲龍，亦不要團茶，揀好茶吃了，生得甚好意智。”宣仁改熙寧之政，此其小者。顧其言，實可爲萬世法。士大夫家膏粱子弟，尤不可不知也。謹備錄之。

《武夷茶考》：按丁謂製龍團，蔡忠惠製小龍團，皆北苑事。其武夷修貢，自元時浙省平章高興始。而談者輒稱丁、蔡，蘇文忠公詩云：“武夷溪邊粟粒芽，前丁後蔡相籠加[五]。”則北苑貢時，武夷已爲二公賞識矣。至高興武夷貢後，而北苑漸至無聞。昔人云：茶之爲物，滌昏雪滯，於務學勤政未必無助，其與進荔枝、桃花者不同。然充類至義，則亦宦官、宮妾之愛君也。忠惠直道高名，與范、歐相亞，而進茶一事，乃儕晋公。君子舉措，可不慎歟？

《隨見録》：按沈存中《筆談》云：“建茶皆喬木，吳、蜀惟叢茇而已。”以余所見，武夷茶樹俱係叢茇，初無喬木，豈存中未至建安歟？抑當時北苑與此日武夷有不同歟？《茶經》云“巴山、峽川有兩人合抱者”，又與吳、蜀叢茇之説互异，姑識之以俟參考。

二之具

《北苑貢茶別録》：茶具有銀模、銀圈、竹圈、銅圈等。

《武夷志》：五曲朱文公書院前，溪中有茶竈。文公詩云：“仙翁遺石竈，宛在水中央。飲罷方舟去，茶烟裊細香。”

樂純《雪庵清史》：陸叟溺於茗事，嘗爲《茶論》并煎炙之法，造茶具二十四事，以都統籠貯之，時好事者家藏一副。於是，若韋鴻臚、木待制、金法曹、石轉運、胡員外、羅樞密、宗從事、漆雕秘閣、陶寶文、湯提點、竺副帥、司職方輩，皆入吾籯中矣。

周亮工《閩小紀》：閩人以粗磁膽瓶貯茶，近鼓山、支提新茗出，一時盡學新安，製爲方圓錫具，遂覺神采奕奕不同。

三之造

《萬花谷》：龍焙泉在建安城東鳳凰山，一名御泉。北苑造貢茶，社前芽細如針，用此水研造，每片計工直錢四萬。分試，其色如乳，乃最精也。

《文獻通考》：宋人造茶有二類，曰片，曰散。片者，即龍團。舊法：散者則不蒸而乾之，如今時之茶也。始知南渡之後，茶漸以不蒸爲貴矣。

《學林新編》：茶之佳者，造在社前。其次火前，謂寒食前也。其下則雨前，謂穀雨前也。唐僧齊己詩曰：“高人愛惜藏岩裏，白甀封題寄火前。”其言火前，蓋未知社前之爲佳也。唐人於茶，雖有陸羽《茶經》，而持論未精，至本朝蔡君謨《茶錄》，則持論精矣。

《茗溪詩話》：北苑，官焙也，漕司歲貢爲上；壑源，私焙也，土人亦以入貢爲次。二焙相去三四里間。若沙溪，外焙也，與二焙絕遠，爲下。故魯直詩“莫遣沙溪來亂真”是也。官焙造茶，嘗在驚蟄後。

《武夷志》：通仙井，在御茶園，水極甘冽，每當造茶之候，則井自溢，以供取用。

《農政全書》：采茶在四月，嫩則益人，粗則損人。茶之爲道，釋滯去垢，破睡除煩，功則著矣。其或采造藏貯之無法，碾焙煎試之失宜，則雖建芽、浙茗，只爲常品耳。此製作之法，宜亟講也。

屠長卿《考槃餘事》：采茶不必太細，細則芽初萌而味欠足；不可太青，青則葉已老而味欠嫩。須在穀雨前後，覓成梗帶葉微綠色而團且厚者爲上，更須天色晴明采之方妙。若閩廣嶺南多瘴癘之氣，必待日出，山霽霧瘴嵐氣收净，采之可也。

吳拭云：山中采茶歌凄清哀婉，韵態悠長，一聲從雲際飄來，未嘗不潸然墮泪，吳歌未便能動人如此也。

《詩話》：顧渚涌金泉，每歲造茶時，太守先祭拜，然後水稍出。造貢茶畢，水漸減。至供堂茶畢，已減半矣。太守茶畢，遂涸。北苑龍焙泉亦然。

《紫桃軒雜綴》：金華仙洞與閩中武夷俱良材，而厄於焙手。

周亮工《閩小紀》：武夷、㫋嶼、紫帽、龍山皆產茶。僧拙於焙，既采，則先蒸而後焙，故色多紫赤，只堪供宮中澣濯用耳。近有以松蘿法製之者，即試之，色香亦具足。經旬月，則紫赤如故，蓋製茶者，不過土著數僧耳。語三吳之法，轉轉相效，舊態畢露。此須如昔人論琵琶法，使數年不近，盡忘其故調，而後以三吳之法行之，或有當也。

王草堂《茶說》：武夷茶，自穀雨采至立夏，謂之頭春。約隔二旬復采，謂之二春。又隔又采，謂之三春。頭春葉粗味濃，二春、三春葉漸細，味漸薄，且帶苦矣。夏末秋初，又采一次，名爲秋露，香更濃，味亦佳，但爲來年計，惜之不能多采耳。茶采後，以竹筐匀鋪，架於風日中，名曰曬青。俟其青色漸收，然後再加炒焙。陽羨、岕片只蒸不炒，火焙以成，松蘿、龍井皆炒而不焙，故其色純。獨武夷炒焙兼施，烹出之時，半青半紅，青者乃炒色，紅者乃焙色也。茶采而攤，攤而挼，香氣發越即炒，過時、不及皆不可。既炒既焙，復揀去其中老葉枝蒂，使之一色。釋超全詩云"如梅斯馥蘭斯馨""心閑手敏工夫細"，形容殆盡矣。

王草堂《節物出典》：《養生仁術》云："穀雨日采茶，炒藏合法，能治痰及百病。"

《隨見錄》：凡茶，見日則味奪，惟武夷茶喜日曬。

武夷造茶，其岩茶以僧家所製者最爲得法。至洲茶中采回時，逐片擇其背上有白毛者，另炒另焙，謂之白毫，又名壽星眉。摘初發之芽，一旗未展者，謂之蓮子心。連枝二寸剪下烘焙者，謂之鳳尾、龍鬚。要皆异其製造，以欺人射利，實無足取焉。

四之器

《秦少游集·茶臼》詩：幽人耽茗飲，刳木事搗撞。巧制合臼形，雅音侔^[六]枕椌。

謝宗可《咏物詩·茶筅》：此君一節瑩無瑕，夜聽松聲漱玉華。萬里引風歸蟹眼，半瓶飛雪起龍芽。香凝翠髮雲生腳，濕滿蒼髯浪卷花。到手纖毫皆盡力，多因不負玉川家。

《雪庵清史》：泉冽性駛，非峭以金銀器，味必破器而走矣。有饋中泠泉於歐陽文忠者，公訝曰："君故貧士，何爲致此奇貺？"徐視饋器，乃曰："水味盡矣。"噫！如公言，飲茶乃富貴事耶。嘗考宋之大小龍團，始於丁謂，成於蔡襄。公聞而嘆曰："君謨士人也，何至作此事！"東坡詩曰："武夷溪邊粟粒芽，前丁後蔡相籠加。吾君所乏豈此物，致養口體何陋耶。"觀此，則二公又爲茶敗壞多矣。故余於茶瓶而有感。

茶鼎，丹山碧水之鄉，月澗雲龕之品，滌煩消渴，功誠不在芝朮下。然不有似泛乳花、浮雲腳，則草堂暮雲陰，松窗殘雪明，何以勺之野語清？噫！鼎之有功於茶大矣哉！故日休有"立作菌蠢勢，煎爲㶑㶑聲"，禹錫有"驟雨松風入鼎來，白雲滿碗花徘徊"，居仁有"浮花原屬三昧手，竹齋自試魚眼湯"，仲淹有"鼎磨雲外首山銅，瓶攜江上中泠水"，景綸有"待得聲聞俱寂後，一甌春雪勝醍醐"。噫！鼎之有功於茶大矣哉！雖然，吾猶有取盧仝"柴門反關無俗客，紗帽籠頭自煎吃"，楊萬里"老夫平生愛煮茗，十年燒穿折腳鼎"。如二君者，差可不負此鼎耳。

冒巢民云：茶壺以小爲貴，每一客一壺，任獨斟飲，方得茶趣。何也？壺小，則香不渙散，味不耽遲。況茶中香味，不先不後，恰有一時。太早或未足，稍緩或已過，個中之妙，清心自飲，化而裁之，存乎其人。

謝肇淛《五雜組》：宋初閩茶，北苑爲最。當時上供者，非兩府禁近不得賜，而人家亦珍重愛惜。如王東城有茶囊，惟楊大年至，則取以具茶，他客莫敢望也。

文震亨《長物志》：壺以砂者爲上，既不奪香，又無熟湯氣。錫壺有趙良璧者，亦佳。吳中歸錫，嘉禾黃錫，價皆最高。

《遵生八箋》：茶銚、茶瓶，磁、砂爲上，銅、錫次之。磁壺注茶，砂銚煮水爲上。茶盞，惟宣窯壇盞爲最，質厚白瑩，樣式古雅。有等宣窯印花白甌，式樣得中，而瑩然如玉。次則嘉窯，心內有"茶"字小盞爲美。欲試茶色黃白，豈容青花亂之？注酒亦然，惟純白色器皿爲最上乘，餘品皆不取。

試茶，以滌器爲第一要。茶瓶、茶盞、茶匙生鉎，致損茶味，必須先時洗潔則美。

五之煮

陶穀《清异錄》：饌茶而幻出物象於湯面者，茶匠通神之藝也。沙門福全生於金鄉，長於茶海，能注湯幻茶成一句詩，如并點四甌，共一首絕句，泛於湯表。小小物類，唾手辦爾。檀越日造門，求觀湯戲。全自咏詩曰："生成盞裏水丹青，巧畫工夫學不成。却笑當時陸鴻漸，煎茶贏得好名聲。"

茶至唐而始盛。近世有下湯運匕，別施妙訣，使湯紋水脉成物象者，禽獸、蟲魚、花草之屬，纖巧如畫，但須臾即就散滅，此茶之變也。時人謂之"茶百戲"。

又有"漏影春"法。用镂纸贴盏，糁茶而去纸，偽爲花身。別以荔肉爲葉，松實、鴨腳之類珍物爲蕊，沸湯點攪。

羅大經《鶴林玉露》：余同年友李南金云：《茶經》以魚目、涌泉連珠爲煮水之節。然近世瀹茶，鮮以鼎䥽，用瓶煮水，難以候視，則當以聲辨一沸、二沸、三沸之節。又陸氏之法，以未就茶䥽，故以第二沸爲合量而下，未若今以湯就茶甌瀹之，則當用背二涉三之際爲合量也。乃爲聲辨之詩曰："砌蟲唧唧萬蟬催，忽有千車捆載來。聽得松風并澗水，急呼縹色綠磁杯。"其論固已精矣。然瀹茶之法，湯欲嫩而不欲老。蓋湯嫩則茶味甘，老則過苦矣。若聲如松風澗水而遽瀹之，豈不過於老而苦哉！惟移瓶去火，少待其沸止而瀹之，然後湯適中而茶味甘。此南金之所未講也。因補一詩云："松風桂雨到來初，急引銅瓶離竹爐。待得聲聞俱寂後，一甌春雪勝醍醐。"

林逋《烹北苑茶有懷》：石碾輕飛瑟瑟塵，乳花烹出建溪春。人間絕品應難識，閑對《茶經》憶古人。

馮璧《東坡海南烹茶圖》詩：講筵分賜密雲龍，春夢分明覺亦空。地惡九鑽黎火洞，天游兩腋玉川風。

陳眉公《太平清話》：蔡君謨"湯取嫩而不取老"，蓋爲團餅茶言耳。今旗芽槍甲，湯不足則茶神不透，茶色不明，故茗戰之捷尤在五沸。

謝肇淛《五雜組》：閩人苦山泉難得，多用雨水，其味甘不及山泉，而清過之。然自淮而北，則雨水苦黑，不堪煮茗矣。惟雪水，冬月藏之，入夏用，乃絕佳。夫雪固雨所凝也，宜雪而不宜雨，何哉？或曰：北方瓦屋不凈，多用穢泥塗塞故耳。

吳拭云：武夷泉出南山者，皆潔冽味短，北山泉味迥別，蓋兩山形似而脉不同也。予携茶具，共訪得三十九處，其最下者，亦無硬冽氣質。

《武夷山志》：山南虎嘯巖語兒泉，濃若停膏，瀉杯中，鑒毛髮，味甘而博，啜之有軟順意。次則天柱三敲泉，而茶園喊泉又可伯仲矣。北山泉味迴別，小桃源一泉，高地尺許，汲不可竭，謂之高泉，純遠而逸，致韵雙發，愈啜愈想愈深，不可以味名也。次則接筝之仙掌露，其最下者，亦無硬冽氣質。

六之飲

《金陵瑣事》：思屯乾道人見萬鎰手軟膝酸，云："係五藏皆火，不必服藥，惟武夷茶能解之。"茶以東南枝者佳，采得烹以澗泉，則茶豎立，若以井水即橫。

王復禮《茶說》：花晨月夕，賢主嘉賓，縱談古今，品茶次第，天壤間更有何樂？奚俟膾鯉炰羔，金罍玉液，痛飲狂呼，始爲得意也？范文正公云："露芽錯落一番榮，綴玉含珠散嘉樹。鬥茶味兮輕醍醐，鬥茶香兮薄蘭芷。"沈心齋云："香含玉女峰頭露，潤帶珠簾洞口雲。"可稱巖茗知己。

七之事

唐馮贄《烟花記》：建陽進茶油花子餅，大小形制各別，極可愛。宮嬪縷金於面，皆以淡妝，以此花餅施於鬢上，時號"北苑妝"。

《談苑》：茶之精者，北苑名白乳、頭金[七]，江左有金蠟面。李氏別命取其乳作片，或號曰京挺、的乳，二十餘品。又有研膏茶，即龍品也。

《五雜組》：建人喜鬥茶，故稱茗戰。錢氏子弟取雪上瓜，各言其中子之的數，剖之，以觀勝負，謂之瓜戰。然茗猶堪戰，瓜則俗矣。

《潛確類書》：僞閩甘露堂前有茶樹兩株，鬱茂婆娑，宮人呼爲清人樹。每春初，嬪嬙戲於其下，采摘新芽，於堂中設傾筐會。

《宋史》：舊賜大臣茶有龍鳳飾，明德太后曰：“此豈人臣可得？”命有司別製入香京挺以賜之。

《宋史·職官志》：茶庫掌茶，江、浙、荆、湖、建、劍茶茗，以給翰林諸司賞賚出鬻。

《宋史·錢俶傳》：太平興國三年，宴俶長春殿，令劉鋹、李煜預坐。俶貢茶十萬斤、建茶萬斤及銀絹等物。

陶穀《清異錄》：有得建州茶膏，取作耐童兒八枚，膠以金縷，獻於閩王曦，遇通文之禍，爲内侍所盜，轉遺貴人。

孫樵《送茶與焦刑部書》云：晚甘侯十五人遣侍齋閣，此徒皆乘雷而摘，拜水而和，蓋建陽丹山碧水之鄉，月澗雲龕之品，慎勿賤用之。

歐陽修《龍茶錄後序》：皇祐中修起居注，奏事仁宗皇帝，屢承天問，以建安貢茶并所以試茶之狀，諭臣論茶之舛謬。臣追念先帝顧遇之恩，覽本流涕，輒加正定，書之於石，以永其傳。

張芸叟《畫墁錄》：有唐茶品，以陽羨爲上供，建溪北苑未著也。貞元中，常袞爲建州刺史，始蒸焙而研之，謂研膏茶。其後稍爲餅樣，而穴其中，故謂之一串。陸羽所烹，惟是草茗爾。迨本朝，建溪獨盛，采焙製作，前世所未有也。士大夫珍尚鑒別，亦過古先。丁晋公爲福建轉運使，始製爲鳳團，後爲龍團，貢不過四十餅，專擬上供。即近臣之家，徒聞之而未嘗見也。天聖中，又爲小團，其品迥嘉於大團。賜兩府，然止於一斤，唯上大齋宿，兩府八人共賜小團一餅，縷之以金，八人析歸，以侈非常之賜。親知瞻玩，賡唱以詩，故歐陽永叔有《龍茶小録》。或以大團賜者，輒剖方寸，以供佛、供仙、奉家廟，已而奉親并待客，享子弟之用。熙寧末，神宗有旨建州製密雲龍，其品又加於小團。自密雲龍出，則二團少粗，以不能兩好也。予元祐中詳定殿試，是年分爲制舉考第官，各蒙賜三餅，然親知誅責，殆將不勝。

熙寧中，蘇子容使虜，姚麟爲副，曰："盍載些小團茶乎？"子容曰："此乃供上之物，疇敢與虜人？"未幾，有貴公子使虜，廣貯團茶以往。自爾虜人非團茶不納也，非小團不貴也。彼以二團易蕃羅一疋，此以一羅酬四團，少不滿意，即形言語。近有貴貂守邊，以大團爲常供，密雲龍爲好茶云。

周煇《清波雜志》：先人嘗從張晉彥覓茶，張答以二小詩云："內家新賜密雲龍，只到調元六七公。賴有山家供小草，猶堪詩老薦春風。""仇池詩裏識焦坑，風味官焙可抗衡。鑽餘權倖亦及我，十輩遣前公試烹。"詩總得偶病，此詩俾其子代書，後誤刊《于湖集》中。焦坑，產庾嶺下，味苦硬，久方回甘，如"浮石已乾霜後水，焦坑新試雨前茶"，東坡南還回，至章貢顯聖寺詩也。後屢得之，初非精品，特彼人自以爲重，"包裹鑽權倖"，亦豈能望建溪之勝？

孫月峰《坡仙食飲録》：密雲龍茶極爲甘馨。宋寥正一，字明略，晚登蘇門，子瞻大奇之。時黃、秦、晁、張號"蘇門四學士"，子瞻待之厚。每至，必令侍妾朝雲取密雲龍，烹以飲之。一日，又命取密雲龍，家人謂是四學士，窺之，乃明略也。山谷詩有"喬事雲龍"，亦茶名。

陳眉公《珍珠船》：蔡君謨謂范文正曰："公《鬥[八]茶歌》云：

'黄金碾畔绿塵飛，碧玉甌中翠濤起。'今茶絶品，其色甚白，翠綠乃下者耳，欲改爲'玉塵飛''素濤起'，如何？"希文曰："善。"

又，蔡君謨嗜茶，老病不能飲，但把玩而已。

《潛確類書》：大理徐恪，建人也，見貽鄉信鋌子茶，茶面印文曰"玉蟬膏"，一種曰"清風使"。

《七修彙稿》：明洪武二十四年，詔天下產茶之地，歲有定額，以建寧爲上，聽茶户采進，勿預有司。茶名有四：探春、先春、次春、紫笋，不得碾揉爲大小龍團。

周亮工《閩小紀》：歙人閔汶水居桃葉渡上，予往品茶其家，見其水火皆自任，以小酒盞酌客，頗極烹飲態，正如德山擔《青龍鈔》，高自矜許而已，不足异也。秣陵好事者，嘗誚閩無茶，謂閩客得閔茶，咸製爲羅囊，佩而嗅之，以代旃檀。實則閩不重汶水也。閩客游秣陵者，宋比玉、洪仲章輩，類依附吴兒强作解事，賤家鷄而貴野鶩，宜爲其所誚歟？三山薛老，亦秦淮汶水也。薛嘗言汶水假他味作蘭香，究使茶之真味盡失。汶水而在，聞此亦當色沮。薛嘗住仏嶺，自爲剪焙，遂欲駕汶水上。余謂茶難以香名，況以蘭定茶，乃咫尺見也。頗以薛老論爲善。

延、邵人呼茶人爲碧竪。富沙陷後，碧竪盡在緑林中矣。

蔡忠惠《茶録》石刻在甌寧邑庠壁間。予五年前拓數紙寄所知，今漫漶不如前矣。

閩酒數郡如一，茶亦類是。今年予得茶甚夥，學坡公義酒事，盡合爲一，然與未合無异也。

《隨見録》：武夷五曲朱文公書院内有茶一株，葉有臭蟲氣，及焙製出時，香逾他樹，名曰臭葉香茶。又有老樹數株，云係文公手植，名曰宋樹。

張鵬翀《抑齋集》有《御賜鄭宅茶賦》云：青雲幸接於後塵，白日捧歸乎深殿。從容步緩，膏芬齊出螭頭；肅穆神凝，乳滴將開蠟面。用以濡毫，可媲文章之草；將之比德，勉爲精白之臣。

八之出

《文獻通考》：片茶之出於建州者，有龍、鳳、石乳、的乳、白乳、頭金、蠟面、頭骨、次骨、末骨、粗骨、山挺十二等，以充歲貢及邦國之用，泊本路食茶。

《歸田録》：臘茶出於劍、建，草茶盛於兩浙。兩浙之品，日注爲第一。自景祐以後，洪州雙井白芽漸盛，近歲製作尤精，囊以紅紗，不過一二兩，以常茶十數斤養之，用辟暑濕之氣。其品遠出日注上，遂爲草茶第一。

《楊文公談苑》：蠟茶出建州，陸羽《茶經》尚未知之，但言福、建等州未詳，往往得之，其味甚佳。江左近日方有蠟面之號。丁謂《北苑茶録》云：“創造之始，莫有知者。”質之三館檢討杜鎬，亦曰在江左日，始記有研膏茶。歐陽公《歸田録》亦云出福、建，而不言所起。按：唐氏諸家説中，往往有蠟面茶之語，則是自唐有之也。

《事物紀原》：江左李氏別令取茶之乳作片，或號京鋌、的乳及骨子等，是則京鋌之品，自南唐始也。《苑録》云：“的乳以降，以下品雜鍊售之，唯京師去者，至真不雜，意由此得名。”或曰：自開寶末[九]，方有此茶。當時識者云：“金陵僭國，唯曰都下，而以朝廷爲京師。今忽有此名，其將歸京師乎！”

羅廩《茶解》：按：唐時產茶地，僅僅如季疵所稱。而今之虎邱、羅岕、天池、顧渚、松羅、龍井、雁宕、武夷、靈川、大盤、日鑄、朱溪諸名茶，無一與焉。乃知靈草在在有之，但培植不嘉，或疏於采製耳。

《福建通志》：福州、泉州、建寧、延平、興化、汀州、邵武諸府，俱產茶。

《延平府志》：棕毛。茶出南平縣半岩者佳[十]。

《建寧府志》：北苑在郡城東，先是建州貢茶首稱北苑龍團，而武夷石乳之名未著。至元時，設場於武夷，遂與北苑并稱。今則但知有武夷，不知有北苑矣。吳越間人頗不足閩茶，而甚艷北苑之名，不知北苑實在閩也。

《潛確類書》：歷代貢茶，以建寧爲上，有龍團、鳳團、石乳、滴乳、綠昌明、頭骨、次骨、末骨、鹿骨、山挺等名。而密雲龍最高，皆碾屑作餅。至國朝，始用芽茶，曰探春，曰[十一]先春，曰次春，曰紫笋，而龍鳳團皆廢矣。

《名勝志》：北苑茶園屬甌寧縣。舊經云："僞閩龍啓中，里人張暉以所居北苑地宜茶，悉獻之官，其名始著。"

《三才藻異》：石岩白，建安能仁寺茶也，生石縫間。

建寧府屬浦城縣江郎山出茶，即名江郎茶。

《武夷山志》：前朝不貴閩茶，即貢者亦只備宮中浣濯甌盞之需。貢使類以價貨京師所有者納之，間有采辦，皆劍津廖地產，非武夷也。黃冠每市山下茶，登山貿之，人莫能辨。

茶洞在接笋峰側，洞門甚隘，內境夷曠，四周皆穹崖壁立。土人種茶，視他處爲最盛。

崇安殷令招黃山僧，以松蘿法製建茶，真堪并駕，人甚珍之，時有"武夷松蘿"之目。

王梓《茶說》：武夷山周迴百二十里，皆可種茶。茶性，他產多寒，此獨性溫。其品有二：在山者爲岩茶，上品。在地者爲洲茶，次之。香清濁不同，且泡時岩茶湯白，洲茶湯紅，以此爲別。雨前者爲頭春，稍後爲二春，再後爲三春。又有秋中采者，爲秋露白，最香。須種植、采摘、烘焙得宜，則香味兩絶。然武夷本石山，峰巒載土者寥寥，故所產無幾。若洲茶，所在皆是。即鄰邑，近多栽植，運至山中及星村墟市賈售，皆冒充武夷。更有安溪所產，尤爲不堪。或品嘗其味，不甚貴重者，皆以假亂真誤之也。至於蓮子心、白毫，皆洲茶，或以木蘭花熏成欺人，不及岩茶遠矣。

張大復《梅花筆談》：《經》云："嶺南生福州、建州。"今武夷所產，其味極佳，蓋以諸峰拔立，正陸羽所云茶上者生爛石中者耶！

《草堂雜録》：武夷山有三味茶，苦、酸、甜也，別是一種。飲之，味果屢變，相傳能解醒消脹。然采製甚少，售者亦稀。

《隨見録》：武夷茶，在山上者爲岩茶，水邊者爲洲茶。岩茶爲上，洲茶次之。岩茶，北山者爲上，南山者次之。南北兩山，又以所產之岩名爲名，其最佳者，名曰工夫茶。工夫之上，又有小種，則以樹名爲名。每株不過數兩，不可多得。洲茶名色，有蓮子心、白毫、紫毫、龍鬚、鳳尾、花香、蘭香、清香、奧香、選芽、漳芽等類。

九之略

茶事著述名目

《大觀茶論》二十篇，宋徽宗撰。

《建安茶録》三卷，丁謂撰。

《試茶録》二卷，蔡襄撰。

《品茶要録》一卷，建安黃儒撰。

《建安茶記》一卷，呂惠卿撰。

《北苑拾遺》一卷，劉異撰。

《北苑煎茶法》，前人。

《東溪試茶録》，宋子安集，一作朱子安。

《北苑總録》十二卷，曾伉録。

《宣和北苑貢茶録》，建陽熊蕃撰。

《宋朝茶法》，沈括。

《北苑別録》一卷，趙汝礪撰。

《北苑別録》，無名氏。

《壑源茶録》一卷，章炳文。

《北苑別録》，熊克。

《龍焙美成茶録》，范逵。

《建茶論》，羅大經。

《武夷茶説》，衷仲儒[十二]。

《茶考》，徐燉。

詩文名目

梅堯臣《南有佳茗賦》

黃庭堅《煎茶賦》

蘇軾《葉嘉傳》

熊禾《北苑茶焙記》

趙孟頫《武夷山茶場記》

暗都剌《喊山臺記》

詩文摘句

蔡襄有《北苑》《茶壟》《采茶》《造茶》《試茶》詩五首。

文公《茶坂》詩：携籝北嶺西，采葉供茗飲。一啜夜窗寒，跏趺謝衾枕。

蘇軾有《和錢安道寄惠建茶》詩。

《周必大集·胡邦衡生日以詩送北苑八銙日注二瓶》："賀客稱觴滿冠霞，懸知酒渴正思茶。尚書八餅分閩焙，主簿雙瓶揀越芽。"

《梅堯臣集·朱著作寄鳳茶》詩："團爲蒼玉璧，隱起雙飛鳳。獨應近臣頒，豈得常寮共？"又《李求仲寄建溪洪井茶七品》云："忽有西山使，始遺七品茶。末品無水暈，六品無沉柤。五品散雲脚，四品浮粟花。三品若瓊乳，二品罕所加。絶品不可議，甘香焉等差。"

董其昌《贈煎茶僧》詩："怪石與枯槎，相將度歲華。鳳團雖貯好，只吃趙州茶。"

附録：茶法

《宋史》：榷茶之制，擇要會之地，曰江陵府，曰真州，曰海州，曰漢陽軍，曰無爲軍，曰蘄之蘄口，爲榷貨務六。初，京城、建安、襄、復州皆有務，後建安、襄、復之務廢，京城務雖存，但會給交鈔往還而不積茶貨。在淮南則蘄、黃、廬、舒、光、壽六州，官自爲場，置吏，總謂之山場者十三；六州采茶之民皆隸焉，謂之園戶。歲課作茶輸租，餘則官悉市之，總爲歲課八百六十五萬餘斤，其出鬻者皆就本場。在江南則宣、歙、江、池、饒、信、洪、撫、筠、袁十州，廣德、興國、臨江、建昌、南康五軍；兩浙則杭、蘇、明、越、婺、處、溫、台、湖、常、衢、睦十二州；荊湖則江陵府，潭、澧、鼎、鄂、嶽、歸、峽七州，荊門軍；福建則建、劍二州，歲如山場輸租折税。總爲歲課江南百二十七萬餘斤，兩浙百二十七萬九千餘斤，荆湖二百四十七萬餘斤，福建三十九萬三千餘斤，悉送六榷貨務鬻之。

茶有二類：曰片茶，曰散茶。片茶蒸造，實棬模中串之。唯建、劍則既蒸而研，編竹爲格，置焙室中，最爲精潔，他處不能造。有龍鳳、石乳、白乳之類十二等，以充歲貢及邦國之用。

《武夷山志》：茶起自元初，至元十六年，浙江行省平章高興過武夷，製石乳數斤入獻。十九年，乃令縣官蒞之，歲貢茶二十斤，采摘戶凡八十。大德五年，興之子久住爲邵武路總管，就近至武夷督造貢茶。明年，創焙局，稱爲御茶園。有仁風門、第一春殿、清神堂諸景。又有通仙井，覆以龍亭，皆極丹艧之盛。設場官二員領其事，後歲額浸廣，增戶至二百五十，茶三百六十斤，製龍團五千餅。泰定五年，崇安令張端本重加修葺，於園之左右各建一坊，扁曰茶場。至順三年，建寧總管暗都剌於通仙井畔築臺，高五尺，方一丈六尺，名曰喊山臺。其上爲喊泉亭，因稱井爲呼來泉。舊《志》云：祭後群喊，而水漸盈，造茶畢而遂涸，故名。迨至正末，額凡九百九十斤。明初仍之，著爲令。每歲驚蟄日，崇安令具牲醴詣茶場致祭，造茶入貢。洪武二十四年，詔天下産茶之地，歲有定額，以建寧爲上，聽茶戶采進，勿預有司。茶名有四：探春、先春、次春、紫笋，不得碾揉爲大、小龍團，然而祀典貢額猶如故也。嘉靖三十六年，建寧太守錢嶫因本山茶枯，令以歲編茶夫銀二百兩及水脚銀二十兩，齎府造辦。自此遂罷茶場，而崇民得以休息。御園尋廢，惟井尚存。井水清甘，較他泉迥昇。仙人張邈邈過此飲之，曰："不徒茶美，亦此水之力也。"

【校勘記】

[一]"軒"，原作"齋"，今徑改。

[二]"紓"，原作"杼"，今徑改。

[三]"洞"，原作"峒"，今據喻政《茶書》明萬曆四十一年（1613）刻本改。

[四]"簡"，原作"聞"，今據《宣和北苑貢茶録》改。

[五]"籠加"，原作"寵嘉"，今據"文學篇"蘇軾《荔支嘆》詩改。下"四之器"篇"《雪庵清史》"條同。

[六]"侔"，原作"伴"，今據《淮海後集》清鈔本改。

[七]"金"字原闕，今據下文"八之出"《文獻通考》條補。

[八]"鬥"，原作"采"，今徑改。

[九]"末"，原作"來"，今據《事物紀原》文淵閣《四庫全書》本改。

[十]此處《（嘉靖）延平府志》作"茶。南平茶出半岩者極佳。"

[十一]"曰"字原闕，今據四庫本補。

[十二]"衷仲儒"，疑即"衷仲孺"。

文學篇

整理説明

以能集中反映武夷茶文化與歷史爲標準，遴選歷代經典的武夷茶文學作品，包括詩、詞、文、賦等。編次以作者生年先後爲序，生年不詳者，依其他資料定其大致。簡要介紹作者生平，次輯録原文，底本缺字且無他本可參考者，以□標示。在文末標注作品出處、卷次與版本信息。多次引用只標注書名和卷次。

徐夤

徐夤（生卒年不詳），唐莆田（治所在今福建省莆田市）人，字昭夢。唐乾寧元年（894）進士。嘗游大梁，以賦謁朱温，大受賞識。入閩，王審知辟掌書記。有《探龍集》《釣磯集》等。

尚書惠蠟面茶

武夷春暖月初圓，采摘新芽獻地仙。飛鵲印成香蠟片，啼猿溪走木蘭船。金槽和碾沉香末，冰碗輕涵翠縷烟。分贈恩深知最异，晚鐺宜煮北山泉。《全唐詩》卷六，清光緒十三年（1887）上海同文書局石印版。

王禹偁

王禹偁（954—1001），宋鉅野（治所在今山東省巨野縣）人，字元之。宋太平興國八年（983）進士。九歲能文，有詩名。有《小畜集》二十卷、《承明集》十卷、《集議》十卷等。

龍鳳茶

樣標龍鳳號題新，賜得還因作近臣。烹處豈期商嶺外[一]，碾時空想建溪春。香於九畹芳蘭氣，圓似三秋皓月輪。愛惜不嘗惟恐盡，除將供養白頭親。〔宋〕王禹偁《王黃州小畜集》卷八，宋紹興十七年（1147）黃州刻遞修本。

李虛己

李虛己（生卒年不詳），宋建安（治所在今福建省建甌市）人，字公受。宋太平興國二年（977）進士。累官殿中丞，出知遂州，以能稱。真宗稱其儒雅循謹，特擢右諫議大夫。後遷工部侍郎、知池州，分司南京。喜爲詩，精於格律。有《雅正集》。

建茶呈使君學士

石乳標奇品，瓊英碾細文。試將梁苑雪，煎動建溪雲。清味通宵在，餘香隔坐聞。遙思摘山日，龍焙未春分。〔元〕方回《瀛奎律髓》卷十八，文淵閣《四庫全書》本。

丁謂

丁謂（966—1037），宋長洲（治所在今江蘇省蘇州市）人，字謂之，後改字公言。宋淳化三年（992）進士。咸平中，任福建路漕使，創龍鳳團茶充貢。撰《北苑茶錄》錄其團焙之數，圖繪器具，及敘采製入貢法式，今已不傳。

北苑焙新茶

北苑龍茶美，甘鮮的是珍。四方惟數此，萬物更無新。纔吐微茫緑，初沾少許春。散尋榮樹遍，急采上山頻。宿葉寒猶在，芳芽冷未伸。茅茨溪口焙，籃籠雨中民。長疾勾萌折，開齊分兩勻。帶烟蒸雀舌，和露叠龍鱗。作貢勝諸道，先嘗祇一人。緘封瞻闕下，郵傳渡江濱。特旨留丹禁，殊恩賜近臣。啜爲靈藥助，用與上尊親。頭進英華盡，初烹氣味真。細香勝却麝，淺色過於筠。顧渚慚投木，宜都愧積薪。年年號供御，天産壯甌閩。〔清〕張豫章《御選宋金元明四朝詩·御選宋詩》卷五十七，文淵閣《四庫全書》本。

楊億

楊億（974—1021），宋浦城（治所在今福建省浦城縣）人，字大年。年十一，太宗召試詩賦，授秘書省正字。宋淳化三年（992）進士。真宗時預修《太宗實錄》，又與王欽若同總修《册府元龜》，其功居多。曾兩爲翰林學士，官終工部侍郎。詩學李商隱，詞藻華麗，號"西崑體"。編《西崑酬唱集》，有《楊文公談苑》《武夷新集》等。

建溪十咏·北苑焙

靈芽呈雀舌，北苑雨前春。入貢先諸夏，分甘及近臣。越甌猶借綠，蒙頂敢爭新。鴻漸茶經在，區區不遇真。陸羽《茶經》不述建溪，蓋未遇真茶也。〔宋〕楊億《武夷新集》卷四，清嘉慶十六年（1811）浦城祝氏留香室刻本。

又以建茶代宣筆別書一絕

青管演綸都已竭，文楸争道恨非高。輒將北苑先春茗，聊代山中墮月毫。《武夷新集》卷四。

夏竦

夏竦（985—1051），宋德安（治所在今江西省德安縣）人，字子喬。資性明敏好學。宋仁宗時拜同中書門下平章事。有《夏文莊集》，今不傳，《四庫全書》中有輯本。

送鳳茶與記室燕學士詩

綠荈圓規异，紅縢篆印新。争先御府貢，初摘建溪春。膩滑重蒼璧，嬌黄聚麴塵。焙痕連井字，鳳刻叠龍鱗。玉座均芳旨，金華寵侍臣。齋心分一餅，持贈輞川人。公能詩善畫，臺閣比之摩詰。〔宋〕夏竦《文莊集》卷三十三，文淵閣《四庫全書》本。

范仲淹

范仲淹（989—1052），宋吴縣（治所在今江蘇省蘇州市）人，字希文。少年時家貧，但好學。宋大中祥符八年（1015）進士。任官有敢言之名。仁宗康定間，任陝西經略安撫招討副使，采取"屯田久守"的方針，鞏固了西北邊防，對宋夏議和起到促進作用。慶曆時，拜參加政事，發起"慶曆新政"。工詩文及詞，晚年所作《岳陽樓記》，有"先天下之憂而憂，後天下之樂而樂"之語，爲世傳誦。有《范文正公文集》等。

和章岷從事鬥茶歌

年年春自東南來，建溪先暖冰微開。溪邊奇茗冠天下，武夷仙人從古栽。新雷昨夜發何處，家家嬉笑穿雲去。露芽錯落一番榮，綴玉含珠散嘉樹。終朝采掇未盈襜，唯求精粹不敢貪。研膏焙乳有雅製，方中圭兮圓中蟾。北苑將期獻天子，林下雄豪先鬥美。鼎磨雲外首山銅，瓶携江上中零水。黃金碾畔綠塵飛，紫玉甌心翠濤起。鬥余味兮輕醍醐，鬥余香兮薄蘭芷。其間品第胡能欺，十目視而十手指。勝若登仙不可攀，輸同降將無窮恥。于嗟天產石上英，論功不愧階前蓂。衆人之濁我可清，千日之醉我可醒。屈原試與招魂魄，劉伶却得聞雷霆。盧全敢不歌，陸羽須作經。森然萬象中，焉知無茶星。商於[二] 丈人休茹芝，首陽先生休采薇。長安酒價減千萬，成都藥市無光輝。不如仙山一啜好，泠然便欲乘風飛。君莫羨花間女郎只鬥草，贏得珠璣滿斗歸。〔宋〕范仲淹《范文正公文集》卷二，北宋元祐初年刻本。

晏殊

晏殊（991—1055），宋臨川（治所在今江西省撫州市臨川區）人，字同叔。宋景德初以神童召試，賜同進士出身。官翰林學士。文章贍麗，尤工詩詞，甚得時譽。有文集及《珠玉詞》。

建茶

北苑中春岫幌開，里民清曉駕肩來。豐隆已助新芽出，更作歡聲動地催。北京大學古文獻研究所《全宋詩》卷一七一，北京大學出版社1995年版。

宋庠

宋庠（996—1066），宋開封雍丘（治所在今河南省杞縣）人，初名郊，字伯庠，後改字公序。宋天聖二年（1024）進士。累遷翰林學士。與弟宋祁俱以文學名，時稱"二宋"。讀書至老不倦，善正訛謬。有《國語補音》《宋元憲集》等。

新年謝故人惠建茗

春筤收英得幾叢，小團珍串刻閩工。甘逾寶屑非關露，快入煩襟不爲風。左鐪沸香殊有韵，越瓷涵緑更疑空。從來酪茗嘲傖鬼，莫枉奴名立異同。〔宋〕宋庠《元憲集》卷十二，清乾隆《武英殿聚珍版叢書》本。

宋祁

宋祁（998—1061），字子京，宋庠之弟。宋天聖二年（1024）進士。與歐陽修等合修《新唐書》。官至工部尚書。能文，撰《大樂圖》二卷，文集百卷。

送張司勳福建轉運使

晚花吹酒送行人，迢遞風烟上七閩。江海身孤雖戀闕，豺狼路靜不埋輪。陽林擷露茶腴早，側樹烘霞荔子新。毛竹乾魚仙祀古，請君尋遍武夷春。〔宋〕宋祁《景文集》卷十四，清乾隆《武英殿聚珍版叢書》本。

貴溪周懿文寄遺建茶偶成長句代謝

茗筬緘香自武夷，陸生家果最相宜。烹憐晝鼎花浮粰，采憶春山露滿旗。品絶未甘奴視酪，啜清須要玉爲瓷。茂陵渴肺消無幾，争奈還書苦思遲。《景文集》卷十八。

答朱彭州惠茶長句

芳茗標圖舊，靈芽薦味新。摘侵雲崦曉，收盡露腴春。焙暖烘蒼爪，羅香弄縹塵。鐺浮湯目遍，甌漲乳花勻。和去聲要瓊爲屑，烹須月取津。飲荑聞藥録，《本草》："茗以茱萸飲佳。"奴酪笑傖人。雪沫清吟肺，冰瓷爽醉脣。嗅香殊太觕，瘠氣定非真。唐陸鴻漸云："嚼味嗅香，非别也。"又毋丘景言："茶瘠氣侵精。"此語非是。坐憶丹丘伴，堂思陸納賓。由來撤膩鼎，詎合燎勞薪。得句班條暇，分甘捉麈晨。二珍同一餉，嘉惠愧良隣。《景文集》卷二十。

梅堯臣

梅堯臣（1002—1060），宋宣城（治所在今安徽省宣城市宣州區）人，字聖俞，世稱宛陵先生。少即能詩，與蘇舜欽齊名，時號"蘇梅"。爲詩主張寫實，反對西崑體，所作力求平淡、含蓄。有《宛陵先生文集》《唐載記》《毛詩小傳》等。

宋著作寄鳳茶

春雷未出地，南土物尚凍。呼噪助發生，萌穎强抽羳。團爲蒼玉璧，隱起雙飛鳳。獨應近臣頒，豈得常寮共。顧兹實賤貧，何以叨贈貢。石碾破微綠，山泉貯寒洞。味餘喉舌甘，色薄牛馬湩。陸氏經不經，周公夢不夢。雲脚俗所珍，鳥觜誇仍衆。常常濫杯甌，草草盈罌甕。寧知有奇品，圭角百金中。秘惜誰可邀，虛齋對禽哢。〔宋〕梅堯臣《宛陵先生文集》卷七，清康熙四十一年（1702）刊本。

劉成伯遺建州小片的乳茶十枚因以爲答

玉斧裁雲片，形如阿井膠。春溪鬥新色，寒籜見重包。價劣黄金敵，名將紫笋抛。桓公不知味，空問楚人茅。《宛陵先生文集》卷九。

建溪新茗

南國溪陰暖，先春發茗芽。采從青竹籠，蒸自白雲家。粟粒烹甌起，龍文御餅加。過兹安得比，顧渚不須誇。《宛陵先生文集》卷十二。

依韵和杜相公謝蔡君謨寄茶

天子歲嘗龍焙茶，茶官催摘雨前牙。團香已入中都府，鬥品争傳太傅家。小石冷泉留早味，紫泥新品泛春華。吴中内史才多少，從此蒓羹不足誇。《宛陵先生文集》卷十五。

答建州沈屯田寄新茶

春芽研白膏，夜火焙紫餅。價與黄金齊，包開青箬整。碾爲玉色塵，遠及蘆底井。一啜同醉翁，思君聊引領。《宛陵先生文集》卷二十二。

王仲儀寄鬥茶

白乳葉家春，銖兩直錢萬。資之石泉味，特以陽芽嫩。宜言難購多，串片大可寸。謬爲識別人，予生固無恨。《宛陵先生文集》卷二十九。

李國博遺浙薑、建茗

吳薑漬吳糟，越茗苞越籜。咀辛聊案杯，啜味可奴酪。但拜故人貺，何言爲物薄。我心易厭足，不比塡窮壑。《宛陵先生文集》卷三十一。

李仲求寄建溪洪井茶七品，云愈少愈佳，未知嘗何如耳？因條而答之

忽有西山使，始遺七品茶。末品無水暈，六品無沉柤。五品散雲脚，四品浮粟花。三品若瓊乳，二品罕所加。絶品不可議，甘香焉等差。一日嘗一甌，六腑無昏邪。夜枕不得瞑，月樹聞啼雅[三]。憂來唯覺衰，可驗唯齒牙。動搖有三四，妨咀連左車。髮亦足驚疏，疏疏點霜華。乃思平生游，但恨江路賒。安得一見之，煮泉相與誇。《宛陵先生文集》卷三十七。

吳正仲遺新茶

十片建溪春，乾雲碾作塵。天王初受貢，楚客已烹新。漏泄關山吏，悲哀草土臣。捧之何敢啜，聊跪北堂親。《宛陵先生文集》卷四十一。

嘗茶和公儀

都籃[四]携具向都堂，碾破雲團北焙香。湯嫩水輕花不散，口甘神爽味偏長。莫誇李白仙人掌，且作盧仝走筆章。亦欲清風生兩腋，從教吹去月輪傍。《宛陵先生文集》卷五十一。

得福州蔡君謨密學書并茶

薛老大字留山峰，百尺倒插非人踪。其下長樂太守書，矯然變怪神淵龍。薛老誰何果有意，千古乃與奇筆逢。太守姓出東漢邕，名齊晋魏王與鍾。尺題寄我憐衰翁，刮青茗籠藤纏封。紙中七十有一字，丹砂鐵顆攢芙蓉。光照陋室恐飛去，鑷以漆篋緘重重。茶開片銙碾葉白，亭午一啜驅昏慵。顏生枕肱飲瓢水，韓子飯齏居辟雍。雖窮且老不愧昔，遠荷好事紓情悰。《宛陵先生文集》卷五十四。

次韵和永叔《嘗新茶雜言》

自從陸羽生人間，人間相學事春茶。當時采摘未甚盛，或有高士燒竹煮泉爲世誇。入山乘露掇嫩觜，林下不畏虎與蛇。近年建安所出勝，天下貴賤求呀呀。東溪北苑供御餘，王家葉家長白芽。造成小餅若帶銙，鬥浮鬥色頂夷華。味久迴甘竟日在，不比苦硬令舌窳。此等莫與北俗道，只解白土和脂麻。歐陽翰林最別識，品第高下無敧斜。晴明開軒碾雪末，衆客共賞皆稱嘉。建安太守置書角，青蒻包封來海涯。清明纔過已到此，正見洛陽人寄花。兔毛紫盞自相稱，清泉不必求蝦蟆。石瓶煎湯銀梗打，粟粒鋪面人驚嗟。詩腸久飢不禁力，一啜入腹鳴咿哇。《宛陵先生文集》卷五十六。

次韵再和

建溪茗株成大樹，頗殊楚越所種茶。先春喊山掘白萼，亦异鳥觜蜀客誇。烹新鬥硬要咬盞，不同飲酒争畫蛇。從揉至碾用盡力，只取勝負相笑呀。誰傳雙井與日注，終是品格稱草芽。歐陽翰林百事得精妙，官職況已登清華。昔得隴西大銅碾，碾多歲久深且窳。

昨日寄來新欑片，包以籤箬纏以麻。唯能剩啜任腹冷，幸免酪酊冠弁斜。人言飲多頭顛挑，自欲清醒氣味嘉。此病雖得優醉者，醉來顛踣禍莫涯。不願清風生兩腋，但願對竹兼對花。還思退之在南方，嘗說稍稍能啖蟆。古之賢人尚若此，我今貧陋休相嗟。公不遺舊許頻往，何必絲管喧咬哇。《宛陵先生文集》卷五十六。

南有嘉茗賦

南有山原兮不鑿不營，乃產嘉茗兮囂此衆氓。土膏脉動兮雷始發聲，萬木之氣未通兮此已吐乎纖萌。一之日雀舌露，掇而製之以奉乎王庭。二之日鳥喙長，擷而焙之以備乎公卿。三之日槍旗聳，搴而炕之將求乎利贏。四之日嫩莖茂，團而範之來充乎賦徵。當此時也，女廢蠶織，男廢農耕，夜不得息，晝不得停。取之由一葉而至一掬，輸之若百谷之赴巨溟。華夷蠻貊，固日飲而無厭；富貴貧賤，不時啜而不寧。所以小民冒險而競鬻，孰謂峻法之與嚴刑。嗚呼！古者聖人爲之絲枲絺綌而民始衣，播之禾黍菽粟而民不飢，畜之牛羊犬豕而甘脆不遺，調之辛酸鹹苦而五味適宜，造之酒醴而燕饗之，樹之果蔬而薦羞之，於茲可謂備矣。何彼茗無一勝焉，而競進於今之時？抑非近世之人，體惰不勤，飽食粱肉，坐以生疾，藉以靈荈而消腑胃之宿陳？若然，則斯茗也不得不謂之無益於爾身，無功於爾民也哉。《宛陵先生文集》卷六十。

歐陽修

歐陽修（1007—1072），宋吉水（治所在今江西省吉水縣）人，字永叔，號醉翁，晚號六一居士。宋天聖八年（1030）進士。歷仕三朝，官至樞密副使、參知政事。博學多能，有志於史學、文學，領導了北宋詩文革新運動，撰成《新五代史》，奉詔與宋祁等修《新唐書》，寫成《集古錄》等。有《歐陽文忠公文集》。

嘗新茶呈聖俞

建安三千里，京師三月嘗新茶。人情好先務取勝，百物貴早相矜誇。年窮臘盡春欲動，蟄雷未起驅龍—作"龍未起驅蟲"。蛇。夜聞擊鼓滿山谷，千人助叫聲喊呀。萬木寒痴睡不醒，惟有此樹先萌芽。乃知此爲最靈物，宜—作"疑"。其獨得天地之英華。終朝采摘不盈掬，通犀銙小圓復窊。鄙哉穀雨槍與旗，多不足貴如刈麻。建安太守急寄我，香蒻包裹封題斜。泉甘器潔天色好，坐中揀擇客亦嘉—作佳。新香嫩色如始造，不似來遠從天涯。停匙側盞試水路，拭目向空看乳花。可憐俗夫把金錠，一作"挺"，一作"鋌"，《茶錄》多用"挺"字，爲古。按，《集韵》"錠"字，去聲，訓"鐙"。"鋌"字，上聲，訓"銅鐵樸"。猛火炙背如蝦蟆。由來真物有真賞，坐逢詩老頻咨嗟。須臾共起索酒飲，何異奏雅終淫哇。〔宋〕歐陽修《歐陽文忠公文集·居士集》卷七，《四部叢刊》本。

次韵再作—一本云"茶歌"。

吾年向老世味薄，所好未衰惟飲茶。建溪苦遠雖不到，自少嘗見閩人誇。每嗤江浙凡茗草，叢生狼藉惟藏蛇。今江浙茶園俗言多蛇。豈如含膏入香作金餅，蜿蜒兩龍戲以呀。其餘品第亦奇絕，愈小愈精皆露芽。泛之白花如粉乳，乍見紫面生光華。手持心愛不欲碾，有類弄印幾成窊。論功可以療百疾，輕身久服勝—作"如"。胡麻。我謂斯言頗過矣，其實最能祛睡邪。茶官貢餘偶分寄，地遠物新來意嘉。新烹屢酌不知厭，自謂此樂真—作"誠"。無涯。未言久食成手顫，已覺疾飢—作"病"。生眼花。客遭水厄疲捧碗，口吻無异蝕月蟆。僮奴傍視疑復笑，嗜好乖僻誠堪嗟。更蒙酬句怪可駭，兒曹助雜聲哇哇。《歐陽文忠公文集·居士集》卷七。

送龍茶與許道人

潁陽道士青霞客，來似浮雲去無迹。夜朝北斗太清—作"虛"。壇，不道姓名人不識。我有龍團古蒼璧，九龍泉深一百尺。憑君汲井試烹之，不是人間香味色。《歐陽文忠公文集·居士集》卷九。

和梅公儀《嘗茶》

溪山擊鼓助雷驚，逗曉靈芽發翠莖。摘處兩旗香可愛，貢來雙鳳品尤精。寒侵病骨惟思睡，花落春愁未解醒。喜共紫甌吟且酌，羨君蕭灑有餘清。《歐陽文忠公文集·居士集》卷十二。

丘荷

丘荷（生卒年不詳），宋建安（治所在今福建省建甌市）人。宋天聖八年（1030）進士。累遷侍郎。

北苑御泉亭記

夫珠璣珣玕，龜龍四靈，珍寶之殊特，蜚游之至瑞，布諸載籍，非可遽數。至於水草之奇，金芝醴泉之類，而一時之焜燿，祥經之攸記。若乃蘊堪輿之真粹，占土石之秀脉，自然之應，可以奉乎至尊而能悠永者，則有聖宋南方之貢茶禁泉焉。《爾雅·釋木》曰："檟，苦茶。"說者以爲早采者爲茶，晚采者爲茗。荈，蜀人名之苦茶，而許叔重亦云，由是知茶者，自古有之。兩漢雖無聞，魏晋以下，或著於《録》，迄後天下郡國所産愈益衆，百姓頗蒙其利。

唐建中中，趙贊抗言，舉行天下茶，什一税之，於是縣官始榦焉。然或不名地理息耗所在，先儒所志，岷蜀、勾吳、南粵舉有，而閩中不言建安，獨次侯官柏岩，云：“唐季敕福建罷贊橄欖，但供臘面茶。”按：所謂柏岩，今無稱焉，即臘面産於建安明矣。且今俗號猶然，蓋先儒失其傳耳。不爾，識會有所未盡，游玩之所不至也。抑山澤之精，神祇之靈，五代相以摘造尚矣。而其味弗振者，得非以其德之無加乎？

國朝龍興，惠風醇化，率被人面。九府庭貢，歲時輻湊，而閩荓寖以珍異。太平興國中，遂置龍鳳模，以表其嘉應而別於他所也。先是鄉老傳其山形，謂若張翼飛者，故名之曰鳳凰山。山麓有泉，直鳳之口，即以其山名名之。蓋建之産茶地以百數，而鳳凰山荓岸常先月餘日，其左右潤濫交并，不越丈尺，而鳳凰穴獨甘美有殊。及茶用是泉齊和，益以無類。識者遂爲章程，第共製羞御者，而以太平興國故事，更曰龍鳳泉。

龍鳳泉當所汲，或日百斛，亡減。工罷，主者封莞，逮期而閟，亦亡餘。异哉！所謂山澤之精，神祇之靈，感於有德者，不特於茶，蓋泉亦有之，故曰有南方之貢茶禁泉焉。泉所舊有亭宇，歷歲彌久，風雨弗蔽，臣子攸職，懷不暇安，遂命工度材易之，以其非品庶所得擅用，故名曰御泉亭。因論次陸羽等所闕，及采耆舊傳聞，實録存之，以論來者，庶其知聖德之至，厥貢之美若此。景祐三年丙子七月五日，朝奉郎、試大理司直兼監察御史、權南劍州軍事判官、監建州造買納茶務丘荷記。〔明〕喻政《茶書》信部，明萬曆四十一年（1613）刻本。

蔡襄

蔡襄，生平見《譜録篇》。

北苑十咏

出東門向北苑路

曉行東城隅，光華著諸物。溪漲浪花生，山晴鳥聲出。稍稍見人烟，川原正蒼鬱。

北苑

蒼山走千里，斗落分兩臂。靈泉出地清，嘉卉得天味。入門脱世氛，官曹真傲吏。

茶壠

造化曾無私，亦有意所加。夜雨作春力，朝雲護日華。千萬碧玉枝，戢戢抽靈芽。

采茶

春衫逐紅旗，散入青林下。陰崖喜先至，新苗漸盈把。竟携筥籠歸，更帶山雲寫。

造茶其年改造新茶十斤，尤極精好，被旨號爲上品龍茶，仍歲貢之。

屑玉寸陰間，摶金新範裏。龍鳳茶八片爲一斤，上品龍茶每斤二十八片。規呈月正圓，勢動龍初起。焙出香色全，争誇火候是。

試茶

兔毫紫甌新，蟹眼青泉煮。雪凍作成花，雲閑未垂縷。願爾池中波，去作人間雨。

御井_{井常封鑰甚嚴。}

山好水亦珍，清切甘如醴。朱幹_{音韓}。待方空，玉壁見深底。勿爲先渴憂，嚴扃有時啓。

龍塘

泉水循除明，中坻龍矯首。振足化仙陂，回睛窺畫牖。應當歲時旱，噓吸雲雷走。

鳳池

靈禽不世下，刻像成羽翼。但類醴泉飲，豈復高梧息。似有飛鳴心，六合定何適。

修貢亭_{予自采掇入山至貢畢。}

清晨挂朝衣，盥手署新茗。騰虬守金鑰，疾騎穿雲嶺。修貢貴謹嚴，作詩諭遠永。〔宋〕蔡襄《莆陽居士蔡文公集》卷二，宋刻本。

和杜相公謝寄茶

破春龍焙走新茶，盡是西溪近社芽。纔拆緘封思退傅，爲留甘旨减藏家。鮮明香色凝雲液，清徹神情敵露華。却笑虛名陸鴻漸，曾無賢相作詩誇。《莆陽居士蔡文公集》卷六。

和詩送茶寄孫之翰

北苑靈芽天下精，要須寒過入春生。故人偏愛雲腴白，佳句遥傳玉律清。衰病萬緣皆絕慮，甘香一味未忘情。封題原是山家寶，盡日虛堂試品程。《莆陽居士蔡文公集》卷六。

羅拯

羅拯（1016—1080），宋祥符（治所在今河南省開封市祥符區）人，字道濟。登進士第，歷知榮州、秀州，爲江西轉運判官、提點福建刑獄，遷轉運使、天章閣待制。

建茶

自昔稱吳蜀，芳鮮尚未真。於今盛閩粵，冠絕始無倫。地占群山秀，時先百卉春。草木英華聚，樓臺紫翠重。山形仙苑鳳，泉脉御池龍。〔清〕陸心源《宋詩紀事補遺》卷二十六，清光緒十九年（1893）刻本。

王珪

王珪（1019—1085），宋華陽（治所在今四川省成都市）人，字禹玉。宋慶曆二年（1042）進士。宋熙寧三年（1070），拜參知政事，九年（1076），進同中書門下平章事、集賢殿大學士。有《華陽集》。

和公儀飲茶

北焙和香飲最真，綠芽未雨帶旗新。煎須臥石無塵客，摘是臨溪欲曉人。雲叠亂花爭一水，閩中鬥茶爭一水。鳳團雙影貢先春。清風未到蓬萊路，且把吟甌伴醉巾。〔宋〕王珪《華陽集》卷二，文淵閣《四庫全書》本。

司馬光

司馬光（1019—1086），宋夏縣（治所在今山西省夏縣）人，字君實。宋寶元元年（1038）進士。官至尚書左僕射兼門下侍郎。初編戰國至秦二世歷史爲《通志》八卷，英宗命設局續修，神宗定名《資治通鑒》。另有《溫國文正公文集》《稽古録》等。

太博同年葉兄紓以詩及建茶爲貺，家有蜀牋二軸
輒敢繫詩二章獻於左右，亦投桃報李之意也

閩山草木未全春，破額真茶采擷新。雅意不忘同臭味，先分疇昔桂堂人。

西來萬里浣花牋，舒卷雲霞照手鮮。書笥久藏無可稱，願投詩客助新編。〔宋〕司馬光《溫國文正司馬公文集》卷十，《四部叢刊》本。

蘇頌

蘇頌（1020—1101），宋同安（治所在今福建省廈門市同安區）人，徙居丹陽，字子容。宋慶曆二年（1042）進士。哲宗時，官至尚書右僕射兼中書侍郎。有《蘇魏公集》《新儀象法要》等。

次韵李公擇送新賜龍團與黃學士三絕句

紅旗筠籠過銀臺，赤印囊封貢茗來。社後三旬頒近列，須知郵置疾奔雷。

黃金芽嫩先春發，紫碧團芳出焙來。聞說采時爭節候，喊山聲動甚驚雷。

團團龍鏡未磨開，馥馥新香滿座來。試酌靈泉看餑沫，見丁公《茶錄》。猶疑盞底有風雷。〔宋〕蘇頌《蘇魏公集》卷十一，清道光二十二年（1842）刻本。

次韵李公擇謝黃學士惠文潞公所送密雲小團一絕

小團品外衆茶魁，杜牧詩云："茶稱瑞草魁。"宅相分從宰相來。魯直，公擇之甥。南省同僚得傳玩，朵頤終日味山雷。《蘇魏公集》卷十一。

強至

強至（1022—1076），宋錢塘（治所在今浙江省杭州市）人，字幾聖。宋慶曆六年（1046）進士。爲文簡古不俗，尤工於詩，以文學受知韓琦。有《韓忠獻遺事》《祠部集》等。

公立煎茶之絕品以待諸友，退皆作詩，因附衆篇之末

造化於草木，所與有薄厚。茶生天地間，建溪獨爲首。南土衆富兒，一餅千金售。公立須南官，好去聲。居衆富右。俸錢未到門，已入園夫手。買藏惟恐遲，秘之逾瓊玖。前日發箱篋，出以奉賓友。蒼玉碾底碎，浮雲碗面走。一飲睡魔竄，空腸作雷吼。茶品衆

所知，茶德予能剖。烹須清泠泉，性若不容垢。味回始有甘，苦言驗終久。吁茶特不幸，而出三代後。不及餘草木，盡挂詩人口。《禹貢》籍九州，瑣細登橘柚。古若有此茶，商紂不酣酒。〔宋〕強至《祠部集》卷一，文淵閣《四庫全書》本。

謝通判國博惠建茶

建溪春早地未暖，建俗巧計催春陽。茶傍萬口噪地烈，驚破芽英不得藏。猶嫌旗槍已老硬，獨愛鳥嘴嫩未長。擷而焙之一朝就，更範圭璧爲圓方。南州尚珍北固重，自非富貴寧預嘗。浦陽賤官性怯酒，素許茶味爲最良。日分牒訴費齒舌，口吻鎮燥喉無漿。建溪奇品遠莫致，日夕夢想馳閩鄉。塵埃填心渴欲死，忽拜公賜喜可量。拆封碾破蒼玉片，雲脚浮動甌生光。愚知公賜豈徒爾，欲俾下吏蠲俗腸。滌除詩冗起清思，驅逐睡興窮縑緗。玉川不暇盡七碗，已覺兩腋清風翔。《祠部集》卷三。

通判國博惠建茶且有對，啜之，戲因以奉謝

數餅建溪春，求逾尺璧珍。封從鄉國遠，惠與郡僚均。午榻忘揰臂，晨觴厭啓唇。拜嘉當對啜，相待況如賓。《祠部集》卷四。

惠山泉

封寄晉陵船，東南第一泉。出瓶雲液碎，落鼎月波圓。正味云誰別，繁聲只自憐。要須茶品對，合煮建溪先。《祠部集》卷四。

沈遘

沈遘（1028—1067），宋錢塘（治所在今浙江省杭州市）人，

字文通。宋皇祐元年（1049）進士。歷集賢校理、知杭州等。

贈楊樂道建茶

建溪石上摘先春，萬里封包數數珍。羸病從來苦多飲，高情應只屬詩人。〔宋〕沈遘《西溪集》卷一，文淵閣《四庫全書》本。

沈遼

沈遼（1032—1085），字睿達。沈遘弟。好學尚友，不喜進取。築室齊山，名"雲巢"。與兄沈遘、從叔沈括稱"沈氏三先生"。文章雄奇峭麗，尤長於詩。有《雲巢編》。

德相惠新茶，復次前韵奉謝

暑雨闇窮山，道滑不可躡。隱几念投老，葛衣坐搖箑。林端使者至，乃得德相帖。佳惠致新茗，遠來自閩笈。吾聞北苑勝，不與群山接。山下幾千家，以此爲生業。新陽一日至，東風方獵獵。百草尚勾甲，靈芽已先捷。所采僅毛髮，厥工巧烹爕。甘泉列盎釜，熾炭浩旁叠。修竹爲之規，黃金爲之楱。形摹各臻妙，製作易妥帖。至尊所虛佇，守臣方惕懾。其上爲虬龍，蜿蜒奮鱗鬣。稍降乃交鳳，文翼相盤跕。函封趣北道，驛使互防挾。四方老金玉，擬議誰敢輒。屹屹健士儋，飄飄迅溪艓。穀雨不及潤，權門已盈篋。帶鞓體正方，葵華角仍厴。始傳盛王鄭，後來止游葉。大爲權勢迫，小或盜賊劫。其間起鬥奪，亦數冒刑榴。南夷出重購，不憚浮海楫。北人比尤好，喜笑開胡睫。豈不產邛蜀，豈不生楚蒏。厥品乃大戾，固難一理攝。朱門厭酒肉，辯士屬舌頰。儒生備夜誦，農夫困朝饐。禪翁過工煮，老獲空腹喋。綺席夢騰騰，玉山頭業業。無餘乃尚可，非此意不厭。一泛舌已潤，載啜心更愜。不惟豁神觀，亦足暢煩懾。清泠生肺肝，爽快勝抓鑷。孰不恃薏苡，伏波煩謗囁。孰不飲醇酎，伯仁憂腐脅。祖逖敦雅尚，鴻漸未博涉。君謨號精鑒，才翁亦相躡。玉川七碗興，令人解頤靨。奇章兩串賜，遺芳在圖諜。余昔喜賓客，爲世困書牒。輕重必酬酢，往來煩蹻躞。自從竄夷裔，所藏多敗浥。亦幸衰老年，數病脾氣怯。弃置在高閣，魂夢昏多魘。拘病出湘漢，餘生若蟬蝶。希夷有幽卧，刀劍銷鋩鋏。一榻就空曠，百骸得和協。久已廢翰墨，況復道游俠。有味養元和，無物累吾嚌。臨風欲占謝，遥企山西堞。〔宋〕沈遘《雲巢編》卷四，文淵閣《四庫全書》本。

馮山

馮山（？—1094），宋安岳（治所在今四川省安岳縣）人，字允南，初名獻能，世稱鴻碩先生。宋嘉祐二年（1057）進士。官終祠部郎中。有《春秋通解》《馮安岳集》。

問江巨源求茶

語笑嘉陵醉別辰，曾留一角建陽春。不將閑碾無佳客，每到開嘗憶主人。蒙頂縱甘餘草氣，月團雖有隔年陳。吟魂半去難招些，願得蘭溪數片新。公家蘭溪，每春建溪至，輒馳僕五六千里送官上。〔宋〕馮山《馮安岳集》卷十一，民國南城李氏宜秋館刻本。

謝李獻甫寄鳳茶

雙鳳婆娑綠玉團，初綱猶怯禁中寒。貴從侍從時宣賜，傳到西南作寶看。旋碾合留清浩氣，親題何事寄粗官。感公珍惠寧須試，一嗅煩懷已自寬。《馮安岳集》卷十一。

再和

此品何嘗下小團，分甘仍值雪霜寒。恐塵竹葉微蒸過，要細銀杆旋殺看。紫盞烘時愁俗客，清風來處屬仙官。平江一啜吟佳句，起舞不知天地寬。《馮安岳集》卷十一。

郭祥正

郭祥正（1035—1113），宋當塗（治所在今安徽省當塗縣）人，字功父，一作功甫，自號謝公山人、醉引居士、漳南浪士等。宋皇祐五年（1053）進士。歷官秘書閣校理、太子中舍、汀州通判、朝請大夫等。詩風縱橫奔放，酷似李白。有《青山集》。

元輿試北苑新茗

建溪雖接壤，春末始嘗茶。旋汲鄰僧水，同烹北苑芽。月圓龍隱鬣，雲散乳成花。貢入明光殿，分來王謝家。〔宋〕郭祥正《青山集》卷二十一，宋刻本。

謝君儀寄新茶二首

建溪春物早，正月有新茶。得自參軍掾，分來居士家。輾開黳玉餅，湯濺白雲花。一啜清魂魄，醇醪豈足誇。

北苑藏和氣，生成絕品茶。豈宜分旅館，只合在仙家。點處成雲蕊，看時變雪花。琳琅得新句，又勝玉川誇。《青山集》卷二十一。

招孜祐二長老嘗茶二首

無物滋禪味，來烹北苑茶。碾成雲母粉，香溾碧松花。消渴梅何俗，安神朮謾誇。清談嘗數碗，莫笑老盧家。

昔人多嗜酒，今我酷憐茶。軟玉裁成餅，輕雲散作花。石泉助甘滑，腸胃滌煩邪。却怪少陵客，曾無新句誇。《青山集》卷二十二。

君儀惠玳瑁冠犀簪并分泉守茶六餅二首

玳瑁裁冠犀作簪，正宜蕭散野人心。從今頂戴拋烏帽，一任秋霜兩鬢侵。

分送泉州太守茶，團團紫餅社前芽。從今不復憂煩渴，時取甘泉煮雪華。《青山集》卷二十七。

城東延福禪院避暑五首（其三）

急手輕調北苑茶，未收雲霧乳成花。靈襟習習清風起，歸夢遥知不到家。《青山集》卷二十八。

蘇軾

蘇軾（1037—1101），宋眉山（治所在今四川省眉山市東坡區）人，字子瞻，號東坡居士。宋嘉祐二年（1057）進士，復舉制科。與父洵、弟轍合稱"三蘇"，均入"唐宋八大家"之列。有"東坡七集"、《東坡志林》、《東坡樂府》等。

月兔茶

環非環，玦非玦，中有迷離玉兔兒。一似佳人裙上月，月圓還

缺缺還圓，此月一缺圓何年。君不見鬥茶公子不忍鬥小團，上有雙
銜綬帶雙飛鸞。〔宋〕蘇軾《東坡集》卷四，日本宮内廳書陵部藏宋刻本。

和錢安道寄惠建茶

我官於南今幾時，嘗盡溪茶與山茗。胸中似記故人面，口不能
言心自省。爲君細説我未暇，試評其略差可聽。建溪所産雖不同，
一一天與君子性。森然可愛不可慢，骨清肉膩和且正。雪花雨脚何
足道，啜過始知真味永。縱復苦硬終可録，汲黯少戇[五] 寬饒猛。
草茶無賴空有名，高者妖邪次頑懭。體輕雖復强浮泛，性滯偏工嘔
酸冷。其間絶品豈不佳，張禹縱賢非骨鯁。葵花玉銙不易致，道路
幽嶮隔雲嶺。誰知使者來自西，開緘磊落收百餅。嗅香嚼味本非
别，透紙自覺光炯炯。秕糠團鳳友小龍，奴隸日注臣雙井。收藏愛
惜待佳客，不敢包裹鑽權倖。此詩有味君勿傳，空使時人怒生癭。
《東坡集》卷五。

和蔣夔寄茶

我生百事常隨緣，四方水陸無不便。扁舟渡江適吳越，三年飲
食窮芳鮮。金虀玉膾飯炊雪，海螯江柱初脱泉。臨風飽食甘寢罷，
一甌花乳浮輕圓。自從捨舟入東武，沃野便到桑麻川。蒻毛胡羊大
如馬，誰記鹿角腥盤筵。厨中烝粟埋飯甕，大杓更平。取酸生涎。
柘羅銅碾弃不用，脂麻白土須盆研。故人猶作舊眼看，謂我好尚如
當年。沙溪北苑强分别，水脚一綫争誰先。清詩兩幅寄千里，紫金
百餅費萬錢。吟哦烹噍兩奇絶，只恐偷乞煩封纏。老妻稚子不知
愛，一半已入薑鹽煎。人生所遇無不可，南北嗜好知誰賢。死生禍
福久不擇，更論甘苦争蚩妍。知君窮旅不自釋，因詩寄謝聊相鐫。
《東坡集》卷七。

生日王郎以詩見慶，次其韵并寄茶二十一片

折楊新曲萬人趨，獨和先生于蔿于。但信櫝藏終自售，豈知碗脱本無橅。羯從冰叟來游宦，肯伴臞仙亦號儒。棠棣并爲天下士，芙蓉曾到海邊郛。不嫌霧谷黿松柏，終恐虹梁荷棟桴。高論無窮如鋸屑，小詩有味似連珠。感君生日遥稱壽，祝我餘年老不枯。未辦報君青玉案，建溪新餅截雲腴。《東坡集》卷十三。

怡然以垂雲新茶見餉，報以大龍團，仍戲作小詩

妙供來香積，珍烹具太官。揀芽分雀舌，賜茗出龍團。曉日雲庵暖，春風浴殿寒。聊將試道眼，莫作兩般看。《東坡集》卷十八。

次韵曹輔寄壑源試焙新芽

仙山靈雨濕行雲，洗遍香肌粉未勻。明月來投玉川子，清風吹破武林春。要知玉雪心腸好，不是膏油首面新。戲作小詩君一笑，從來佳茗似佳人。《東坡集》卷十八。

荔支嘆一首

十里一置飛塵灰，五里一堠兵火催。顛坑僕谷相枕藉，知是荔支龍眼來。飛車跨山鶻橫海，風枝露葉如新采。宮中美人一破顏，驚塵濺血流千載。永元荔支來交州，天寶歲貢取之涪。至今欲食林甫肉，無人舉觴酹伯游。漢永元中，交州進荔支龍眼，十里一置，五里一堠，奔騰死亡，罹猛獸毒蟲之害者無數。唐羌字伯游，爲臨武長，上書言狀，和帝罷之。唐天寶中，蓋取涪州荔支，自子午谷路進入。我願天公憐赤子，莫生尤物爲瘡痏。雨順風調百穀登，民不飢寒爲上瑞。[六]君不見武夷溪邊粟粒芽，前丁後蔡相籠加。爭新買寵各出意，今年鬥品充官

124

茶。吾君所乏豈此物，致養口體何陋耶。洛陽相君忠孝家，可憐亦進姚黃花。洛下貢花自錢惟演始。大小龍茶始於丁晉公，成於蔡君謨。歐陽永叔聞君謨進小龍團，驚嘆曰：“君謨，士人也，何至作此事！”今年閩中監司乞進鬥茶，許之。〔宋〕蘇軾《東坡後集》卷五，日本宮內廳書陵部藏宋刻本。

寄周安孺茶

大哉天宇內，植物知幾族。靈品獨標奇，迥超凡草木。名從姬旦始，漸播《桐君錄》。賦咏誰最先，厥傳惟杜育。唐人未知好，論著始於陸。常李亦清流，當年慕高躅。遂使天下士，嗜此偶於俗。豈但中土珍，兼之異邦鬻。鹿門有佳士，博覽無不矚。邂逅天隨翁，篇章互賡續。開園顧山下，屏迹松江曲。有興即揮毫，燦然存簡牘。伊予素寡愛，嗜好本不篤。越自少年時，低回客京轂。雖非曳裾者，庇廡或華屋。頗見綺紈中，齒牙厭粱肉。小龍得屢試，糞土視珠玉。團鳳與葵花，碔砆雜魚目。貴人自矜惜，捧玩且緘櫝。未數日注卑，定知雙井辱。於茲自研討，至味識五六。自爾入江湖，尋僧訪幽獨。高人固多暇，探究亦頗熟。聞道早春時，携籯赴初旭。驚雷未破蕾，采采不盈掬。旋洗玉泉蒸，芳馨豈停宿。須臾布輕縷，火候謹盈縮。不憚頃間勞，經時廢藏蓄。髹筒净無染，箬籠勻且複。苦畏梅潤侵，暖須人氣燠。有如剛耿性，不受纖芥觸。又若廉夫心，難將微穢瀆。晴天敞虛府，石碾破輕綠。永日遇閑賓，乳泉發新馥。香濃奪蘭露，色嫩欺秋菊。閩俗競傳誇，豐腴面如粥。自云葉家白，頗勝中山醁。好是一杯深，午窗春睡足。清風擊兩腋，去欲凌鴻鵠。嗟我樂何深，水經亦屢讀。讀[七]子呫中泠，次乃康王谷。蟆培頃曾嘗，瓶罌走僮僕。如今老且懶，細事百不欲。美惡兩俱忘，誰能强追逐。薑鹽拌白土，稍稍從吾蜀。尚欲外形體，安能徇心腹。由來薄滋味，日飯止脫粟。外慕既已矣，胡爲此羈束。昨日散幽步，偶上天峰麓。山圃正春風，蒙茸萬旗簇。呼兒爲佳客，采製聊亦復。地僻誰我從，包藏置廚簏。何嘗較優劣，但喜破睡速。況此夏日長，人間正炎毒。幽人無一事，午飯飽蔬菽。困臥北窗風，風微動窗竹。乳甌十分滿，人世真局促。意爽飄欲仙，頭輕快如沐。昔人固多癖，我癖良可贖。爲問劉伯倫，胡然枕糟麴。〔宋〕蘇軾《東坡續集》卷一，明成化四年（1468）刻本。

南屏謙師妙於茶事，自云得之於心，應之於手，非可以言傳學到者。十二月二十七日，聞軾游壽星寺，遠來設茶，作此詩贈之

道人曉出南屏山，來試點茶三昧手。忽驚午琖兔毫斑，打作春甕鵝兒酒。天台乳花世不見，玉川風腋今安有。先生有意續《茶經》，會使老謙名不朽。《東坡續集》卷一。

贈包安靜先生

皓色生甌面，堪稱雪見羞。東坡調詩腹，今夜睡應休。偶謁大中精籃中，故人烹日注茶，果不虛示，故詩以記之。建茶三十片，不審味如何。奉贈包居士，僧房戰睡魔。昨日點日注極佳，點此，復云罐中餘者，可示及舟中滌神耳。《東坡續集》卷二。

元翰少卿寵惠谷簾水一器、龍團二枚，仍以新詩爲貺，嘆味不已，次韵奉和

岩垂疋練千絲落，雷起雙龍萬物春。此水此茶俱第一，共成三絕鑒中人。《東坡續集》卷二。

126

與姜唐佐秀才

今日霽色，尤可喜。食已，當取天慶觀乳泉潑建茶之精者，念非君莫與共之。然早來市無肉，當相與啖菜飯耳。不嫌，可只今相過。某啓上。《東坡續集》卷四。

與孟亨之

今日齋素，食麥飯、笋脯有餘味，意謂不減芻豢。念非吾亨之，莫識此味，故餉一合，并建茗兩片，食已，可與道媼對啜也。《東坡續集》卷五。

葉嘉傳

葉嘉，閩人也，其先處上谷。曾祖茂先養高不仕，好游名山，至武夷，悅之，遂家焉。嘗曰：“吾植功種德，不爲時采，然遺香後世，吾子孫必盛於中土，當飲其惠矣。”茂先葬郝源，子孫遂爲郝源民。至嘉，少植節操。或勸之業武，曰：“吾當爲天下英武之精，一槍一旗，豈吾事哉？”因而游，見陸先生。先生奇之，爲著其行錄傳於時。方漢帝嗜閱經史時，建安人爲謁者侍上，上讀其行錄而善之，曰：“吾獨不得與此人同時哉！”曰：“臣邑人葉嘉，風味恬淡，清白可愛，頗負其名，有濟世之才，雖羽知猶未詳也。”上驚，敕建安太守召嘉，給傳遣詣京師。

郡守始令采訪嘉所在，命齋書示之。嘉未就，遣使臣督促。郡守曰：“葉先生方閉門製作，研味經史，志圖挺立，必不屑進，未可促之。”親至山中，爲之勸駕，始行登車。遇相者揖之，曰：“先生容質异常，矯然有龍鳳之姿，後當大貴。”嘉以皂囊上封事。天子見之，曰：“吾久飫卿名，但未知其實爾，我其試哉！”因顧謂侍臣曰："視嘉容貌如鐵，資質剛勁，難以遽用，必槌提頓挫之乃可。"遂以言恐嘉曰："碪斧在前，鼎鑊在後，將以烹子，子視之如何？"嘉勃然吐氣曰："臣山藪猥士，幸爲陛下采擇至此，可以利生，雖粉身碎骨，臣不辭也！"上笑，命以名曹處之，又加樞要之務焉。因誡小黃門監之。有頃，報曰："嘉之所爲，猶若粗疏然。"上曰："吾知其才，第以獨學，未經師耳。"嘉爲之，屑屑就師。頃刻就事，已精熟矣。

上乃敕御史歐陽高、金紫光禄大夫鄭當時、甘泉侯陳平三人與之同事。歐陽疾嘉初進有寵，曰："吾屬且爲之下矣。"計欲傾之。會天子御延英促召四人，歐但熱中而已，當時以足擊嘉，而平亦以口侵陵之。嘉雖見侮，爲之起立，顏色不變。歐陽悔曰："陛下以葉嘉見托，吾輩亦不可忽之也。"因同皇帝，陽稱嘉美而陰以輕浮訕之。嘉亦訴於上。上爲責歐陽，憐嘉，視其顏色，久之，曰："葉嘉真清白之士也，其氣飄然，若浮雲矣。"遂引而宴之。少選間，上鼓舌欣然，曰："始吾見嘉，未甚好也，久味其言，令人愛之，朕之精魄，不覺灑然而醒。《書》曰：'啓乃心，沃朕心。'此之謂也。"於是封嘉鉅合侯，位尚書，曰："尚書，朕喉舌之任也。"由是寵愛日加。朝廷賓客遇會宴享，未始不推於嘉。上日引對，至於再三。

後因侍宴苑中，上飲逾度，嘉輒苦諫，上不悦，曰："卿司朕喉舌，而以苦辭逆我，余豈堪哉？"遂唾之，命左右仆於地。嘉正色曰："陛下必欲甘辭利口然後愛耶？臣雖言苦，久則有效。陛下亦嘗試之，豈不知乎？"上顧左右曰："始吾言嘉剛勁難用，今果見矣。"因含容之，然亦以是疏嘉。

嘉既不得志，退去閩中，既而曰："吾末如之何也已矣。"上以不見嘉月餘，勞於萬機，神薾思困，頗思嘉，因命召至，喜甚，以手撫嘉曰："吾渴欲見卿久矣。"遂恩遇如故。上方欲南誅兩越，東擊朝鮮，北逐匈奴，西伐大宛，以兵革爲事，而大司農奏計國用不足。上深患之，以問嘉。嘉爲進三策，其一曰：権天下之利，山海之資，一切籍於縣官。行之一年，財用豐贍，上大悅。兵興，有功而還。上利其財，故権法不罷。管山海之利，自嘉始也。居一年，嘉告老，上曰："鉅合侯，其忠可謂盡矣！"遂得爵其子。又令郡守擇其宗支之良者，每歲貢焉。嘉子二人，長曰搏，有父風，故以襲爵。次子挺，抱黃白之術，比於搏，其志尤淡泊也，嘗散其資，拯鄉閭之困，人皆德之。故鄉人以春伐鼓，大會山中，求之以爲常。

贊曰：今葉氏散居天下，皆不喜城邑，惟樂山居。氏於閩中者，蓋嘉之苗裔也。天下葉氏雖夥，然風味德馨，爲世所貴，皆不及閩。閩之居者又多，而郝源之族爲甲。嘉以布衣遇天子，爵徹侯，位八座，可謂榮矣。然其正色苦諫，竭力許國，不爲身計，蓋有以取之。夫先王用於國有節，取於民有制。至於山林川澤之利，一切與民。嘉爲策以権之，雖救一時之急，非先王之舉也，君子譏之。或云管山海之利，始於鹽鐵丞孔僅、桑弘羊之謀也，嘉之策未行於時，至唐趙贊始舉而用之。《東坡續集》卷十二。

西江月

送茶并谷簾泉與勝之。徐君猷家後房甚慧麗，自陳叙本貴種也。

龍焙今年絕品，谷簾自古珍泉。雪芽雙井散神仙。苗裔來從北苑。

湯發雲腴釅白，盞浮花乳輕圓。人間誰敢更爭妍。鬥取紅窗粉面。〔宋〕蘇軾《東坡詞》卷上，明毛氏汲古閣刻《宋六十名家詞》本。

蘇轍

蘇轍（1039—1112），字子由，一字同叔，號潁濱遺老。蘇軾弟。宋嘉祐二年（1057）進士。爲文汪洋淡泊。有《欒城集》等。

和子瞻煎茶

年來病懶百不堪，未廢飲食求芳甘。煎茶舊法出西蜀，水聲火候猶能諳。相傳煎茶只煎水，茶性仍存偏有味。君不見閩中茶品天下高，傾身事茶不知勞。又不見北方俚人茗飲無不有，鹽酪椒薑誇滿口。我今倦游思故鄉，不學南方與北方。銅鐺得火蚯蚓叫，匙脚旋轉秋螢光。何時茅檐歸去炙背讀文字，遣兒折取枯竹女煎湯。〔宋〕蘇轍《欒城集》卷四，明嘉靖二十年（1541）蜀藩朱讓栩刻本。

夢中謝和老惠茶一首

西鄰禪師憐我老，北苑新茶惠初到。晨興已覺三嗅多，午枕初便一杯少。七碗煎嘗病未能，兩腋風生空自笑。定中直往蓬萊山，盧老未應知此妙。〔宋〕蘇轍《欒城後集》卷四，明嘉靖二十年（1541）蜀藩朱讓栩刻本。

孔平仲

孔平仲（1044—1111），宋新淦（治所在今江西省新干縣）人，字義甫，一作毅父。宋治平二年（1065）進士，又應制科。長於史學，工文詞，與兄孔文仲、孔武仲以文聲起江西，時號“三孔”。有《孔氏談苑》《朝散集》等。

建茶一首

建茶一杯午睡起，除渴蠲煩無此比。滿庭葉落啼野鶯，平地雨足生春水。定心寧息守丹竈，執固養和歸赤子。破須速補勉旃修，危可求安灼然理。成事何論軒冕貴，收身卑占雲泉美。開門納盜誤人多，閉關掃軌從今始。〔宋〕孔文仲、孔武仲、孔平仲《三孔先生清江文集》卷二十八，清呂氏講習堂抄本。

黄裳

黄裳（1044—1130），宋南劍州（治所在今福建省南平市延平區）人，字冕仲，一作勉仲。宋元豐五年（1082）進士。宋徽宗政和四年（1114），以龍圖閣學士知福州，累遷端明殿學士、禮部尚書。喜道家玄秘之書，自號紫玄翁。有《演山集》。

次魯直烹密雲龍之韵（其一）

密雲晚出小團塊，雖得一餅猶爲豐。相對幽亭致清話，十三同事皆詩翁。蒼龍碾下想化去，但見白雲生碧空。雨前含蓄氣未散，乃知天貺誰能同。不足數啜有餘興，兩腋欲跨清都風，豈與凡羽誇雕籠。雙井主人煎百碗，費得家山能幾本。〔宋〕黄裳《演山先生文集》卷一，清初鈔本。

龍鳳茶寄照覺禪師[八]

有物吞食月輪盡，鳳翥龍驤紫光隱。雨前已見纖雲從，雪意猶在渾淪中。忽帶天香墮吾篋，自有同幹欣相逢。寄向仙廬引飛瀑，一簇蠅聲急須腹。急須，東南之茶器。禪翁初起宴坐間，接見陶公方解顏。頤指長鬚運金碾，未白眉毛且須轉。爲我對啜延高談，亦使色味超塵凡。破悶通靈此何取，兩腋風生豈須御。昔云木馬能嘶風，今看茶龍解行雨。《演山先生文集》卷一。

謝人惠茶器并茶

三事文華出何處，岩上含章插烟霧。曾被西風吹异香，飄落人寰月中度。岩桂秋開，有异香，木理成文，如相思木然。美材見器安所施，六角靈犀用相副。目下發緘誰致勤，愛竹山翁傍雲住。遽命長鬚烹且煎，一簇蠅聲急須吐。每思北苑滑與甘，嘗厭鄉人寄來苦。試君所惠良可稱，往往曾沾石坑雨。不畏七碗鳴飢腸，但覺清多却炎暑。幾時對話愛竹軒，更引毫甌斷詩句。《演山先生文集》卷二。

茶苑二首

莫道雨芽非北苑，須知山脉是東溪。旋燒石鼎供吟笑，容照岩中日未西。

想見春來敢動山，雨前收得幾籃還。斧斤不落幽人手，且喜家園禁已閑。《演山先生文集》卷十一。

黃庭堅

黃庭堅（1045—1105），宋分寧（治所在今江西省修水縣）人，字魯直，號山谷道人。宋治平四年（1067）進士。博學，精行、草書，尤工詩文，與蘇軾齊名，號稱“蘇黃”。有《山谷集》。

以小團龍及半挺贈無咎并詩，用前韵爲戲

我持玄圭與蒼璧，以暗投人渠不識。城南窮巷有佳人，不索賓

郎常晏食。赤銅茗碗雨班班，銀粟翻光解破顏。上有龍文下棋局，擔囊贈君諾已宿。此物已是元豐春，先皇聖功調玉燭。晁子胸中開典禮，平生自期莘與渭。故用澆君磊隗胸，莫令鬢毛雪相似。曲几團蒲聽煮湯，煎成車聲繞羊腸。鷄蘇胡麻留渴羌，不應亂我官焙香。肥如瓠壺鼻雷吼，幸君飲此勿飲酒。擔囊，一本作"探囊"。［按］"煎成車聲繞羊腸"句，東坡極賞之。〔宋〕黃庭堅《黃文節公全集》卷四，清光緒二十年（1894）義寧州署刻本。

謝送碾賜壑源揀芽 元豐八年秘書省作。

喬雲從龍小蒼璧，元豐至今人未識。壑源包貢第一春，緗奩碾香供玉食。睿思殿東金井欄，甘露薦碗天開顏。橋山事嚴庀百局，補袞諸公省中宿。中人傳賜夜未央，雨露恩光照宮燭。右丞似是李元禮，好事風流有涇渭。肯憐天禄校書郎，親敕家庭遣分似。春風飽識太官羊，不慣腐儒湯餅腸。搜攬十年鐙火讀，令我胸中書傳香。已戒應門老馬走，客來問字莫載酒。［按］詩中橋山謂神宗山陵，右丞謂李清臣。直邦公於是年已解德平，召授秘書省也，故詩中有"肯憐天禄校書郎"之句。《黃文節公全集》卷四。

以團茶、洮州綠石硯贈無咎、文潛 《寶録》："元祐元年十二月，試太學録張來、試太學正晁補之并爲秘書省正字，公以二物分送。"

晁子智囊可以括四海，張子筆端可以回萬牛。自我得二士，意氣傾九州。道山延閣委竹帛，清都太微望冕旒。貝宮胎寒弄明月，天網下罩一日收。此地要須無不有，紫皇訪問富春秋。晁無咎，贈君越侯所貢蒼玉璧，可烹玉塵試春色。澆君胸中《過秦論》，斟酌古今來活國。張文潛，贈君洮州綠石含風漪，能淬筆鋒利如錐。請書元祐開皇極，第入思齊訪落詩。《黃文節公全集》卷四。

博士王揚休碾密雲龍，同事十三人飲之，戲作元祐二年秘書省作。

喬雲蒼璧小盤龍，貢包新樣出元豐。王郎坦腹飯床東，太官分物來婦翁。棘圍深鎖武成宮，談天進士雕虛空。鳴鳩欲雨喚雌雄，南嶺北嶺宮徵同。午窗欲眠視濛濛，喜君開包碾春風，注湯官焙香出籠。非君灌頂甘露碗，幾爲談天乾舌本。《黃文節公全集》卷四。

戲答歐陽誠發奉議謝予送茶歌

歐陽子，出陽山。山奇水怪有异氣，生此突兀熊豹顏。飲如江入洞庭野，詩成十手不供寫。老來抱璞向涪翁，東坡原是知音者。蒼龍璧，官焙香。涪翁投贈非世味，自許詩情合得嘗。却思翰林來餽光禄酒，兩家冰鑒共寒光。予乃安敢比東坡，有如玉盤金叵羅。直相千萬不啻過，愛公好詩又能多。老夫何有更橫戈，奈此于思百戰何。《黃文節公全集》卷五。

謝公擇舅分賜茶三首元祐元年秘書省作。

其一

外家新賜蒼龍璧，北焙風烟天上來。明日蓬山破寒月，先甘和夢聽春雷。

其二

文書滿案惟生睡，夢裏鳴鳩喚雨來。乞與降魔大圓鏡，真成破柱作驚雷。

其三

紅題葉字包青箬，割取丘郎春信來。拼洗一春湯餅睡，亦知清夜有蚊雷。邱子進，外家婿。《黃文節公全集》卷十。

煎茶賦

洶洶乎如澗松之發清吹，皓皓乎如春空之行白雲。賓主欲眠而同味，水茗相投而不渾。苦口利病，解膠滌昏，未嘗一日不放著，而策茗碗之勛者也。余嘗爲嗣直瀹茗，因録其滌煩破睡之功，爲之甲乙。建溪如割，雙井如虜，日鑄如劓，其餘苦則辛螫，甘則底滯。嘔酸寒胃，令人失睡，亦未足與議。或曰無甚高論，敢問其次。涪翁曰：味江之羅山，嚴道之蒙頂，黔陽之都濡高株，瀘川之納溪梅嶺，夷陵之壓磚，臨邛之火井，不得已而去於三，則六者亦可酌兔褐之甌，瀹魚眼之鼎者也。或者又曰：寒中瘠氣，莫甚於茶。或濟之鹽，勾賊破家，滑竅走水，又況鷄蘇之與胡麻。涪翁於是酌岐雷之醪醴，參伊聖之湯液。斮附子如博投，以熬葛仙之堊。去菣而用鹽，去橘而用薑。不奪茗味，而佐以草石之良，所以固太倉而堅作強。於是有胡桃、松實、庵摩、鴨脚、勃賀、靡蕪、水蘇、甘菊。既加臭味，亦厚賓客。前四後四，各用其一。少則美，多則惡，揮其精神，又益於咀嚼。蓋大匠無可弃之材，太平非一士之略。厥初貪味雋永，速化湯餅，乃至終夜不眠，耿耿既作，温齊殊可屢歃。如以六經濟三尺法，雖有除治，與人安樂。賓至則煎，去則就榻，不游軒后之華胥，則化莊周之蝴蝶。《黄文節公全集》卷十二。

西江月・茶詞

龍焙頭綱春早，谷簾第一泉香。已醺浮蟻嫩鵝黄。想見翻匙雪浪。

兔褐金絲寶碗，松風蟹眼新湯。無因更發次公狂。甘露來從仙掌。《黄文節公全集》卷十三。

滿庭芳

北苑龍團，江南鷹爪，萬里名動京關。碾深羅細，瓊蕊暖生烟。一種風流氣味，如甘露，不染塵凡。纖纖捧，冰瓷瑩玉，金縷鷓鴣斑。

相如方病酒，銀瓶蟹眼，波怒濤翻。爲扶起樽前，醉玉頹山。飲罷風生兩腋，醒魂到，明月輪邊。歸來晚，文君未寢，相對小窗前。《黃文節公全集》卷十三。

阮郎歸·茶詞

摘山初製小龍團。色和香味全。碾聲初斷夜將闌。烹時鶴避烟。

消滯思，解塵煩。金甌雪浪翻。只愁啜罷水流天。餘清攪夜眠。《黃文節公全集》卷十三。

品令·茶詞

鳳舞團團餅。恨分破，教孤令。金渠體净，隻輪慢碾，玉塵光瑩。湯響松風，早減了二分酒病。

味濃香永。醉鄉路，成佳境。恰如鐙下，故人萬里，歸來對影。口不能言，心下快活自省。《黃文節公全集》卷十三。

奉謝劉景文送團茶

劉侯惠我大玄璧，上有雌雄雙鳳迹。鵝溪水練落春雪，粟面一杯增目力。劉侯惠我小玄璧，自裁半璧煮瓊糜。收藏殘月惜未碾，直待阿衡來説詩。絳囊團團餘幾璧，因來送我公莫惜。個中渴羌飽湯餅，雞蘇胡麻煮同吃。〔宋〕黄庭堅《山谷外集》卷四，文淵閣《四庫全書》本。

碾建溪第一奉邀徐天隱奉議并效建除體

建溪有靈草，能蛻詩人骨。除草開三徑，爲君碾玄月。滿甌泛春風，詩味生牙舌。平斗量珠玉，以救風雅渴。定知胸中有，璀璨非外物。執虎探虎穴，斬蛟入蛟室。破鏡挂西南，夜闌清興發。危言諸公上，殊勝弄翰墨。成仁冒鼎鑊，聞已歸諫列。收汝救月弓，蛙腹當拆裂。開雲照四海，黄道行堯日。閉門斲車輪，出門同軌轍。《山谷外集》卷五。

謝王炳[九] 之惠茶

平生心賞建溪春，一丘風味極可人。香包解盡寶帶胯，黑面碾出明窗塵。家園鷹爪改嘔泠，官焙龍文常食陳。於公歲取壑源足，勿遣沙溪來亂真。〔宋〕黄庭堅《山谷別集》卷一，文淵閣《四庫全書》本。

答人簡（之一）

蒸牙一合，雖是分寧茶，味不甚佳，但可用薑鹽煎，以領關張爾。後信別寄建茶去。前日退夫會此，極思相從之樂。渠得家書，八月末接交代人尚未到都下，如此，歲裏未得交割耳。庭堅頓首。〔宋〕黄庭堅《山谷簡尺》卷下，文淵閣《四庫全書》本。

答人簡（之二）

庭堅承寄惠方竹、真珠菜，荷繾綣不忘之意。李尉覆舟敗茶，不便發視乾之，其智短乃如此，所論蓋已得之矣。今年雙井即當求便早寄，漫持施黔研膏茶數種，若彼難得，建茶亦可碾，終勝草茶耳。施州太守張詢仲謀，與之有三十年之舊，其人學識吏能皆不在人下，今年告以作茶法，遂能如此。茶質本不及黔中，但湯火得所耳。庭堅再拜。《山谷簡尺》卷下。

秦觀

秦觀（1049—1100），宋高郵（治所在今江蘇省高郵市）人，字少游，一字太虛。宋元豐八年（1085）進士。善詩賦策論，尤工詞，屬婉約派。與黃庭堅、晁補之、張耒合稱“蘇門四學士”。有《淮海集》。

滿庭芳·咏茶

雅燕飛觴，清譚揮座，使君高會群賢。密雲雙鳳，初破縷金團。窗外爐烟似動，開瓶試、一品香泉。輕淘起，香生玉塵，雪濺紫甌圓。

嬌鬟。宜美晝，雙擎翠袖，穩步紅蓮。坐中客翻愁，酒醒歌闌。點上紗籠畫燭，花驄弄、月影當軒。頻相顧，餘歡未盡，欲去且留連。〔宋〕秦觀《淮海集·淮海居士長短句》卷中，宋紹熙重修乾道高郵軍學本。

晁補之

晁補之（1053—1110），宋鉅野（治所在今山東省巨野縣）人，字無咎。十七歲從父至杭州，著《錢塘七述》，爲蘇軾所贊賞。宋元豐二年（1079）進士。嗜學不倦，工書畫，善詩文，尤精《楚辭》，擇後世文辭與楚辭相類似者，編爲《變離騷》諸書。有《鷄肋集》等。

次韵魯直謝李右丞送茶

都城米貴斗論璧，長飢茗椀無從識。道和何暇索檳榔，慚愧雲龍羞肉食。壑源萬畝不作欄，上春伐鼓驚山顏。題封進御官有局，夜行初不更驛宿。冰融太液俱未知，寒食新苞隨賜燭。建安一水去兩水，易較豈如涇與渭。右丞分送天上餘，我試比方良有似。月團清潤珍豢羊，葵花瑣細胃與腸。可憐賦罷群玉晚，寧憶睡餘雙井香。大勝膠西蘇太守，茶湯不美誇薄酒。〔宋〕晁補之《濟北晁先生鷄肋集》卷十二，《四部叢刊》本。

魯直復以詩送茶，云：願君飲此，勿飲酒。次韵

相茶真似石韞璧，至精那可皮膚識。溪芽不給萬口須，往往山毛俱入食。雲龍正用餉近班，乞與粗官誠靦顏。崇朝一碗坐官局，申旦形清不成宿。平生樂此臭味同，故人貽我情相燭。黃侯發軔日千里，天育收駒自汧渭。車聲出鼎細九盤，如此佳句誰能似。遣試齊民蟹眼湯，扶起醉頭瀹腐腸。頗類它時玉川子，破鼻竹林風送香。吾儕幽事動不朽，但讀《離騷》可無酒。《濟北晁先生鷄肋集》卷十二。

鄒浩

鄒浩（1060—1111），宋晋陵（治所在今江蘇省常州市）人，字志完，號道鄉居士。宋元豐五年（1082）進士，爲襄州教授，著《論語解義》《孟子解義》。徽宗時，累遷兵部侍郎。有《道鄉集》。

烹密雲龍

君不見子建七步俄一詩，太冲十年僅三賦。相去何曾楚與越，爾來題品皆才具。我生尚友到古人，袖手寒窗重慚懼。巧遲拙速非所長，舟泝湍流只如故。秋風逸思誰肯分，惟資茗飲袪昏瞀。人間氣味足奇功，畢竟不能成好句。集仙公子天上回，拭目元豐新制度。夜光明月豈足珍，矯矯真龍翳雲霧。潛藏飛躍自有時，只恐緘縢終不固。況聞醉翁歸潁東，更號六一逃機務。震霆端的助滂沱，名稱恰應當年數。從今掩卷待青禽，晴軒屑玉和甘露。胸中無復舊塵埃，五物狂吟在朝暮。須知料虎戚自貽，莫譏惡客君家蠹。〔宋〕鄒浩《道鄉集》卷二，明成化六年（1470）刻本。

仲孺督烹小團，既而非真物也，悵然。次韵以謝不敏

情僞初難分，飽聞不如視。君看求馬時，安得走唐肆。此茶亦先聲，入手恐失墜。泠然風御還，共飲乃非是。坐令竹邊心，追悔如刻鼻。故人豈欺予，姑以將遠意。由來毀譽間，夫子猶必試。八床志多金，龍斷何足异。胡爲不三思，取信輶軒使。超超莆陽公，銓量妙清思。仰止一喟然，背浹欲流泚。尚賴君詩存，高吟忘肉味。《道鄉集》卷三。

次韵答詹成老謝密雲龍之什

龍鳳小團分禁戶，往往稱珍減前語。元豐天子妙風雷，萬古埃塵沙[十] 新雨。壑源春貢識此心，不比豫州常枲紵。卿雲密密擁蜿蜒，御府僅能千百數。匪頒臺閣裁幾人，恩逐味增淪骨髓。帝鄉仙去鼎湖空，井閩閤門猶玉乳。龍髯雖在龍莫形，只有雲留瑞民伍。葉家所得最非常，好事殷勤始容取。故人分贈不遐遺，憐我哀摧病

140

方愈。莆陽英爽杳難攀，品目縱橫誰扞禦？仰惟筆削到茶經，亟以將誠歸許與。詩來寒谷欻然春，坐覺春光滿禾黍。《道鄉集》卷四。

雪中簡次蕭求團茶

竹上松間敲玉花，最宜石鼎薦靈芽。蓬門不識蒼龍璧，借問風流宰相家。《道鄉集》卷六。

毛滂

毛滂（約1060—約1124），宋衢州（治所在今浙江省衢州市）人，字澤民，自號東堂老人。蘇軾曾以"文章典麗，可備著述"舉薦他。詩文豪放恣肆，詞作較爲婉約。有《東堂集》。

謝人分寄密雲大小團

密雲不雨西郊黑，小龍蜿蜒出朝夕。原注：池名。中有濯枝三日霖，可洗流金千里赤。大龍雨足意貌閑，萬里澤流纔一息。無心自爲百穀仰，變化風雲聊戲劇。一杯洗心未足言，看瀁滄溟太空濕。大月已圓當久照，小月未滿哉生魄。雨龍出此雲月間，背負青天擁霄碧。豈惟大旱有雲霓，解作豐年雪花白。黃綾袋子天上來，本是閩山早春色。金盤珠露猶浥封，瓊房玉芝記相識。朱門日上三槐梢，大官初頒萬錢食。松風忽響第一泉，乳花徐開練波立。我公胸中冰雪明，不受一塵乘間入。寧煩多飲氣自清，乞餘賤客猶能及。此客羈賤亦喜茶，老葉唯知煎苦澀。藜羹粟飯每稱是，九天雲腴詎應得。舊聞作匙用黃金，擊拂要須金有力。家貧點茶衹匕箸，可是鬥茶還鬥墨。東歸得此希世珍，真同被褐而懷璧。筆床茶竈下三

江，欲寄殘年向泉石。砂瓶煮湯青竹林，會有玉川來作客。〔宋〕毛
滂《東堂集》卷二，文淵閣《四庫全書》本。

送茶宋大監

鳳凰山畔雨前春，玉骨雲腴絕可人。寄與青雲欲仙客，一甌相
映兩無塵。

玉兔甌中霜月色，照公問路廣寒宮。絕勝自酌寒窗下，睡減悲
添愁事叢。《東堂集》卷四。

山花子

天雨新晴，孫使君宴客雙石堂，遣官奴試小龍茶。

日照門前千萬峰。晴颷先掃凍雲空。誰作素濤翻玉手，小
團龍。

定國精明過少壯，次公煩碎本雍容。聽訟陰中苔自綠，舞衣
紅。〔明〕毛晉《宋名家詞六十一種·東堂詞》，明崇禎間毛氏汲古閣刻本。

唐庚

唐庚（1071—1121），宋丹棱（治所在今四川省丹棱縣）人，
字子西。宋紹聖元年（1094）進士。爲文精密，諳達世務，文采風
流，人稱小東坡。有《三國雜事》《唐子西文錄》《唐子西集》。

鬥茶記

政和二年三月壬戌，二三君子相與鬥茶於寄傲齋，予爲取龍塘
水烹之而第其品，以某爲上，某次之，某閩人，其所齎宜尤高，而
又次之。然大較皆精絕。蓋嘗以爲天下之物有宜得而不得，不宜得

而得之者。富貴有力之人，或有所不能致；而貧賤窮厄，流離遷徙之中，或偶然獲焉。所謂“尺有所短，寸有所長”，良不虛也。唐相李衛公好飲惠山泉，置驛傳送，不遠數千里。而近世歐陽少師作《龍茶録序》，稱嘉祐七年親享明堂，致齋之夕，始以小團分賜二府，人給一餅，不敢碾試，至今藏之。時熙寧元年也。吾聞茶不問團銙，要之貴新，水不問江、井，要之貴活。千里致水，真僞固不可知，就令識真，已非活水。自嘉祐七年壬寅至熙寧元年戊申，首尾七年，更閱三朝，而賜茶猶在，此豈復有茶也哉！今吾提瓶走龍塘，無數十步，此水宜茶，昔人以爲不減清遠峽。而海道趨建安，不數日可至，故每歲新茶不過三月至矣。罪戾之餘，上寬不誅，得與諸公從容談笑於此，汲泉煮茗取一時之適，雖在田野，孰與烹數千里之泉，澆七年之賜茗也哉？此非吾君之力歟？夫耕鑿食息，終日蒙福而不知爲之者，直愚民耳，豈吾輩謂耶！是宜有所紀述，以無忘在上者之澤云。〔宋〕唐庚《唐先生文集》卷五，宋刻本。

釋德洪

釋德洪（1071—1128），宋新昌（治所在今江西省宜豐縣）人，一名惠洪，號覺範，俗姓喻。《五燈會元》有傳。

郭祐之太尉試新龍團索詩

政和官焙雨前貢，蒼璧密雲盤小鳳。京華誰致建溪春，睿恩分賜君恩重。綠楊院落春晝永，碧砌飛花深一寸。門下賓朋還畢集，碾聲驚破南窗夢。高情愛客手自試，春霧脚縈雪花涌。聚觀詩膽已開張，欲啜睡魔先震恐。我有僧中富貴緣，此會風流真法供。定花磁盂何足道，分嘗但欠纖纖捧。七杯清風生兩腋，月脅澄魂誰與共。戲將妙語敵甘寒，詩成一吊盧仝冢。〔宋〕釋德洪《石門文字禪》卷四，《四部叢刊》本。

葛勝仲

葛勝仲（1072—1144），宋丹陽（治所在今江蘇省丹陽市）人，字魯卿。宋紹聖四年（1097）進士。累遷太常卿兼諭德，歷知汝、湖、鄧州等。有《丹陽集》。

試建溪新茶次元述韻

舶舟初出建溪春，紅牋品題苞蒻葉。低昂輕重如美人，等衰銖較知難躡。格高玉雪瑩衷腸，品下膏油浮面頰。太丘胸中有涇渭，包裹携來充博帖。稍發下駟已驚眼，香味高奇光煒燁。不肯花前殺風景，憑花爲謝穿花蝶。更看正紫小方珪，價比連城真稱愜。病渴羗人洗煩滯，好睡兼旬便愁攝。異時風流貴公子，喜悦藏珍令口懾。莫辭七碗攪枯腸，有酒沽君夜燒蠟。〔宋〕葛勝仲《丹陽集》卷十八，清乾隆四十一年（1776）孔繼涵家抄本。

新茶

鼞源苞貢及春分，玉食分甘賜舊勛。水厄陽侯宜避席，天隨陸子合同群。珍同內府新蒼璧，味壓元豐小畜雲。便請加籩先果腹，鵝無留掌鱉添裙。《丹陽集》卷二十。

次韻德升惠新茶

寵餉頭綱北焙茶，分甘應自五侯家。午雞驚破槐安夢，猶有新香在齒牙。

雙疊紅囊貯揀芽，旋將活火試瑤花。半生未有陽侯厄，喜聽咿啞轉井[十一]車。《丹陽集》卷二十二。

晁冲之

晁冲之（1073—1126），宋鉅野（治所在今山東省巨野縣）人，字叔用，一字用道。晁補之從弟。宋紹聖初入元祐黨籍，隱居具茨山下，屢拒薦舉。有《具茨集》。

簡江子之求茶

政和密雲不作團，小夸寸許蒼龍蟠。金花絳囊如截玉，綠面仿佛松溪寒。人間此品那可得，三年聞有終未識。老夫於此百不忙，飽食但苦夏日長。北窗無風睡不解，齒頰苦澀思清凉。故人新除協律郎，交游多在白玉堂，揀牙鬥夸皆飫嘗。幸爲傳聲李太府，煩渠折簡買頭綱。〔宋〕晁冲之《具茨晁先生詩集》，明翻宋刻本。

韓駒

韓駒（1080—1135），宋仙井監（治所在今四川省仁壽縣）人，字子蒼，號陵陽先生。宋政和初，以獻頌補假將仕郎，召試，賜進士出身。嘗從蘇轍學，詩似儲光羲。有《陵陽先生詩》。

又謝送鳳團及建茶

白髮前朝舊史官，風罏煮茗暮江寒。蒼龍不復從天下，拭泪看君小鳳團。史官月賜龍茶。

山瓶慣識露芽香，細箬匀排訝許方。猶喜晚塗官樣在，密羅深碾看飛霜。〔宋〕韓駒《陵陽先生詩》卷四，清宣統二年（1910）沈曾植刊本。

劉一止

劉一止（1080—1161），宋歸安（治所在今浙江省湖州市）人，字行簡，號苕溪。宋宣和三年（1121）進士。博學多才，爲文敏捷，詩意高遠。有《非有齋類稿》，後改名《苕溪集》。

次韵建安劉彦衝學士寄茶一首

寒溪日漱枯腸潔，自志窮愁漸陋劣。故人不愛北苑春，更遣清甘嚅吻頰。只今相望如參商，武夷孤絶雲蒼茫。底事坐閲百鳥翔，要偕玉川風兩腋，高飛令吾墜君傍。〔宋〕劉一止《苕溪集》卷四，文淵閣《四庫全書》本。

王庭珪

王庭珪（1080—1172），宋安福（治所在今江西省安福縣）人，字民瞻，號盧溪。宋政和八年（1118）進士。博學兼通，工詩，尤精於《易》。有《盧溪先生文集》《易解》《滄海遺珠》等。

劉端行自建溪歸，數來鬥茶，大小數十戰。予懼其堅壁不出，爲作《鬥茶詩》一首，且挑之使戰也

亂雲碾破蒼龍璧，自言鏖戰無勁敵。一朝倒壘空壁來，似覺人

馬俱辟易。我家文開如此兒，客欲造門憂水厄。酒兵先已下愁城，破睡論功如破賊。惟君盛氣敢爭衡，重看鳴罷鬥春色。〔宋〕王庭珪《盧溪先生文集》卷四，明嘉靖五年（1526）刻本。

趙佶

趙佶，生平見《譜錄篇》。

宮詞

上春精擇建溪芽，攜向芸窗力鬥茶。點處未容分品格，捧甌相近比瓊花。〔明〕毛晉《二家宮詞》卷上，文淵閣《四庫全書》本。

李綱

李綱（1083—1140），宋邵武（治所在今福建省邵武市）人，自其祖始居無錫（治所在今江蘇省無錫市錫山區），字伯紀，號梁溪居士。宋政和二年（1112）進士。靖康中，組織東京保衛戰，屢次擊退金兵。有《梁溪集》。

建溪再得雪，鄉人以爲宜茶

閩嶺今冬雪再華，清寒芳潤最宜茶。泛甌欲鬥千金價，著樹先開六出花。圭璧[十二] 自須呈瑞質，旗槍未肯放靈芽。傳聞龍餅先春貢，已到鈞天玉帝家。〔宋〕李綱《梁溪先生文集》卷七，清道光十四年（1834）刻本。

春晝書懷

春院沉沉晝掩關，坐看雲起面前山。静中圖史尤多味，身外功名已厚顏。匣硯細磨鴝鵒眼，茶甌深泛鷓鴣斑。簿書粗[十三]了無餘事，更有何人似我閑。《梁溪先生文集》卷八。

吕本中

吕本中（1084—1145），宋壽州（治所在今安徽省壽縣）人，郡望東萊，字居仁，人稱東萊先生。宋紹興六年（1136）賜進士出身。歷官起居舍人、中書舍人兼侍講、權直學士院。工詩，得黃庭堅、陳師道句法。有《師友淵源録》《東萊先生詩集》等。

寄晁恭道、鄭德成二漕

二年住閩中，不識建溪茶。處處得殘杯，顧未愜齒牙。飢腸擁滯氣，病眼增昏花。故人持節來，憐我病有加。會當餉絶品，不但分新芽。蒼璧月墮曉，寶胯金披沙。一洗肝肺净，兀坐如還家。陰雨久不解，天氣復未佳。持詩寄兩公，請爲交舊誇。便續北苑譜，即日定等差。〔宋〕吕本中《東萊先生詩集》卷十五，《四部叢刊》本。

謝宇文漳州送茶

暑氣侵人病逾劇，虛堂坐調出入息。漳州太守送茶來，王圭小鳳俱無敵。太守憐我病無語，故遣此茶相勞苦。千金一餅君未許，百金一盞如潑乳。其它鬥芽未足數，下視紛紛等塵土。病夫未飲病先愈，坐覺爽氣生肺腑。城中車馬鬧如雨，更有樂善如君否？《東萊先生詩集》卷十五。

曾幾

曾幾（1084—1166），宋贛州（治所在今江西省贛州市）人，徙居河南（治所在今河南省洛陽市），字吉甫，號茶山居士。累除校書郎，歷江西、浙西提刑。爲文純正雅健，尤工詩。有《茶山集》等。

迪姪屢餉新茶二首

吾家今小阮，有使附書頻。喚起南柯夢，持來北苑春。顧余多下駟，況復似陳人。不是能分少，其誰遣食新。

救厨羞煮餅，掃地供爐芬。湯鼎聊從事，茶甌遂策勳。興來吾不淺，送似汝良勤。欲作柯山點，俗所謂衢點也。當令阿造分。造姪妙於擊拂。〔宋〕曾幾《茶山集》卷四，清乾隆《武英殿聚珍版叢書》本。

造姪寄建茶

汝已去閩嶺，茶酒猶粲然。買應從聚處，姪居三衢，俗言所出不如所聚。寄不下常年。洗滌盧仝碗，提携陸羽泉。予所居茶山泉名。無人分得好，更憶仲容賢。《茶山集》卷四。

嘗建茗二首

破除湯餅睡，倚賴建溪春。往日惟求舊，今朝遽食新。不辭濃似粥，少待細於塵。寶胯無多子，留須我輩人。

茅宇已初夏，茶甌方早春。真成湯沃雪，無復渴生塵。有客嘲三韭，其誰送八珍。不如藏去好，孤負一年新。《茶山集》卷四。

逮子得龍團勝雪茶兩胯以歸予，其直萬錢云

移人尤物衆談誇，持以趨庭意可嘉。鮭菜自無三九種，龍團空取十千茶。烹嘗便恐成灾怪，把玩那能定等差。賴有前賢小團例，一囊深貯只傳家。《茶山集》卷五。

李相公餉建溪新茗奉寄

一書說盡故人情，閩嶺春風入户庭。碾處曾看眉上白，茶家云：碾茶須令碾者眉白乃已。分時爲見眼中青。飯羹正晝成空洞，枕簟通宵失杳冥。無奈筆端塵俗在，更呼活火發銅瓶。《茶山集》卷六。

啜建溪新茗，李文授有二絕句，次韵

北焙今年但取陳，草芽過了二分春。爲君湔洗丁坑後，寶胯雲團一樣新。

鑿源今日爲君傾，可當杯盤瀉濁清。未到舌根先一笑，風爐石鼎雨來聲。《茶山集》卷八。

李正民

李正民（？—1151），宋揚州（治所在今江蘇省揚州市）人，字方叔。宋政和二年（1112）進士。累官中書舍人給事中、吏部侍郎。有《已酉航海記》《大隱集》。

余君贈我以茶，僕答以酒

投我以建溪北焙之新茶，報君以烏程若下之醇酒。茶稱瑞草世

所珍，酒爲美禄天之有。碾碎龍團乳滿甌，傾來竹葉香盈卣。滌煩療熱氣味長，消憂破悶釃酊久。君不見竟陵陸羽號狂生，細烟小鼎親煎烹。扁舟短棹江湖上，茶爐釣具常隨行。又不見沛國劉伶稱達士，捧罌銜杯忘世累。無思無慮樂陶陶，席地幕天聊快意。欲醉則飲酒，欲醒則烹茶。酒狂但酩酊，茶癖無容嗟。古今二者皆靈物，蕩滌肺腑無紛華。清風明月雅相得，君心自此思無邪。〔宋〕李正民《大隱集》卷七，清乾隆翰林院鈔本。

劉卿任嘗新茶於佛舍，元叔弟賦詩，次韵

禁籞初嘗瑞草新，侯邦仍得貴餘珍。笂籃帶霧分佳品，禪榻颺烟集衆賓。花乳清泠仙掌露，雲腴浮泛建溪春。草堂睡起傳佳句，愧我難陪清路塵。北苑春芽鬥後先，斲成圭璧任方圓。泉輕火活湯宜嫩，乳聚雲浮色更鮮。一種風流香味別，幾苞輻輳貴豪偏。華堂飲散纖纖捧，氣爽神清作地仙。《大隱集》卷九。

王洋

王洋（1087—1154），宋山陽（治所在今江蘇省淮安市）人，字元渤。宋宣和六年（1124）進士。紹興中，擢知制誥。善詩文，其詩極意鏤刻，文章以温雅見長。有《東牟集》。

嘗新茶

僧催坐夏麥留寒，吳人未御絺綌單。溪雲谷雨作昏翳，思假快飲消沈煩。商人遠處抱珪璧，千里來從建溪側。報云蟄户起驚雷，鞭走龍蛇鬼神力。色新茗嫩取相宜，留得一年春雪白。先修天貢奉珍團，次向人間散春色。僧窗虚白無埃塵，碾寬羅細杯勻匀。寒泉

一種已清絕，況此靈品天香新。人間富貴有除折，静中此味真殊絕。誰言僧飯獨蕭條，勝處誰容較優劣。〔宋〕王洋《東牟集》卷二，文淵閣《四庫全書》本。

張九成

張九成（1092—1159），宋錢塘（治所在今浙江省杭州市）人，字子韶，號橫浦居士，又號無垢居士。少游京師，從學於楊時。宋紹興二年（1132）進士，歷著作郎及禮部、刑部侍郎等職。研思經學，多有訓解。有《橫浦集》《孟子傳》等。

勾漕送建茶

我謫庾嶺下，年年餉焦坑。味雖輕且嫩，越宿苦還生。分甘嘗此品，敢望建溪烹。勾公道義重，不與炎凉并。持節漕七閩，風采照百城。冤苦盡昭雪，草木亦欣榮。得新未肯嘗，包封寄柴荆。罪罟敢當此，自碾供百靈。捧杯啜其餘，雲腴徹頂清。爽氣生几席，清飇起檐楹。頓覺凡骨蛻，疑在白玉京。整冠朝金闕，鳴佩謁東皇。須臾還舊觀，坐見百慮平。〔宋〕張九成《橫浦先生文集》卷一，宋刻本。

劉著

劉著（生卒年不詳），宋皖城（治所在今安徽省潛山縣）人，字鵬南，號玉照老人。宋宣和末（1125）進士，入金歷仕州縣。年六十餘始入翰林，爲修撰。終忻州刺史。

伯堅惠新茶、綠橘，香味鬱然，便如一到江湖之上，戲作小詩二首

建[十四]溪玉餅號無雙，雙井爲奴日鑄降。忽聽松風翻蟹眼，却疑春雪落寒江。

黄苞猶帶洞庭霜，翠袖傳看綠葉香。何待封題三百顆，只今詩思滿江鄉。〔清〕張豫章《御選宋金元明四朝詩·御選宋詩》卷十九。

釋慧空

釋慧空（1096—1158），宋福州（治所在今福建省福州市）人，號東山，俗姓陳。宋紹興二十三年（1153），住福州雪峰禪院，次年退歸東庵。有《東山慧空禪師語録》《雪峰空和尚外集》。

送茶化士

建溪深與吉山隣，勝氣潛通不在陳。但看吉山茶碗裏，雪花時現建溪春。

五湖雲水訪山家，不問親疏盡與茶。若省此茶來處者，出門風擺綠楊斜。

正味森嚴來處异，叢林多用顯家風。趙州一味客心盡，風穴三巡主意濃。要使人人開睡眼，且煩小小現神通。郝源北苑大雲際，盡入吉山茶碗中。〔宋〕釋慧空《雪峰空和尚外集》，日本正平貞治間（1346—1369）刻本。

送茶頭并化士

四海建溪茶，古今人所重。惟有禪家流，端的得受用。風穴出送行，香嚴用原夢。古佛老趙州，到與不到共。今者披秀翁，又作

如是供。階也分化權，空生與之頌。但得出處真，一用一切用。

物以甘柔趨所嗜，茶獨森嚴正其味。老僧得之其夢圓，張喉引喙欲談禪。小僧得之忘百慮，挑囊直入茶山去。僧無老少俱喜茶，問訊武夷仙子家。待我明年春睡醒，借爾郝源作茶鼎。

三昧酒，吃便醉，坐禪時，只瞌睡。輕輕未可悚動渠，送上茶山渠自會。見張三，逢李四，把得便行果靈利。一枝春信有來由，六出飛花不相類。到秀峰，真得地，四方老衲如雲至。跨著三門酌一杯，換却眼睛拈却鼻。鐵面老禪今健否，家居道舊想安然。飯香苦憶伊蒲饌，井冽還思甘露泉。

真門九湯雲起雪，貢餘徑寸玉無瑕。春寒不念山中事，歲歲封題記我家。

瓦盆雷動千山曉，橫嶺香傳兩袖風。添得老禪精彩好，江西一吸兔甌中。

今我老無崖險句，送人行不折楊花。前頭有問又須道，黃面禪和吃釅茶。

衲僧手眼親，把得是日用。左乞建溪茶，右化連江供。快拈兩條蛇，并作一手弄。行看臘雪消，便是春雷動。

披秀三句二偈，與寵爲茶佛事。法味法樂法財，資神資生資惠。使於施受之間，而無虛得虛弃。我亦未證其中，乃就其中出氣。截却嬌梵舌根，捩轉衲僧巴鼻。來者滿與一甌，看伊東倒西醉。既醉各各起來，門外曉山橫翠。用秀峰韵與寵化主。

當陽一印妙無文，慚愧東山有子孫。是聖是凡齊印定，不妨持鉢扣人門。

至辱莫若乞，至樂在無求。苟得無求旨，雖乞吾何羞。道人白雲居，心與白雲儔。明朝出山去，迫夏歸來不？盡大地是吾檀越，梅花杏花先後發。綠楊陰下問長安，門門有路皆通達。祖師禪，活鱍鱍，長秔米飯抄滿鉢。

佛子平居觀世間，皆謂圓融無雜壞。使其應入如所觀，與奪交馳還窒閡。我嘗行乞今示汝，要得圓成先擊碎。一毛不立等刹塵，八面俱來無向背。如探有無於懷中，如問可不於自己。有無可不非外來，是中欲誰爲慍喜。佛子當持此法門，入此界中而示現。丹山紅爐爲汝開，歲晚歸來金百鍊。持在護國。

道人隨處展家風，酒肆魚行有路通。但得堂中鹽米辦，吉山佛法自興隆。

佛與衆生舊有緣，入塵一句更爲宣。眼前不用生貪戀，三界無安若火煎。

達人不見塵中隘，爲有而今這一解。長柄笊籬入手來，倒用橫拈風雨快。南街打到北街頭，東園乞得西園菜。阿呵呵，也奇怪，他家自有通人愛。《雪峰空和尚外集》。

朱松

朱松（1097—1143），宋婺源（治所在今江西省婺源縣）人，字喬年，號韋齋。朱熹父。宋政和八年（1118）同上舍出身，授政和縣尉，更調尤溪縣尉。累官司勳、吏部郎。有《韋齋集》。

次韵堯端試茶

龍文新夸薦緗羅，園吏分嘗苦未多。自瀹雲腴斟露井，坐知雪粒采陽坡。撐腸君要澆黃卷，愛酒渠方捲白波。我亦個中殊不淺，斷無踪迹到無何。〔宋〕朱松《韋齋集》卷四，明弘治十六年（1503）鄺璠刻本。

陳淵

陳淵（？—1145），宋沙縣（治所在今福建省三明市沙縣區）人，字知默，世稱默堂先生。初名漸，字幾叟。宋紹興七年（1137），以胡安國薦，賜進士出身。爲楊時門人及女婿，不喜仕進，專心治學。有《默堂集》。

留龍居士試建茶，既去，輒分送并頌寄之

未下鈐鎚墨如漆，已入篩羅白如雪。從來黑白不相融，吸盡方知了無別。老龍過我睡初醒，爲破雲腴同一啜。舌根回味只自知，放盞相看欲何説。〔明〕喻政《茶書》信部。

曹勳

曹勳（1098—1174），宋陽翟（治所在今河南省禹縣）人，字公顯，一作功顯，號松隱。以父恩補承信郎。宋宣和五年（1123）進士。有《北狩見聞録》《松隱文集》。

余比出疆，以茶遺館伴，乃云"茶皆中等。此間於高麗界上置茶，凡二十八九緡可得一夸，皆上品也"。予力辯所自來，謂"所遺皆御前絶品"。他日相與烹試，果居其次，傷爲猾夷所誚，因得一詩

年來建茗甚紛紜，官焙私園總混真。圓璧方圭青箬嫩，絳苞黄角彩題均。未論潔白衷腸事，只貢膏油首面新。世乏君謨與桑苧，翻令衡鑒入殊鄰。〔宋〕曹勳《松隱文集》卷十五，清劉氏嘉業堂刻本。

代廣漕劉元舉謝趙相茶

龍焙黄封錫有功，謹嚴正味德相同。便知鈞播無求備，更借扶南兩腋風。方圭圓璧貢春前，上相分阶自九天。何止芳薌禦魑魅，要知紅日在斜川。《松隱文集》卷二十。

謝崇上人惠新茶

春入閩溪草木香，靈芽一夕一絲長。上人自是春風手，分與閑人齒頰芳。《松隱文集》卷二十。

丘崈

丘崈（1101—?），宋甌寧（治所在今福建省建甌市）人，字元山，小名説郎，小字夢良。宋紹興十八年（1148）進士。

武夷茶

烹茶人换世，遺竈水中央。千載公仍至，茶成水亦香。〔明〕喻政《茶書》信部。

鄭樵

鄭樵（1104—1162），宋莆田（治所在今福建省莆田市）人，字漁仲，號溪西遺民。隱居夾漈山著書三十年，後人遂稱其爲"夾漈先生"。多次向朝廷獻所著《通志》。宋紹興中以薦召對，官禮、兵部架閣，樞密院編修。有《通志》《夾漈遺稿》等。

采茶行

春山曉露洗新碧，宿鳥倦飛啼石壁。手携桃杖歌行役，鳥道紆迴愜所適。千樹朦朧半含白，峰巒高低如几席。我生偃蹇耽幽僻，撥草驅烟頻躡屐。采采前山慎所擇，紫芽嫩綠敢輕擲。龍團佳製自往昔，我今未酌神先懌。安得龜蒙地百尺，前種武夷後鄭宅。<small>鄭宅爲先別駕公所居。</small>逢春吸露枝潤澤，大招二陸栖魂魄。〔宋〕鄭樵《夾漈遺稿》卷一，文淵閣《四庫全書》本。

王十朋

王十朋（1112—1171），宋樂清（治所在今浙江省樂清市）人，字龜齡，號梅溪。宋紹興二十七年（1157）進士。曾數次建議整頓朝政，起用抗金將領。孝宗立，力陳抗金恢復之計。歷知饒、夔、湖、泉諸州，救災除弊，有治績。有《梅溪集》等。

王撫幹<small>蒙</small>贈蘇黃真迹，酬以建茶

蘇黃文章外，翰墨亦莫加。蘇得魯公法，黃自成一家。肥無塵俗點，瘦或風雨斜。可愛如其人，敬之無逾遐。真迹落人間，蔀屋生光華。我無一字藏，天遣來三巴。吾宗東州秀，文翰俱可嘉。袖中出至寶，雙眸洗昏花。歸橐今不貧，持往東南誇。何以報嘉貺，龍團建溪芽。〔宋〕王十朋《宋王忠文公文集》卷二十七，清雍正七年（1729）刻本。

伏日與同僚游三友亭

炎天過小雨，伏日生微涼。新亭會僚友，故事開壺觴。<small>用番陽回</small>

望亭、去年瑞白堂故事。泉汲臥龍乳，茶烹團鳳香。緬懷去年友，跳珠出詩章。《宋王忠文公文集》卷三十三。

與二同年觀雪於八陣臺，果州會焉。酌酒論文，煮惠山泉，瀹建溪茶，誦少陵"江流石不轉"之句，復用前韻

吾儕風味雅同科，領略江山逸興多。諸葛陣圖臺上看，少陵詩句酒中哦。惠山活水煎茶白，勝已高峰帶雪旙。絕境況逢三五馬，定將好句壓隨何。《宋王忠文公文集》卷三十七。

會同僚於郡齋，煮惠山泉，烹建溪茶，酌瞿唐春

錫泉龍焙忽飛來，春著瞿唐初潑醅。腸似玉川堪七碗，興如太白謾三杯。月團不許無詩得，霜蕊端因有分開。王撫幹以晚菊一盆來，頗佳。石銚瓦盆吾已具，竹林它日定相陪。《宋王忠文公文集》卷三十七。

知宗示提舶贈新茶詩，某未及和。偶見建[十五] 守送到小春分四餅，因次其韻

建安分送建溪春，驚起松堂午夢人。盧老書中纔見面，范公碾畔忽飛塵。十篇北苑詩無敵，兩腋清風思有神。日鑄臥龍非不美，賢如張禹想非真。《宋王忠文公文集》卷三十八。

趙仲永以御茗密雲龍、薰衣香見贈，仍惠小詩，次韻

天上人回餅賜龍，香沾衣袖十分濃。明珠照室光生艷，三絕全勝萬石封。《宋王忠文公文集》卷四十三。

韓元吉

韓元吉（1118—?），祖籍宋開封雍丘（治所在今河南省杞縣），南渡後居信州上饒（治所在今江西省上饒市），字無咎，號南澗翁。交游甚廣，與陸游、朱熹等多有唱和。有《南澗甲乙稿》。

次韵沈信臣游龍焙

武夷仙人厭塵埃，金鞭白馬飛崔嵬。丹砂已就不可識，尚有瑤草分靈栽。千花剪巧綴密露，秀色不待春風催。東溪路入三千里，山如舞鳳連翩來。槍旗未動供采掇，罍鼓夜作空山雷。蒼虹繞圭龍護璧，面爲鐵石口瓊瑰。烹煎鬥水出好事，珠瓔玉字相縈迴。已嗟雙井甘退步，況復日注真難儕。我來竊食端爲此，把玩一日三徘徊。手剷清泉吊陸子，底用濁酒窮歡咍。頭風快愈春睡散，老眼尚爲群書開。知君此游更不惡，坐有纖纖時捧杯。杜牧之詩"茗碗纖纖捧"，信臣載後乘以游，故云。〔宋〕韓元吉《南澗甲乙稿》卷二，清乾隆《武英殿聚珍版叢書》本。

章甫

章甫（生卒年不詳），宋鄱陽（治所在今江西省鄱陽縣）人，徙居真州，字冠之，自號易足居士。性豪放不羈。有《自鳴集》。

謝韓無咎寄新茶

武夷仙翁冰雪顏，建寧府中春晝閑。揮毫醉寫烏絲欄，新茗續煎扶玉山。應念窮愁寄空谷，頭白眼眵書懶讀。殷勤題裹寄春風，澆我從來藜莧腹。別公宛陵今五春，渴心何啻生埃塵。平生不識七閩路，夢魂欲往山無數。〔宋〕章甫《自鳴集》卷二，文淵閣《四庫全書》本。

陸游

陸游（1125—1210），宋山陰（治所在今浙江省紹興市）人，字務觀。游以文字交，不拘禮法，人譏其頹放，故自號放翁。工詞及散文，尤長於詩。其詩多沉鬱頓挫，感激豪宕之作。有《劍南詩稿》《渭南文集》《南唐書》《老學庵筆記》等。

飯罷碾茶戲書

江風吹雨暗衡門，手碾新茶破睡昏。小餅戲龍供玉食，今年也到浣花村。〔宋〕陸游《劍南詩稿》卷七，明汲古閣本。

建安雪

建溪官茶天下絕，香味欲全須小雪。雪飛一片茶不憂，何況蔽空如舞鷗。銀瓶銅碾春風裏，不枉年來行萬里。從渠荔子腴玉膚，自古難兼熊掌魚。《劍南詩稿》卷十一。

試茶

北窗高臥鼾如雷，誰遣香茶挽夢回。綠地毫甌雪花乳，不妨也道入閩來。《劍南詩稿》卷十一。

十一月上七日，蔬飯驛嶺小店

新秔炊飯白勝玉，枯松作薪香出屋。冰蔬雪菌競登槃，瓦鉢氈巾俱不俗。曉途微雨壓征塵，午店清泉帶脩竹。建溪小春初出碾，一碗細乳浮銀粟。老來畏酒厭芻豢，却喜今朝食無肉。尚嫌車馬苦縻人，會入青雲騎白鹿。《劍南詩稿》卷十三。

喜得建茶

玉食何由到草萊，重奩初喜坼封開。雪霏庾嶺紅絲磑，乳泛閩溪綠地材。舌本常留甘盡日，鼻端無復鼾如雷。故應不負朋游意，手挈風爐竹下來。《劍南詩稿》卷四十五。

余邦英惠小山新芽，作小詩三首以謝（其一）

家園破社得鷹爪，舌本初參便到眉。忽喜雲腴來建苑，坐令渴肺生華滋。《劍南詩稿·放翁逸稿》。

周必大

周必大（1126—1204），宋廬陵（治所在今江西省吉安市）人，字子充，又字洪道，號省齋居士，晚號平園老叟。宋紹興二十一年（1151）進士。淳熙中，任左丞相。工文詞，有《玉堂類稿》《玉堂雜記》《平園集》《省齋集》等，後人匯爲《益國周文忠公全集》。

胡邦衡生日以詩送北苑八銙、日注二瓶

賀客稱觴滿冠霞，樓名。懸知酒渴正思茶。尚書八餅分閩焙，主簿雙瓶揀越芽。見梅聖俞《謝宣城主簿》詩。妙手合調金鼎鉉，清風穩到玉皇家。明年敕使宣臺餽，莫忘幽人賦葉嘉。〔清〕吳之振《宋詩鈔》卷五十八。

楊萬里

楊萬里（1127—1206），宋吉水（治所在今江西省吉水縣）人，字廷秀，號誠齋。宋紹興二十四年（1154）進士。工詩，自成誠齋體，與尤袤、范成大、陸游并稱"中興四大家"。有《誠齋集》。

澹庵坐上觀顯上人分茶

分茶何似煎茶好？煎茶不似分茶巧。蒸水老禪弄泉手，隆興元春新玉爪。二者相遭兔甌面，怪怪奇奇真善幻。紛如擘絮行太空，影落寒江能萬變。銀瓶首下仍居高，注湯作字勢嫖姚。不須更師屋漏法，只問此瓶當響答。紫微仙人烏角巾，喚我起看清風生。京塵滿袖思一洗，病眼生花得再明。漢鼎難調要公理，策勛茗碗非公事。不如回施與寒儒，歸續《茶經》傳衲子。〔宋〕楊萬里《誠齋集·江湖集》卷二，日本宮內廳書陵部藏南宋理宗端平元年至二年（1234—1235）刻本。

朝飯罷登净遠亭

近水孤亭迥，縈城一徑斜。霜林烏鵲國，冰岸鷺鷥家。殊覺冬曦暖，還拈小扇遮。傳呼惠山水，來瀹建溪茶。《誠齋集·荆溪集》卷十一。

謝木韞之舍人分送講筵賜茶

吳綾縫囊染菊水，蠻砂塗印題進字。淳熙錫貢新水芽，天珍誤落黃茅地。故人鸞渚紫微郎，金華講徹花草香。宣賜龍焙第一綱，殿上走趨明月璫。御前啜罷三危露，滿袖香烟懷璧去。歸來拈出兩蜿蜒，雷電晦冥驚破柱。北苑龍芽内樣新，銅圍銀範鑄瓊塵。九天寶月霏五雲，玉龍雙舞黃金鱗。老夫平生愛煮茗，十年燒穿折腳鼎。下山汲井得甘冷，上山摘芽得苦梗。何曾夢到龍游窠，何曾夢吃龍芽茶。故人分送玉川子，春風來自玉皇家。鍛圭椎璧調冰水，烹龍庖鳳搜肝髓。石花紫笋可衙官，赤印白泥牛走爾。故人氣味茶樣清，故人風骨茶樣明。開緘不但似見面，叩之咳唾金石聲。麴生勸人墮巾幘，睡魔遣我拋書册。老夫七碗病未能，一啜猶堪坐秋夕。《誠齋集·南海集》卷十七。

陳蹇叔郎中出閩漕別送新茶，李聖俞郎中出手分似

頭綱別樣建溪春，小璧蒼龍浪得名。細瀉谷簾珠顆露，打成寒食杏花餳。鷓斑碗面雲縈字，兔褐甌心雪作泓。不待清風生兩腋，清風先向舌端生。《誠齋集·朝天集》卷十九。

謝福建提舉應仲實送新茶

詞林應瑒繡衣新，天上茶仙月外身。解贈萬釘蒼玉胯，分嘗一點建溪春。三杯大道醺然後，七碗清風爽入神。聞道閩山官況好，何時乞得兩朱輪。《誠齋集·朝天集》卷二十。

夢作碾試館中所送建茶絶句

天上蓬山新水芽，群仙遠寄野人家。坐看寶帶黃金銙，吹作春風白雪花。《誠齋集·江西道院集》卷二十五。

朱熹

朱熹（1130—1200），祖籍宋徽州婺源（治所在今江西省婺源

縣），出生於尤溪（治所在今福建省尤溪縣），字元晦，號晦庵。朱熹以孔孟思想爲基礎，集北宋諸儒思想之大成，建構了以"理"爲核心、博大精深的思想體系。有《四書章句集注》《晦庵先生朱文公文集》等。

春谷

武夷高處是蓬萊，采得靈根手自栽[十六]。地僻芳菲鎮長在，谷寒蜂蝶未全來。紅裳似欲留人醉，錦障何妨爲客開。飲罷醒心何處所，遠山重叠翠成堆。〔宋〕朱熹《晦庵先生朱文公文集》卷三，《四部叢刊》本。

武夷精舍雜咏·茶竈

仙翁遺石竈，宛在水中央。飲罷方舟去，茶烟裊細香。《晦庵先生朱文公文集》卷九。

袁樞

袁樞（1131—1205），宋建安（治所在今福建省建甌市）人，字機仲。試禮部，詞賦第一。歷太府丞兼國史院編修，權工部侍郎兼國子祭酒等。有《易傳解義》《童子問》等。

武夷茶

摘茗蜕仙岩，汲水潛虬穴。旋然石上竈，輕泛甌中雪。清風已生腋，芳味猶在舌。何當棹孤舟，來此分餘啜。〔明〕喻政《茶書》信部。

張栻

張栻（1133—1180），宋綿竹（治所在今四川省綿竹市）人，字敬夫，一作欽夫，又字樂齋，號南軒，後人稱南軒先生。乾道初，主講岳麓書院、城南書院。官至知江陵府、荆湖北路安撫使。師從胡宏，爲湖湘學派代表人物。與朱熹、呂祖謙并稱"東南三賢"。有《易説》《論語解》《孟子説》《南軒先生文集》《張宣公全集》等。

和安國送茶

官焙蒼雲小卧龍，使君分餉自題封。打門驚起曲肱夢，公案從今又一重。〔宋〕張栻《南軒先生文集》卷五，明嘉靖繆輔之刻本。

歲晚烹試小春建茶

陽月藏春妙莫窺，靈芽粟粒露全機。煮泉獨啜寒窗夜，已覺東風天際歸。《南軒先生文集》卷七。

定叟弟頻寄黄蘖仰山新芽，嘗口占小詩，
適灾患亡聊久不得遣寄，今日方能寫此

瘴雨昏昏梅子黄，午窗歸夢一繩床。江南雲腴忽到眼，中有吾家棠棣香。

集雲峰頂風霜飽，黄蘖^[十七]洲前水石清。不入貢包供玉食，祇應山澤擅高名。坡公貶草茶，未爲確論。予謂建茶如臺閣勝士，草茶之佳者如山澤高人。各有風致，未易疵也。《南軒先生文集》卷七。

曹冠

曹冠（生卒年不詳），宋東陽（治所在今浙江省東陽市）人，字宗臣，一字宗元，號雙溪。宋紹興二十四年（1154）進士，孝宗時復登乾道五年（1169）進士。有《燕喜詞》《忠誠堂集》。

朝中措·茶

春芽北苑小方圭。碾畔玉塵飛。金箸春蔥擊拂，花瓷雪乳珍奇。

主人情重，留連佳客，不醉無歸。邀住清風兩腋，重斟上馬金卮。〔宋〕曹冠《燕喜詞》，清道光《別下齋叢書》本。

定風波

萬個琅玕篩日影，兩堤楊柳蘸漣漪。鳴鳥一聲林愈靜。吟興。未曾移步已成詩。

旋汲清湘烹建茗，時尋野果勸金卮。況有良朋談妙理。適意。此歡莫遣俗人知。《燕喜詞》。

白玉蟾

白玉蟾（1134—1229），先世居閩清（治所在今福建省閩清縣），生於宋瓊州（治所在今海南省海口市瓊山區），字白叟，又字如晦，號海瓊子，又號海蟾。入道武夷山。初至雷州，繼爲白氏子，自名白玉蟾。有《海瓊集》《道德寶章》《羅浮山志》。

武夷茶

仙掌峰前仙子家，客來活火煮新茶。主人遥指青烟裏，瀑布懸崖剪雪花。〔明〕喻政《茶書》信部。

水調歌頭·咏茶

二月一番雨，昨夜一聲雷。槍旗争展，建溪春色占先魁。采取枝頭雀舌，帶露和烟搗碎，煉作紫金堆。碾破香無限，飛起緑塵埃。

汲新泉，烹活火，試將來。放下兔毫甌子，滋味舌頭回。唤醒青州從事，戰退睡魔百萬，夢不到陽臺。兩腋清風起，我欲上蓬萊。〔宋〕白玉蟾《瓊琯白真人集》，《道藏輯要》本。

樓鑰

樓鑰（1137—1213），宋鄞縣（治所在今浙江省寧波市）人，字大防，自號攻媿主人。宋隆興元年（1163）進士。曾隨汪大猷出使金朝，按日記叙途中所聞，寫成《北行日録》。官至參知政事。通貫經史，文辭精博，講求實學。學宗朱熹，性喜藏書。有《攻媿集》等。

謝黄汝濟教授惠建茶并惠山泉

幾年不泛浙西船，每憶林間訪惠泉。雅好誰如廣文老，親携直到病夫前。細傾瓊液清如舊，更瀹雲芽味始全。或問此爲真品否，其中自有石如拳。〔宋〕樓鑰《攻媿集》卷十，《四部叢刊》本。

168

袁説友

袁説友（1140—1204），宋建安（治所在今福建省建甌市）人，字起巖，號東塘居士。宋隆興元年（1163年）進士。歷仕四朝，累任太府少卿、户部侍郎、參知政事。其奏疏多切中時弊，發揚正氣，學問淵博，留心典籍。組織編纂《成都文類》《高宗實録》等，撰有《東塘集》，已佚，清四庫館臣據《永樂大典》輯爲二十卷。

惠相之惠顧渚芽，答以建茗

一室環三徑，諸郎讀五車。山高空鎖翠，澗闊自流花。輟我閩山焙，酬君顧渚芽。書來驚歲晚，老去各天涯。〔宋〕袁説友《東塘集》卷三，清乾隆翰林院鈔本。

鬥茶

截玉誇私鬥，烹泉測嫩湯。稍堪膚寸舌，一洗莧藜腸。千枕消魔障，春芽敵劍鋩。年年較新品，身老玉甌嘗。《東塘集》卷三。

遺建茶於惠老

東入吴中晚，團龍第一區。政須香齒頰，莫慣下薑鹽。笑我便搜攪，從君辨苦甜。更煩揮妙手，銀粟看纖纖。《東塘集》卷三。

沈無隱國正惠殿廬所賜香茶

公論歸吾黨，平生只故人。近書時遣況，舊雨日相親。茶輟閩山貢，香分御府珍。煩[十八]公文石陛，回首雪溪濱。《東塘集》卷三。

袁燮

袁燮（1144—1224），宋鄞縣（治所在今浙江省寧波市）人，字和叔，號絜齋。師事陸九淵。宋淳熙八年（1181）進士。官至禮部侍郎。有《絜齋集》等。

謝吳察院惠建茶

佳茗世所珍，聲名競馳逐。建溪拔其萃，餘品皆臣僕。先春擷靈芽，妙手截玄玉。形模正而方，氣韻清不俗。故將比君子，可敬不可辱。御史萬夫特，剛腸憎軟熟。味此道之腴，清泠肺肝沃。精新未多得，烹啜不忍獨。磊落分貢包，殷勤寄心曲。斯時屬徂暑，低頭困煩溽。一甌瀹花乳，精神驚滿腹。此物雪昏滯，敏妙如破竹。誰知霜臺杰，功用更神速。莫辭風采凜，要使班列肅。一朝奮孤忠，萬代仰高躅。〔宋〕袁燮《絜齋集》卷二十三，清乾隆《武英殿聚珍版叢書》本。

韓淲

韓淲（1159—1224），宋上饒（治所在今江西省上饒市）人，字仲止，號澗泉。清高絕俗，恬於榮利。入仕不久即歸，一意以吟咏爲事。有《澗泉日記》《澗泉集》。

次韵建倅德久林秘書寄貢餘

鐵獅峰前鳳山陽，泉甘土肥靈草香。丁蔡好事作土貢，到今題裹歸朝綱。密雲壽圭脫寶胯，鎖鑰銀白羅帕黃。春風玉食睿思殿，歲歲屬望天一方。恩沾臣鄰講讀處，賜啜更覺昭回光。龍鳳大團小團耳，且如頭茶安得嘗。餘珍踵例及守漕，屬幕亦得酬官忙。平分風月石渠老，分餉乃欲顛倒搜我腸。〔宋〕韓淲《澗泉集》卷六，清乾隆翰林院鈔本。

徐璣

徐璣（1162—1214），宋永嘉（治所在今浙江省永嘉縣）人，字文淵，一字致中，號靈淵。曾任建安主簿，監造貢茶。工詩。有《泉山集》《二薇亭集》。

監造御茶有所爭執

森森壑源山，裊裊壑源溪。修修桐樹林，下蔭茶樹低。桐風日夜吟，桐雨灑霏霏。千叢高下青，一叢千萬枝。龍在水底吟，鳳在山上飛。异物呈嘉祥，上奉玉食資。臘餘春未新，素質蘊芳菲。千夫喏登壟，叫嘯風雷隨。雪芽細若針，一夕吐清奇。天地發寶秘，神鬼不敢知。舊制遵御膳，授職各有司。分綱製品目，簿尉監視之。雖有領督官，焉得專所爲。初綱七七夸，次綱數弗差。一以薦郊廟，二以瀹賓師。天子且謙受，他人奚可希。奈何貪瀆者，憑陵肆奸欺。品嘗珍妙餘，倍稱求其私。初作狐兒媚，忽變狼虎威。巧計百不行，叱怒面欲緋。再拜長官前，茲事非所宜。性命若螻蟻，蠢動識尊卑。朝廷設百官，責任無細微。所守儻在是，恪謹焉可違。君一臣取二，千古明戒垂。以此得重劾，刀鋸弗敢辭。移官責南浦，奉命去若馳。回首鳳皇翼，雨露生光輝。〔宋〕徐璣《二薇亭詩集》，文淵閣《四庫全書》本。

釋居簡

釋居簡（1164—1246），宋潼川（治所在今四川省三臺縣）人，字敬叟，號北磵。俗姓龍。有《北磵文集》《北磵詩集》《北磵外集》《語録》等。

謝司令惠賜茶

昨尋密齋覓茶吃，倒屣踉蹌笑相逆。一杯青白勝黃白，好風兩袖來無迹。晴窗午景浣風味，露飽秋蟬謾塵蜕。周詩雖記苦如茶，浮俗但知濃若醴。歸來急足敲晨扉，香鬱密雲光陸離。圭零璧碎不復惜，自候泣蚓聲悲嘶。不妨爲佛先拈出，油然雪乳翻秋色。更需佳士細商評，我恐眼中無此生。〔宋〕釋居簡《北磵詩集》卷二，日本内閣文庫藏覆宋本。

劉簿分賜茶

吁嗟草木之擅場，政和御焙登俊良。雙龍小鳳取巧制，斷璧零圭誇襲藏。晴窗團玉手自碾，旋爇鐵坏玄兔盞。瓦瓶只候蚯蚓泣，不復浪驚浮俗眼。卯金之子我所識，户外青藜[十九]扶太一。十襲携來訪賞音，清白猶能勝黃白。君家阿伶兩眼花，以德頌酒不頌茶。遂令手閱三百片，風味盡在山人家。潮從委羽山前漲，少得清漣入瓶盎。瓢瀹天漿睡足時，香繽絲綸九天上。《北磵詩集》卷二。

經筵賜茶，楊文昌席上得"貴"字

龍泓薦春甘，茶荈絶衆卉。屑瓊作玄玉，不惜萬金費。厥貢來四方，特立建溪貴。諸儒方重席，飄飄凌雲氣。方圭與團璧，錫自

172

一經既。得從稽古力，不敵稽古味。小苦政不惡，回甘亦差慰。雪漲忽翻乳，珠碎僅成璣。月團三百片，下下敢仿佛。宏功適胥稱，厚享可無謂。餘瀝逮蔬笋，疏瀹固所畏。悠然記新分，嘉定次癸未。《北磵詩集》卷四。

陳宓

陳宓（1171—1230），宋莆田（治所在今福建省莆田市）人，字師復，號復齋。少從朱熹學。歷知安溪縣、知南康軍等，多有惠政。有《復齋先生龍圖陳公文集》《讀通鑒綱目》《唐史贅疣》《春秋三傳鈔》等。

游武夷（其三）

武夷山上生春茶，武夷溪水清見沙。含溪嚼茶坐盤石，悵惘欲趁西飛霞。〔宋〕陳宓《復齋先生龍圖陳公文集》卷四，清鈔本。

陳夢庚

陳夢庚（1190—1267），宋閩縣（治所在今福建省福州市）人，字景長，號竹溪。宋嘉定十六年（1223）進士。歷知廬陵縣、通判泉州。有《竹溪詩稿》。

武夷茶

儘誇六碗便通靈，得似仙山石乳清。此水此茶須此竈，無人肯說與端明。〔明〕喻政《茶書》信部。

陳塤

陳塤（1197—1241），宋鄞縣（治所在今浙江省寧波市）人，字和仲。宋嘉定十年（1217）進士。官至吏部侍郎。

謝趙憲副使惠建茶

貢餘自合到侯王，誰遣甘芳入筧腸。野客驚看龍鳳銙，家人學試蟹魚湯。題來諫議三封印，分到尚書八餅綱。盡灑從前腥腐氣，時時澆取簡編香。〔清〕鄭傑輯，陳衍補訂《閩詩録》丙集卷十三，清宣統三年（1911）刻本。

張侃

張侃（生卒年不詳），宋揚州（治所在今江蘇省揚州市）人，寓居吳興（治所在今浙江省湖州市吳興區），字直夫。歷官上虞丞。爲詩清雋圓轉，時有閑淡之致。有《拙軒集》。

象田老饋山茶，用東坡先生韻奉寄

前時著脚清净坊，山童殷勤進山茗。半杯春雲滿晴空，午困曹騰頓能醒。山深有鳥聲清圓，俗名搗藥頗堪聽。從來不起市朝想，定亦久知存所性。何如搗茶伴老衲，疾病去盡竟歸正。數株寒菊帶秋清，一篆香烟留日永。顧我服官走芳塵，心雖超悟力未猛。氣猿意馬難同防，未免稍縱肆頑獷。人言茶味怕齒知，日漸月漬遣胃冷。不然除膩立奇勛，氣象森嚴費忠鯁。建溪早芽細如針，來春喊聲遍山嶺。銅模新製號鳳團，絳紗斜紉護龍餅。竹窗拂拭金石堅，

碾破霏霏光炯炯。舊曾識此今罕見，山茗一旗生舜井。冠裳不加貌
自若，厥包斷不請僥倖。須知老衲定中人，任柳生肘木生癭。〔宋〕
張侃《拙軒集》卷二，文淵閣《四庫全書》本。

危徹孫

　　危徹孫（？—1307），宋末元初邵武軍（治所在今福建省邵武
市）人。宋咸淳元年（1265）進士。其他事迹不詳。

北苑御茶園詩

　　大德九年，歲在乙巳暮春之初，薄游建溪，陟鳳山，觀北苑，獲聞修貢
本末及茶品後先，與夫製造器法名數，輒成古詩一章，敬紀其實。

　　建溪之東鳳之嶼，高軋羨山凌顧渚。春風瑞草茁靈根，數百年
來修貢所。每歲豐隆啟蟄時，結蕾含珠綴芳稆。探擷先春白雪芽，
雀舌輕纖相次吐。露華厭浥□□□，□□森森日蕃廡。園夫采采及
晨晞，薄暮持來溢筐筥。玉池藻井御泉甘，灠瀹芬馨浮釣釜。槽床
壓溜焙銀籠，碧色金光照窗戶，仍稽舊制巧爲團。錚錚月輾
□□□，□□入曰偃槍旗。白茶出匣凝鍾乳，駢臻多品各珍奇，一
一前陳粲旁午。雕鏤物象妙工倕，鉅細圓方應規矩。飛龍在版大小
龍版。間珠窠，大龍窠。盤鳳栖碟便玉杵。鳳砧。萬壽龍芽自奮張，
萬壽龍芽。萬春鳳翼雙翔舞。宜年萬春。瑞雲宜兆見雩祥，瑞雲祥龍。
密雲應釀西郊雨。密雲小龍。娟娟玉葉綴芳叢，玉葉。粲粲金錢出圖
府。金錢。玄霙作雪散瑤華，雪英。綠葉屯雲紛翠縷。雲葉。又看勝
雪炯冰紈，龍團勝雪。更覯卿雲下琳宇。玉清慶雲。上苑報春梅破梢，
上苑報春。南山應瑞芝生礎。南山應瑞。寸金爲珙稱縉紳，寸金。橢玉
成圭堪藉組。玉圭。葵心一點獨傾陽，蜀葵。花面齊開知向主。御苑。

壽無可比比璇霄，<small>無比壽芽。</small>年孰爲宜宜寶聚。<small>宜年寶玉。</small>溯源何自肇嘉名，歸美祈年義多取。粵從禹貢著成書，菫荼僅賦周原膴。爾來傳記幾千年，未聞此貢繇南土。唐宮臘面初見嘗，汴都遣使遂作古。高公端直國藎臣，創述加詳刻詩譜。迄今□語世相傳，當日忠誠公自許。聖朝六合慶同寅，草木山川爭媚嫵。汝南元帥渤海公，搜討前模闢荒圃。象賢有子侍彤闈，擁旆南轅興百堵。丹楹黼座儼中居，廣厦穹堂廊閟廡。清瀯迎風灑御園，紅雲映日明花塢。和氣常從勝境游，忱恂能格明□與。涵濡苞體倍芳鮮，修治□□□□楚。穀羌躬率郡臣□，緘題拜稽充庭旅。驛騎高□六尺駒，□□遥通九關虎。懸知玉食燕閑餘，雪花浮碗天爲舉。臣子勤拳奉至尊，一節真純推萬緒。□□聖主愛黎元，常慮顛崖□□□。朱草抽莖醴出泉，□□□□報君父。欲將此意質端明，□□□□□□。〔明〕喻政《茶書》信部。

趙若槸

趙若槸（生卒年不詳），宋末元初崇安（治所在今福建省武夷山市）人，字自木，號霽山。宋咸淳十年（1274）進士。元初授同安縣尹，不就。喜徜徉山水間，人以陶淵明、阮籍輩目之。

武夷茶

和氣滿六合，靈芽生武夷。人間渾未覺，天上已先知。石乳沾餘潤，雲根石髓流。玉甌浮動處，神人洞天游。〔明〕喻政《茶書》信部。

杜本

杜本（1276—1350），元清江（治所在今江西省樟樹市）人，字伯原，號清碧。隱居不仕。有《清江碧嶂集》。

咏武夷茶

春從天上來，噓咈通寰海。納納此中藏，萬斛珠蓓蕾。〔清〕董天工《武夷山志》卷十九，清乾隆十六年（1751）董勤刻本。

唐桂芳

唐桂芳（1299—1371），元歙縣（治所在今安徽省歙縣）人，一名仲，字仲實，號白雲，又號三峰。元至正中，歷官崇安縣教諭、南雄路學正。入明，攝紫陽書院山長。有《白雲集》等。

二月六日，偕善先羅照磨游武夷，舟中有作

溪水粼粼淺見沙，隔籬知是野人家。心忘濁世無過酒，面對青山自啜茶。三尺篷窗低似屋，數株桃樹爛如霞。武夷若許尋仙路，爲借西風八月槎。

筆勢翩翩錐畫沙，相逢況是老詩家。廣文官冷常無飯，使客神清只愛茶。苔蝕殘碑忘歲月，樹籠古洞隔烟霞。幔亭宴罷無消息，欲駕張騫海上槎。

梅花香月印溪沙，絕勝西湖處士家。仙品未餐丹鼎藥，官租已課碧雲茶。松窗不散進朝雨，石屋猶栖太古霞。春水斷橋迷野渡，一雙幽鳥立枯槎。〔明〕程敏政《唐氏三先生文集》卷十六，明正德十三年

（1518）張芹刻本。

五月十六夜，汲揚子江心泉煮武夷茶，戲成一絶

三更無寐坐官航，澹月朦朧色似霜。揚子江心泉第一，何妨爲煮建茶香。《唐氏三先生文集》卷十七。

林錫翁

林錫翁（生卒年不詳），元延平（治所在今福建省南平市延平區）人，字君用。生平事迹不詳。

咏貢茶

百草逢春未敢花，御茶蓓蕾拾瓊芽。武夷真是神仙境，已産靈芝更産茶。〔清〕董天工《武夷山志》卷十九。

趙孟僴

趙孟僴（生卒年不詳），元人。生平事迹不詳。

御茶園記

武夷，仙山也。岩壑奇秀，靈芽茁焉，世稱石乳，厥品不在北苑下。然以地嗇其産，弗及貢。至元十四年，今浙江省平章高公興以戎事入閩。越二年，道出崇安，有以石乳餉者。公美芹思獻，謀始於冲祐道士，摘焙作貢。越三載，更以縣官蒞之。大德己亥，公之子久住奉御以督造寔來竟事還朝。越三年，出爲邵武路總管。建邵接軫，上命使就領其事。是春，馳驛詣焙所，祗伏厥職，不懈益

虔。省委張璧克相其事。

明年，創焙局於陳氏希賀堂之故址。其地當溪之四曲，峰攢岫列，盡鑒奇勝，而邦人相役，翕然子來。爰即其中作拜發殿六楹，跂翼翬飛，丹堊焜燿，夾以兩廡，製作之具陳焉。而又前闢公庭，外峙高閣，旁構列舍三十餘間，修垣繚之，規制詳縝，逾月而事成。爰自修貢以來，靈草有知，日入榮茂。初貢僅二十斤，采摘戶纔八十，星紀載周，歲有增益。至是，定簽茶戶二百五十，貢茶以斤計者，視戶之百與十各贏其一焉，餘仿此。焙之製，爲龍鳳團五千。製法必得美泉，而焙所土墝剛，泉弗寶。俄而殿居兩石間，迸涌澄泓，視鳳泉尤甘冽，見者驚異。因甃以甓，亭其上，而下鑿石爲龍口，吐而注之也。用以溲浮，芳味深邑。

蓋斯焙之建，經始於是年三月乙丑，以四月甲子落成之時，邵武路提控案牘省委張璧復爲崇安縣尹孫瑀董其役。而恪共貢事，則建寧總管王鼎、崇安達魯花赤與有力焉。既承差穀協恭拜稽緘匙，馳進闕下，自是歲以爲常。欽惟聖朝統一區宇，乾清坤夷，德澤有施，洽於庶類。而平章公肇修底貢，父作子述，忠孝之美，萃於一門。和氣薰蒸，精誠感格。於是金芽先春，瑞侔朱草，玉漿噴地，應若醴泉。以山川草木之效珍，見天地君臣之合德。則雖器幣貨財，殫禹風土之宜，盡《周官》邦國之用，而蕃萼備其休證，滂流兆其禎祥，蔑以尚於此矣。

建人士以爲北苑經數百年之後，此始出於武夷，僅十餘里之間，厥產屏豐於北苑，殊常盛事，曠代奇逢，是宜刻石茲山，永觀無斁。爰示興創顛末，禆孟燓受而祐簡畢焉。孟燓不得辭，是用比叙大概，出以授之，庶幾彰聖世無疆之休，垂明公無窮之聞，且使嗣是而共歲事者，益加敬而增美云。〔明〕喻政《茶書》信部。

張淶

張淶（生卒年不詳），元人。生平事迹不詳。

重修茶場記

建州茶貢，先是猶稱北苑，龍團居上品，而武夷石乳湮岩谷間，風味惟野人專。洎聖朝始登職方，任土列瑞，產蒙雨露，寵日蕃衍。繇是歲增貢額，設場官二人，領茶丁二百五十，茶園百有二所，芟辟封培，視前益加，斯焙遂與北苑等。然靈芽含石姿而鋒勁，帶雲氣而粟腴，色碧而瑩，味飴而芳。采擷清明，旬日間馳驛進第一春，謂之五馬薦新茶，視龍團風在下矣。是貢由平章高公平江南歸覲而獻，未遜蔡、丁專美。邵武總管克繼先志，父子懷忠一軌，謂玉食重事也，非殿宇壯麗，無以竦民望。故斯焙建置，規模宏偉，氣象軒豁，有以肅臣子事上之禮，歷二十有六載。

有莘張侯端本爲斯邑宰，修貢。明年，周視桷榱榍梲有外澤中腐者，黝堊丹臒有漶漫者，瓦蓋有穿漏者，悉以新易故，圖永永久。復於場之外左右建二門，榜以“茶場”，使過者不敢褻焉。予來督貢未幾，本道憲僉孛羅蘭坡與書吏張如愚、宋德延俱詢諏道經視貢，顧瞻棟宇，完美如新，俾識歲月，且揭產茶之地，示後人。予承命不敢辭，乃述其顛末之概。竊謂天下事無巨細，不難於始，而難乎其繼。苟非力量弘毅，事理通貫，鮮不爲繁劇而空疏，悉置之因仍苟且而已。張侯仕學兩優，事之巨與細，莫不就。綜理是役也，費無糜官，傭無厲民，不亦敏乎？事圖其早而力省，弊防其微而慮遠，不亦明乎？凡爲仕者，皆能視官如家，一日必葺，則斯焙常新，可與溪山同其悠久。來者其視斯刻以勸。〔明〕喻政《茶書》信部。

暗都剌

暗都剌（生卒年不詳），元末明初人。元至順間官建寧路總管，曾於武夷山建喊山臺。

喊山臺記

武夷產茶，每歲修貢，所以奉上也。地有主宰，祭祀得所，所以妥靈也。建爲繁劇之郡，牧守久闕，事務往往廢曠。邇者，余以資德大夫、前尚書省左丞忻都嫡嗣，前受中憲大夫、福建道宣慰副使、僉都元帥府事，茲膺宣命，來牧是邦。視事以來，謹恪乃職，惟恐弗稱。

茲春之仲，率府吏段以德躬詣武夷茶場，督製茶品，驚蟄喊山，循彝典也。舊於修貢正殿所設御座之前，陳列牲牢，祀神行禮，甚非所宜。乃進崇安縣尹張端本等而諗之曰：“事有不便，則人心不安，而神亦不享。今欲改弦而更張之，何如？”衆皆曰：“然。”乃於東皋茶園之隙地，築建壇墠，以爲祭祀之所。庶民子來，不日而成。臺高五尺，方一丈六尺。亭其上，環以欄楯，植以花木。左大溪，右通衢，金鷄之岩聳其前，大隱之屏擁其後，棟甍翬飛，基址壯固。斯亭之成，斯祀之安，可以與武夷相爲長久，俾修貢之典，永爲成規，人神俱喜，顧不偉歟！

藍仁

藍仁（1315—?），元末明初崇安（治所在今福建省武夷山市）

人，字静之。與弟藍智俱師從杜本，崇尚古學，絕意仕進，一意爲詩，爲明初開閩中詩派先河者。有《藍山集》。

謝人惠白露茶

武夷山裏謫仙人，采得雲岩第一春。竹竃烟輕香不變，石泉火活味逾新。東風樹老旗槍盡，白露芽生粟粒匀。欲寫微吟報嘉惠，枯腸搜盡興空頻。〔明〕喻政《茶書》信部。

蘇伯厚

蘇伯厚（生卒年不詳），明建安（治所在今福建省建甌市）人，名坤，字伯厚，以字行。博通《書》《史》，精書法。明洪武十八年（1385）以明經薦，永樂時授檢討，參修《永樂大典》。

武夷先春

采采金芽帶露新，焙芳封裹貢丹宸。山靈解識尊君意，土脉先回第一春。〔明〕喻政《茶書》信部。

王洪

王洪（1379—1420），明錢塘（治所在今浙江省杭州市）人，字希範，號毅齋。明洪武二十九年（1396）進士。永樂初入翰林爲檢討，參修《永樂大典》。有《毅齋集》。

少師姚公見寄新茗兼示以詩，謹奉和答酬二首

烟霞曾逐武夷人，摘盡仙岩幾樹春。常笑《茶經》收未遍，每

於泉品較來真。雲濤泛曉當窗響，澗月分秋入甕新。此日玉堂勞遠惠，不勝清思挹芳塵。

早從方外識天人，仗策從龍四十春。道向玉毫傳得秘，書從黃石授來真。錦袍玉帶承恩重，碧水丹山發興新。借問古來名達者，幾人能此絕清塵。〔明〕王洪《毅齋集》卷四，文淵閣《四庫全書》本。

程敏政

程敏政（1445—1499），明休寧（治所在今安徽省休寧縣）人，字克勤。明成化二年（1466）進士。以學問該博著稱。官至禮部右侍郎兼侍讀學士。有《新安文獻志》《篁墩集》等。

病中夜試新茶，簡二弟，戲用建除體

建溪新茗如環鈎，土人食之除百憂。呼童滿注雪乳脚，使我坐失平生愁。朝來定與兩難弟，執手共瀹青瓷甌。腹稿已破五千卷，舉身恨不登危樓。玉川成仙幾百載，清氣渺渺散不收。典衣開懷只沽酒，閉門却笑長安游。〔明〕程敏政《篁墩集》卷六十三，明正德二年（1507）刻本。

王縝

王縝（1463—1523），明東莞（治所在今廣東省東莞市）人，字文哲。明弘治六年（1493）進士。官至南京戶部尚書。

史知山光禄惠新茶并長歌，倚韵答之

建溪雷信催雪雨，雀舌初生毛半豎。旋吹賜火試新茶，諫議元

是賞音人。分來粟粒奇芳具，獨許詩腸知此味。自從陸氏著新經，初覺松濤忽泉沸。黃金價重起西巴，紫笋香浮播押衙。玉乳碾塵消酒渴，月團飛鳳破淫哇。君歌明珠艷，我和欲垂鑒。君門早戰酣，我亦思鳴劍。乃知草木才可薦，今古賢愚同口羨。嗟予性僻爲吟苦，夢回晝漏初驚午。七碗洗盡，萬斛愁苦。中山大學中國古文獻研究所編《全粵詩》卷一七四，嶺南美術出版社 2009 年版。

邱雲霄

邱雲霄（1495—1582），明崇安（治所在今福建省武夷山市）人，字凌漢，一字於上。以明經爲柳城令，引年歸，結廬於武夷山止止庵側，號止山。明隆慶中修崇邑志，有《止止集》。

酬藍茶仙見寄先春

靈雨開仙圃，春風長玉芽。摘來旗葉捲，封處墨題斜。品落龍團翠，香翻蟹眼花。欲移三徑地，從此遍栽茶。〔清〕董天工《武夷山志》卷十九。

藍素軒遺茶謝之

御茶園裏春常早，辟穀年來喜獨嘗。筆陣戰酣青叠甲，騷壇雄助綠沉槍。波驚魚眼聽濤細，烟暖鷗罳坐月長。欲訪踏歌雲外客，注烹仙掌露華香。〔清〕董天工《武夷山志》卷十九。

湛翁送茶

翡翠春巢瑤圃枝，欣看雀舌展新旗。甕中存有經年雪，入鼎休傳到黛姬。〔清〕董天工《武夷山志》卷十九。

寄容庵弟索茶

仙種先春仙已去，采春長夢望仙亭。老來仍抱通靈癖，雪水空留滿瓦瓶。〔清〕董天工《武夷山志》卷十九。

陳省

陳省（1529—1612），明長樂（治所在今福建省福州市長樂區）人，字孔震，號幼溪。明嘉靖三十八年（1559）進士。歷官兵部右侍郎、湖北巡撫等，後入武夷山隱居，在雲窩築幼溪草廬。有《幼溪集》《武夷集》《得閑集》等，并批點《十七史》傳世。

茶洞

寒巖摘耳石崚嶒，下有烟霞氣鬱蒸。聞道向來嘗送御，而今秖供五湖僧。四山環繞似崇墉，烟霧絪縕鎮日濃。中產仙茶稱極品，天池那得比芳茸。〔明〕喻政《茶書》信部。

御茶園

閩南瑞草最稱茶，製自君謨味更佳。一寸野芹猶可獻，御園茶不入官家。先代龍團貢帝都，甘泉仙茗苦相須。自從獻御移延水，任與人間作室廬。茶令改延平進貢。〔明〕喻政《茶書》信部。

鄭主忠

鄭主忠（生卒年不詳），明仙游（治所在今福建省仙游縣）人，號三峰。嘉靖時，游武夷，有詩。

御茶園

御園此日焙新芳，石乳何年已就荒。應是山靈知獻納，不將口體媚君王。〔明〕喻政《茶書》信部。

孫繼皋

孫繼皋（1550—1610），明無錫（治所在今江蘇省無錫市錫山區）人，字以德，號柏潭。明萬曆二年（1574）狀元。歷任經筵講官、少詹事兼侍讀學士、吏部侍郎等。晚年講學東林書院。有《宗伯集》《柏潭集》。

謝管山人惠武夷茶

病渴惟高枕，誰將茗葉分。色餘仙穴潤，香供隱人芬。啜似餐丹露，烹疑煮碧雲。清風北窗下，忽見武夷君。〔明〕孫繼皋《宗伯集》卷十，文淵閣《四庫全書》本。

閔齡

閔齡（？—1608），明歙縣（治所在今安徽省歙縣）人，字壽卿。中年出游，居金山、茅山、武夷山等地三十餘年。有《我寓集》《一漚集》《武夷集》《華陽集》等。

試武夷茶

啜罷靈芽第一春，伐毛洗髓見元神。從今澆破人間夢，名列丹臺侍玉晨。〔明〕喻政《茶書》信部。

佘渾然

佘渾然（生卒年不詳），與閔齡同隱武夷，其他事迹不詳。

試武夷茶

百草未排動，靈芽先吐芬。旗槍衝雨出，岩壑見春分。采處香連霧，烹時秀結雲。野臣雖不貢，一啜敢忘君。〔明〕喻政《茶書》信部。

鄭邦霑

鄭邦霑（生卒年不詳），庠生，曾參與喻政（1558—1654）主修的《福州府志》。

江仲譽寄武夷茶

龍團九曲古來聞，瑶草臨波翠不分。一點寒烟松際出，却疑三十六峰雲。

春來欲作獨醒人，自汲寒泉煮茗新。滿飲清風生兩腋，盧全應笑是前身。〔明〕喻政《茶書》信部。

盧龍雲

盧龍雲（1557—?），明南海（治所在今廣東省佛山市南海區）人，字少從。明萬曆十一年（1583）進士。官至貴州布政司參議。有《四留堂稿》《談詩類要》等。

陳以哲孝廉自武夷山中有作寄懷，侑以仙洞茶、建溪酒賦此答謝[二十]

敲門報有山中使，新從武夷下九曲。高人猶在幔亭間，縹緲烟

霞三十六。秋陰猿鶴解相留，日宴群仙酣未足。殷勤寄我洞天香，
逡巡復有杯中綠。安得乘風輒御虛，伴爾名山脫塵俗。司馬雲端舊
結廬，至今借與何人宿。君來且赴曲江春，莫畏移文絆巖谷。〔明〕
盧龍雲《四留堂稿》卷四，明萬曆間刻本。

王倩泠自四明來訪，將由羅浮歷武夷至雁蕩而歸武林，賦此爲別[二十一]

雪夜扁舟過子猷，偶因并合散窮愁。鑑湖月色辭鄉遠，粵嶺梅
花伴客留。春酒碧霞瑤石酌，巖茶新雨幔亭游。永嘉山水應無盡，
早向錢塘及好秋。《四留堂稿》卷十二。

一月之間惠武夷茶者三至，口占三首[二十二]

九曲溪流下，浮來物色新。斜封先後至，俱道武夷春。

見説烟霞裏，槍旗隱御園。似應餘進奉，采擷下雲門。

何處仙游美，尋真有幔亭。分來春已足，無待乞山靈。《四留堂
稿》卷十六。

陳勳

陳勳（1560—1617），明閩縣（治所在今福建省福州市）人，
字元凱，號景雲。明萬曆二十九年（1601）進士。歷官南京武學教
授、國子助教、户部郎中等。有《元凱集》《堅臥齋雜著》。

武夷試茶

歸客及春游，九溪泛靈槎。青峰度香靄，曲曲隨桃花。東風發
仙荈，小雨滋初芽。采掇不盈襜，步屧窮幽遐。瀹之松潤水，泠然
漱其華。坐超五濁界，飄舉凌雲霞。仙經閟大藥，洞壑迷丹砂。聊
持此奇草，歸向幽人誇。〔明〕喻政《茶書》信部。

徐𤊻

徐𤊻（1563—1639），明閩縣（治所在今福建省福州市）人，字惟起，一字興公，別號三山老叟、天竿山人、鰲峰居士。博學多才，熟悉地方文獻，參修《福州府志》，修撰《雪峰志》《鼓山志》等。亦是閩中藏書大家。有《鰲峰集》《紅雨樓題跋》等。

初夏酷熱，在杭、元化、孟麟見過，惟秦喬卿尋至，試武夷新茶，作建除體

建溪粟粒芽，通靈且氛馥。除去竈上塵，活火烹苦竹。滿注清泠泉，旗槍鼎中熟。平生羨玉川，雅志慕王肅。定知茗飲易，更愛七碗速。執扇熾然炭，童子供不足。破屋烟靄青，古鐺香色綠。危磴相對坐，共啜盈數斛。成筥酌未盡，蕭然豁心目。收拾盂碗具，送客下山麓。開襟納涼飈，林深失炎燠。閉門推枕眠，一夢到晴旭。〔明〕徐𤊻《鰲峰集》卷五，明天啓五年（1625）南居益刻本。

丘文舉以武夷金井茶見寄，用蘇子由煎茶韵賦謝

連旬梅雨苦不堪，酷思奇茗餐香甘。武夷地仙素習我，嗜茶有癖深能譜。建溪粟粒靈芽貴，箬葉封函得真味。三十六峰岩嶂高，身親采摘寧辭勞。上品旗槍誰復有，未及烹嘗香滿口。我生不識逃醉鄉，煮泉却疾如神方。銅鐺響雪爐掣電，瓦甌浮出琉璃光。窗前檢點《清异錄》，斟酌十六仙芽湯。《鰲峰集》卷八。

何舅悌自武夷歸，惠小春茶

武夷自昔神仙鄉，三十六峰摩穹蒼。憐君杖屨遍登歷，雲光霞

氣沾衣裳。歸來貽我小春茗，一跗一萼如旗槍。呼童烹點燃瓦鼎，親驗火候蟲唵霜。時壺傾瀉翠羽色，宣甌滿注虋豆香。我方文園病消渴，得此不減金莖嘗。盧全籠頭何必著紗帽，陸羽煎吃徒爾需綃囊。惟有王濛元不怕水厄，請君斟酌十六仙芽湯。《鰲峰集》卷八。

雨後在杭、孟麟諸君見過，汗竹巢試武夷鼓山支提太姥清源諸茶，分得"林"字

空齋不受片塵侵，試茗松間碧靄深。石鼎寒濤終日沸，瓦鎗甘露一時斟。建溪粟粒追泉洞，太姥雲芽近霍林。總讓靈源香味勝，白花浮碗滌煩襟。

北苑清源紫笋香，長溪㢑剏盛旗槍。洞天道士分筇筥，福地名僧贈絹囊。蟹眼煮泉相續汲，龍團別品不停嘗。盡傾雲液清神骨，猶勝酕醄入醉鄉。《鰲峰集》卷十七。

武夷采茶詞

結屋編茅數百家，各攜妻子住烟霞。一年生計無他事，老稚相隨盡種茶。

荷鍤開山當力田，旗槍新長綠芊綿。總緣地屬仙人管，不向官家納稅錢。

萬壑輕雷乍發聲，山中風景近清明。筠籠竹筥相攜去，亂采雲芽趁雨晴。

竹火風爐煮石鎗，瓦瓶磔碗注寒漿。啜來習習涼風起，不數蒙山顧渚香。

荒榛宿莽帶雲鋤，岩後岩前選奧區。無力種田聊蒔茗，宦家何事亦徵租。

山勢高低地不齊，開園須擇帶沙泥。要知風味何方美，陷石堂前鼓子西。《鼇峰集》卷二十五。

御茶園

先代茶園有故基，喊山堂廢幾何時。東風處處旗槍綠，過客披蓁讀斷碑。《鼇峰集》卷二十五。

閔道人寄武夷茶，與曹能始烹試，有作

幔亭仙侶寄真茶，緘得先春粟粒芽。信手開封非白絹，籠頭煎吃是烏紗。秋風破屋盧仝宅，夜月寒泉陸羽家。野鶴避烟驚不定，滿庭飄落古松花。〔明〕喻政《茶書》信部。

武夷茶考

按《茶錄》諸書，閩中所產茶以建安北苑第一，壑源諸處次之，而武夷之名，宋季未有聞也。然范文正公《鬥茶歌》云："溪邊奇茗冠天下，武夷仙人從古栽。"蘇子瞻亦云："武夷溪邊粟粒芽，前丁後蔡相寵加。"則武夷之茶在前宋亦有知之者，第未盛耳。元大德間，浙江行省平章高興始采製充貢，創御茶園於四曲，建第一春殿、清神堂，焙芳、浮光、燕嘉、宜寂四亭，門曰仁風，井曰通仙，橋曰碧雲。國朝寢廢爲民居，惟喊山臺、泉亭故址猶存。喊山者，每當仲春驚蟄日，縣官詣茶場，致祭畢，隸卒鳴金擊鼓，同聲喊曰："茶發芽！"而井水漸滿，造茶畢，水遂渾涸。而茶戶采造，有先春、探春、次春三品，又有旗槍、石乳諸品，色香不減北苑。國初罷團餅之貢，而額貢每歲茶芽九百九十斤。嘉靖中，郡守錢嶫[二十三] 奏免解茶，將歲編茶夫銀二百兩解府，造辦解京而御茶改

貢延平。而茶園鞠爲茂草，井水亦日湮塞。然山中土氣宜茶，環九曲之内，不下數百家，皆以種茶爲業，歲所產數十萬斤，水浮陸轉，鬻之四方，而武夷之名甲於海内矣。宋元製造團餅，稍失真味。今則靈芽、仙萼，香氣尤清，爲閩中第一。至於北苑、壑源又泯然無稱。豈山川靈秀之氣，造物生殖之美，或有時變易而然乎！

〔明〕徐㶿《紅雨樓集》附《鼇峰文集》稿鈔本，《上海圖書館未刊古籍稿本》第 45 册，復旦大學出版社 2008 年版。

江左玄

江左玄（約 1565—約 1596），即江騰鯤，明崇安（治所在今福建省武夷山市）人，字仲譽，號五芝。諸生。

武夷試茶，因懷在杭

新采旗槍踏亂山，茶烟青繞萬松關。香浮雨後金坑品，色奪峰前玉女顏。仙露分來和月煮，塵愁消盡與雲閑。獨深天際真人想，不共銜杯木石間。〔明〕喻政《茶書》信部。

謝肇淛

謝肇淛（1567—1624），明長樂（治所在今福建省福州市長樂區）人，字在杭。博學能詩文。明萬曆三十年（1602）進士。官至廣西右布政使。有《五雜組》《方廣岩志》《小草齋集》等。

雨後集徐興公汗竹齋烹武夷太姥支提鼓山清源諸茗，各賦二首

疏篁過雨午陰濃，添得旗槍翠幾重。稚子分番誇茗戰，主人次

第啓囊封。五峰雲向杯中瀉，百和香應舌上逢。畢竟品題誰第一，喊泉亭畔綠芙蓉。候湯初沸瀉蘭芬，先試清源一片雲。石鼓水簾香不定，龍墩鶴嶺色難分。春雷聲動同時采，晴雪濤飛幾處聞。佳味閩南收拾盡，松蘿顧渚總輸君。〔明〕謝肇淛《小草齋集》卷二十二，明萬曆刻本。

茶洞

折笋峰西接水鄉，平沙十里綠雲香。如今已屬平泉業，采得旗槍未敢嘗。草屋編茅竹結亭，薰床瓦鼎黑磁瓶。山中一夜清明雨，收却先春一片青。〔明〕喻政《茶書》信部。

周千秋

周千秋（生卒年不詳），明莆田（治所在今福建省莆田市）人，字喬卿，號一邱。羽流，文雅能詩，與謝肇淛善。晚歲入武夷，曾構室於武夷山碌金岩。《武夷山志》有傳。

雨後集徐興公汗竹齋烹武夷太姥支提鼓山清源諸茗

乍聽涼雨入疏櫺，亭畔簫簫萬竹青。掃葉呼童燃石鼎，開函隨地品《茶經》。靈芽次第浮雲液，玉乳更番注瓦瓶。笑殺盧仝徒七碗，風回几簟夢初醒。〔明〕喻政《茶書》信部。

王彥泓

王彥泓（1593—1642），明金壇（治所在今江蘇省常州市金壇區）人，字次回。以歲貢爲松江府華亭縣訓導，卒於官。博學好古，喜作艷體小詩，格調似韓偓。有《疑雨集》。

即夕口占絶句十二首（其二）

橄欖回甘沁齒牙，酒闌頻嗅小梅花。懸知袖口羅巾上，剩却龍團一餅茶。〔明〕王彦泓《疑雨集》卷四，清光緒《郋園先生全書》本。

黎元寬

黎元寬（1596—1675），明末清初南昌（治所在今江西省南昌市）人，字左嚴，一字博庵。明崇禎元年（1628）進士。入清，被薦不出，隱居谷鹿洲，授徒講學以終。有《進賢堂稿》。

武夷岩茶説

蓋建茶之貴於岩，一如岕茶之貴於洞，以爲其地幽深，采者難及，茶必負是也。而後得至於自老，氣正味長。論者反是，顧相炫耀，曰芽茶非其質矣，又曰雨前非其時矣。時先而質未成，即其氣味不過如草，且脆不任焙炒，易於見傷，即其氣味又將如火。草與火者，豈舌本之所能宜者哉？松蘿於是起而有名，遂大被天下。然修治功多，剔除筋膜，可謂能去其惡，未可謂能全其美。視諸異時之屑而爲團者，雕琢有加，持久更劣。或以譬於女人，非有天姿，徒勞脂粉，況轉相效顰，遷地爲良，益不可得茶之弊也。莫此爲甚。汪子澭庵籍於新安而避地武夷，有入山唯恐不深之意，盤桓九曲，得毛竹岩而業之，在穹霄瑞露之下，龍潭虎嘯之間。三年前，故嘗貽我佳茗，目爲第一，此來更徵修事之法，乃云："非涉夏不開山，有乎更遲，無乎更蚤。"余聞而大謾之，復戲謂曰："秋片當益佳，以三時之氣不讓乎二時之氣耳。"滙庵曰："有之，非漳州人不能識也，然余則固已識之矣。"滙庵又謂："顧渚紫笋，天下共傳，此處白乳、綠旗與爲鼎足，則壇石熊先生所命也。"余乃正言曰："此有得失，如前人稱妙理析茗柯是也。茗不爲柯者，其幾有妙乎？紫笋義從壯大，乳近嫩細，故不如旗之爲古名，況實以松蘿法從事耶！是在於子可無以子之新安而更攻子之武夷矣。"爰爲説而授之，冀專精焉，遂有千古，且使天下之爲茗戰者，皆知有師中丈人，不至於隨聲而賤老焉，其亦可也。〔明〕黎元寬《進賢堂稿》卷二十四，清康熙刻本。

周亮工

周亮工（1612—1672），明末清初祥符（治所在今河南省開封市祥符區）人，字元亮，號櫟園。明崇禎十三年（1640）進士。明亡仕清，累官福建按察使、布政使、户部右侍郎等職。有《賴古堂全集》，另有《書影》《閩小紀》《讀畫録》《字觸》等。

閩茶曲

閩茶實不讓吴越，但烘焙不得法耳。予視事建安，戲作《閩茶曲》。

龍焙泉清氣若蘭，士人新樣小龍團。盡誇北苑聲名好，不識源流在建安。建州貢茶自宋蔡忠惠始，小龍團亦創於忠惠，當時有士人亦爲此之誚。龍焙泉在城東鳳凰山下，一名御泉。宋時取此水造茶入貢。北苑，亦在郡城東。先是，建州貢茶首稱北苑龍團，而武夷石乳之名猶未著。至元設場於武夷，遂與北苑并稱。今則但知有武夷，不知有北苑矣。吴越間人頗不足閩茶，而甚艷北苑之名，實不知北苑在閩中也。

御茶園裏築高臺，驚蟄鳴金禮數該。那識好風生兩腋，都從著力喊山來。御茶園在武夷第四曲，喊山臺、通仙井皆在園畔。前朝著令每歲驚蟄日有司爲文致祭。祭畢，鳴金擊鼓，臺上揚聲同喊曰："茶發芽！"井水既滿，用以製茶上供，凡九百九十斤。製畢，水遂渾濁而縮。

崇安仙令遞常供，鴨母船開朱印紅。急急符催難挂壁，無聊斫盡大王峰。新茶下，崇安令例致諸貴人。黃冠苦於追呼，盡斫所種武夷真茶，久絕。漕篷船，前狹後廣，延、建人呼爲鴨母。

一曲休教松栝長，茗柯爲松栝蔽，不近朝曦，味多不足，地脉他分，樹亦不茂。懸崖側嶺展旗槍。茗柯妙理全爲祟，十二真人坐大荒。黃冠既獲茶利，遂遍種之，一時松栝樵蘇都盡。後百餘年爲茶所困，復盡刘之，九曲遂濯濯矣。十二真人即從王子騫學道者。

歙客秦淮盛自誇，羅囊珍重過仙霞。不知薛老全蘇意，造作蘭香誚閩家。歙人閔汶水居桃葉渡上，予往品茶其家，見其水火皆自任，以小酒盞酌客，頗極烹飲態，正如德山擔《青龍鈔》，高自矜許而已，不足异也。秣陵好事者，常誚閩無茶，謂閩客得閔茶，咸製爲羅囊，佩而嗅之，以代栴檀，實則閩不重汶水也。閩客游秣陵者，宋比玉、洪仲韋輩，類依附吳兒，強作解事，賤家雞而貴野鶩，宜爲其所誚歟？三山薛老，亦秦淮汶水也。薛常言汶水假他味逼作蘭香，究使茶之本色盡失。汶水而在，聞此亦當色沮。薛常住爲峝，自爲剪焙，遂欲駕汶水上。余謂茶難以香名，况以蘭盡。但以蘭香定茶，咫見也。頗以薛老論爲善。

雨前雖好但嫌新，火氣難除莫近唇。藏得深紅三倍價，家家賣弄隔年陳。上游山中人類不飲新茶，云火氣足以引疾。新茶下，貿陳者急標以示，恐爲新累也，價亦三倍。閩茶新下不亞吳越，久貯則色深紅，味亦全變，無足貴者。

延津廖地勝支提，山下萌芽山上奇。前朝不貴閩茶，即貢，亦只備宮中浣濯甌盞之需。貢使類以價貨京師，所有者納之。間有采辦，皆劍津廖地產，非武夷也。黃冠每市山下茶，登山貿之。學得新安方錫罐，松蘿小款恰相宜。閩人以粗瓷膽瓶貯茶。近鼓山、支提新茗出，一時學新安，製爲

196

方圓錫具，遂覺神采奕奕。

太姥聲高緑雪芽，洞山新泛海天槎。茗禪過嶺全平等，義酒應教伴義茶。閩酒，數郡如一，茶亦類是。今年得茶甚夥，學坡公義酒事，盡合爲一，然與未合無异也。緑雪芽，太姥山茶名。

橋門石録未消磨，碧竪誰教盡荷戈。却羨籛家兄弟貴，新銜近日帶松蘿。蔡忠惠《茶録》石刻在甌寧邑庠壁間。予五年前搨數紙寄所知，今漫漶不如前矣。延郡人呼製茶人爲碧竪。富沙陷後，碧竪盡在緑林中。籛鏗二子，曰武曰夷，學道山中，因以武夷爲名。崇安殷令招黄山僧，以松蘿法製建茶，堪并駕。今年余分得數兩，甚珍重之，時有武夷松蘿之目。

漚麻泡竹斬枌櫚，獨有官茶例未除。上游人漚麻爲苧，泡竹爲側理，斬楼櫚爲器具，皆足自給，獨焙茶大爲黄冠累。消渴仙人應愛護，漢家舊日祀乾魚。〔清〕周亮工《閩小紀》卷一，清康熙周氏賴古堂刻本。

錢澄之

錢澄之（1612—1693），明末清初桐城（治所在今安徽省桐城市）人，原名秉鐙，字飲光。明諸生。入清隱居不出，自稱田間老人。學問長於經學，尤精於《詩》。有《屈宋合詁》《藏山閣詩文集》等。

孟冬同無可禪師、李磊英居士游

武夷山無可，方太史以智；磊英即鍾鼎也（擇録其一）

更衣臺對隱屏尊，山水周旋勝地存。龍起偏嗔書有院，茶荒不改御爲園。文公書院爲龍所毀，舊有御茶園。道人霞上呼鶏犬，遘客雲中課子孫。見説溪源田可種，携家直擬住星村。〔清〕董天工《武夷山志》卷二十三。

曹溶

曹溶（1613—1685），明末清初嘉興（治所在今浙江省嘉興市）人，字秋嶽，一字潔躬，號倦圃，別號金陀老圃。明崇禎十年（1637）進士。仕清，官至廣東布政使。工詩。富藏書。有《劉豫事迹》《静惕堂詩集》《静惕堂詞》等。

兔毫盞歌報陳若水

建安黑窑天下奇，土質光怪欺琉璃。内含紋澤細毫髮，傳是窑變非人爲。宋家茶焙首北苑，必需此盞相鼓吹。銀絲冰芽潔莫比，取白注黑乖所宜。誰知往哲嗜淳雅，目擊彩翠心不怡。求器求才兩無異，力斥炫耀追純熙。大素將窮秘文出，中山之穎開威儀。六百年間幾灰劫，兵喧火烈仍孑遺。歲加斑駁異常制，砂痕蝕盡參敦彝。陳公知我饒古癖，挐舟割愛來見貽。栴檀作室法錦囊，啓視端可輝鬚眉。凉軒酌水敢輕試，睹物想像元祐時。緩火筥籠點新銙，拱揖歐蔡瞻清姿。陳公脱屣名利場，亦如此盞堅自持。席上新珍浮薄子，修飾猶恨青黃遲。先民矩矱世難識，祝公高蹈慎勿疑。〔清〕曹溶《静惕堂詩集》卷十三，清雍正三年（1725）李維鈞刻本。

幔亭客餉茶四首

霞幔徐開玉有芽，碧漿分到列仙家。支頤不作人間夢，鳳餅依稀宋月斜。

接笋峰高翠不分，短篷新別武夷君。春風過我柴桑里，贈得南溪萬叠雲。

北苑龍紋碾白毫，晝長泉碗注金膏。自舒冰簞吳山底，羽箭秋平看海濤。

開奩體蘊百花香，逸品輸他顧渚長。莫信道人枯槁盡，傾城猶自九迴腸。《靜惕堂詩集》卷四十三。

方孝標

方孝標（1617—1697），明末清初桐城（治所在今安徽省桐城市）人，本名玄成，避清康熙諱改以字行，別號樓崗。清順治六年（1649）進士。官至內弘文院侍讀學士，充經筵講官。坐事流放寧古塔，後得釋。晚年遁迹爲僧，法名方空。有《鈍齋文集》《滇黔紀聞》等。

遂拙上人房啜武夷茶有懷李磊英却寄

僧煮陰崖雪，留賓野寺春。三山火候异，九曲種枝新。桑苧家何在，支林棹可詢。千峰期握手，囑爾問前津。〔清〕方孝標《鈍齋詩選》卷十二，清鈔本。

武夷山游記（節選）

黎明雨甚，午稍止。急尋胡麻泉，奔騰澎湃，穿石爲溜爲孔者四五折而下，莫知其委。跨而渡，見田疇，望生天閣，更思蓐食於觀，而從者已趨下，不可留，遂尋故路，達雲窩。雲窩爲故司馬陳公所構，有石門，茶洞所由入也。地載微土，宜茶，時茶方吐甲，而桃李間花，忽有瀑布千仞，從山夾中濺穴衝堅，怒號噴薄而至亂石間忽不見，唯聞風雨聲淙淙然。李子曰："此即跨而渡之，胡麻澗委也。"欲登接笋而雨益甚，遂順流歸。此戊申二月初三、初四日事也。

至接笋峰下，仰觀懸梯三接，凡七十餘級，其絙乃鐵索，其徑曰雞胸岩，其磴曰龍脊旁，澗深可數十丈，皆前所望見，而今始知其險也。俄有道士下，携茶一瓶餉余曰："武夷茶以接笋、茶洞種爲佳，此手焙者也。"侍童上下，頃刻往還，客異之。余曰："山居習險，奚異哉？"更欲窮水簾之勝，而日將晡，從者皆欲還。李子曰："樂不可極，留此以爲再游地，可乎？"遂緩棹領要，歷捫宋元諸題刻而別。此二月十一、十二、十三日事也。〔清〕方孝標《光啓堂文集》，清刻本。

釋超全

釋超全（1627—1712），明末清初同安（治所在今福建省厦門市同安區）人，俗姓阮，名旻錫，字疇生，號夢庵。明諸生。明亡，爲鄭成功部屬，參加抗清鬥争。後入武夷山爲僧，自稱輪山遺衲。有《海上見聞録》《幔亭游詩文》等。

武夷茶歌

建州團茶始丁謂，貢小龍團君謨製。元豐敕獻密雲龍，品比小團更爲貴。元人特設御茶園，山民終歲修貢事。明興茶貢永革除，玉食豈爲遐方累。相傳老人初獻茶，死爲山神享廟祀。景泰年間茶久荒，喊山歲猶供祭費。輸官茶購自他山，郭公青螺除其弊。嗣後岩茶亦漸生，山中借此少爲利。往年薦新苦黄冠，遍采春芽三日内。搜盡深山粟粒空，管令禁絶民蒙惠。種茶辛苦甚種田，耘鋤采摘與烘焙。穀雨届期處處忙，兩旬晝夜眠餐廢。道人山客資爲糧，春作秋成如望歲。凡茶之産準地利，溪北地厚溪南次。平洲淺渚土膏輕，幽谷高崖烟雨膩。凡茶之候視天時，最喜天晴北風吹。苦遭陰雨風南來，色香頓減淡無味。近時製法重清漳，漳芽漳片標名异。如梅斯馥蘭斯馨，大抵焙時[二十四]候香氣。鼎中籠上爐火溫，心閑手敏工夫細。岩阿宋樹無多叢，雀舌吐紅霜葉醉。終朝采采不盈掬，漳人好事自珍秘。積雨山樓苦晝間，一宵茶話留千載。重烹山茗沃枯腸，雨聲雜沓松濤沸。〔清〕郝玉麟《（乾隆）福建通志》卷七十六，清乾隆二年（1737）刻本。

朱彝尊

朱彝尊（1629—1709），明末清初秀水（治所在今浙江省嘉興市）人，字錫鬯，號竹垞。清康熙十八年（1679）舉博學鴻詞科，曾參修《明史》。博通經史，擅長詩詞古文，亦為藏書大家。作品清峭而好用僻典。有《經義考》《日下舊聞》《曝書亭集》《明詩綜》《詞綜》等。

御茶園歌

御茶園在武夷第四曲，元於此創焙局安茶槽。五亭參差一井冽，中央臺殿結構牢。每當啟蟄百夫山下喊，事見《武夷志》。摵金伐鼓聲喧嘈。歲簽二百五十戶，須知一路皆驛騷。山靈丁此亦太苦，又豈有意貪牲醪。封題貢入紫檀殿，角盤瘦枕怯薛操。小團硬餅擣為雪，牛潼馬乳傾成膏。君臣第取一時快，詎知山農摘此田不毛。先春一聞省帖下，樵丁蕘豎紛逋逃。入明官場始盡革，厚利特許民搜掏。殘碑斷臼滿林麓，西皋茅屋連東皋。自來物性各有殊，佳者必先占地高。雲窩竹窠擅絕品，其居大抵皆岩嶅。茲園卑下乃在隰，安得奇茗生周遭。但令廢置無足惜，留待過客閑游遨。古人試茶眛方法，椎鈐羅磨何其勞。誤疑爽味碾乃出，真氣已耗若醴餔其糟。沙溪松黃建蠟面，楚蜀投以薑鹽熬。雜之沉腦尤可憾，陸羽見此笑且咷。前丁後蔡雖著錄，未免得失存譏褒。我今携鑰石上坐，箬籠一一解繩繚。冰芽雨甲恣品第，務與粟粒分錙毫。〔清〕朱彝尊《曝書亭集》卷十八，清康熙秀水朱氏刻本。

分水關

關門一道石參差，三戶人家兩戍旗。此去都籃休便弃，頭綱正及貢茶時。《曝書亭集》卷十八。

李卷

李卷（生卒年不詳），明末清初閩縣（治所在今福建省福州市）人，字懷之。曾官中書舍人。明末毀家從軍，於南明隆武元年（1645）隱武夷山茶洞，築煮霞居。

茶洞作《武夷茶歌》

海嶽圖經尊武夷，三十六峰峰峰奇。清溪蜿蜒繞其趾，玻璃冷浸珊瑚枝。高岑窈壑積空翠，遍植仙芽種特異。雀舌鷹爪著翹英，顧渚蒙山遜韵致。雖云勝地發先春，焙製精良始絕倫。如彼昆岡之拱璧[二十五]，亦藉雕琢工尤純。伊余夙負烟霞癖，嗜茗玉川當避席。結宇幽栖大隱屏，芳叢片甲石岩白。薄寒乍暖動殷雷，抽穎含珠次第開。晴雲曉起天凝碧，采采盈筐帶露回。盪滌竈釜取冰潔，旋摘柔條爨光烈。輕揉急扇火候宜，香比蘭芬色似雪。箬裡罌封謹閉藏，遮防陰濕喝臨黃。雨前雨後親標識，序列藤蘿鄰架傍。屋角胡麻澗中水，千丈雲根瀉石髓。刳竹搖空導入厨，元神未散洵甘美。

202

鼎沸鐺聲獸炭紅，砌蟲吟罷來松風。定湯不釋復不老，成法師承桑苧翁。碧甌引滿時獨酌，搜索詩腸潤枯涸。遂覺兩腋御涼飆，塵襟蕩盡譜丘壑。題品誰將作酪奴，莊周一任馬牛呼。乳花香泛清虛味，旗槍浮綠壓醍醐。頻年抱膝鮮逾閾，好景當之無愧色。點檢茶錄與茶箋，注參期弗遺餘力。〔清〕董天工《武夷山志》卷十一。

屈大均

屈大均（1630—1696），明末清初番禺（治所在今廣東省廣州市番禺區）人，初名紹隆，字翁山，又字介子，號菜圃。少爲諸生。曾參加抗清鬥爭。兵敗後，削髮爲僧。中年還俗，游歷南北。歸家後，著述講學以終。善詩文。有《道援堂集》《翁山詩外》《翁山文外》《廣東新語》等。

飲武夷茶作

武夷新茗好，一啜使神清。色以真泉出，香因活火生。摘來從折笋，烹處正啼鶯。白白瓷杯裏，花枝照愈明。武夷茶以折笋峰、茶洞種者爲佳。〔清〕屈大均《翁山詩外》卷八，清康熙間刻凌鳳翔補修本。

陸菜

陸菜（1630—1699），明末清初平湖（治所在今浙江省平湖市）人，原名世枋，字次友，一字義山，號雅坪。清康熙六年（1667）進士，康熙十八年（1679）又舉博學鴻詞科。參修《明史》，任《大清會典》《大清一統志》副總裁。官至內閣學士。學識淵博，善詩文。有《雅坪詩文稿》等。

九曲游記（節選）

於是艤舟水次，乘竹兜循山麓而上，窄徑崎嶇，兜步兼陟，過三立峰背，白雲出没頂上。轉而東行，約三四里，窺簣篖之隙，臨壑谷之深，隔崖樓亭，丹碧煥眼。其棟宇皆緣崖而構，崖迫，以木皮板擴之，人之居，不啻鳥之巢也。崖隙亦插木板，如小藏峰，亦有洞藏仙蜕。今之鼓子岩，即古之石鼓道院也。一道人，一釋子，分户而居。午飯訖，逾茅岡嶺而西，望靈峰之雲，度邱公之岩，循間道以臻乎白雲洞。洞僧方摘茗焙製，其棟宇亦依崖。崖視鼓子峰廣三倍，高而實，不覺其險也。南望齊雲峰，森秀層鬱，不復作巉削態。山田綠苗，交錯於磵谷。西望星村，瓦屋數百家，繞溪如帶，月斧洲護之，似乎别有天地，非人間也。回顧疇昔所經之奇峰怪石，若斂之筐篋，不復出以示人也。以雨阻二宿，雨歇，啓雲關出，仄徑如綫，崖石夾之，身固有所憑，然亦不敢俯視。迨磴盡仰觀，信此身之從天而下也。乘兜里許，即向所艤舟處，是爲九曲，而昔者乃自九曲轉游八曲也。余興未闌，同游者告以曲盡當回舟。瞬息放溜，峰岩若失，不暇與之流連也。至下神皋，策杖而登，有"溪山第一"扁，晦翁手書。地勢既卑，竹樹交密，登小樓，一無所見。出門望天游瀑布於石罅間，僅素練丈餘，廢然而返。復至小九曲，向山僧買茶。茶産峰岩之上爲佳，余所至必搆之，或半斤，或數兩，冀其味之有别也。欲登更衣臺，竟以雨阻。蓋向所歷皆溪北之山，憑高南望，而更衣臺在溪南，登之可以北眺，不意阻雨，尤廢然也。未暮，至萬年宮，虞嗣唐治酒，與張幼賓共酌，因言九曲之峰岩崖洞，所産惟茶，羽流得以栖息，亦惟茶是給。今困於徵求，售於僧，并於富室。宮中舊有三十六房，今僅三家，岌岌乎有

不可存之勢也。〔清〕沈粹芬、黄人《國朝文匯》卷二十一，清宣統元年
（1909）上海國學扶輪社石印本。

王士禎

　　王士禎（1634—1711），明末清初新城（治所在今山東省桓臺
縣）人，字子真，一字貽上，號阮亭，又號漁洋山人。清順治十五
年（1658）進士。累官刑部尚書。有《帶經堂集》《漁洋詩文集》
《精華録》《精華録訓纂》等。

德州答鄭山公通政留別之作

　　城下河流日暮寒，明燈緑酒罄交歡。從知越絶風烟好，敢謂珠
崖道路難。嚴瀨千峰雲際出，武夷九曲鏡中看。官園焙後茶香减，
此日思君到建安。〔清〕王士禎《帶經堂集》卷五十六，清康熙五十七年
（1718）程哲七略書堂刻本。

宋犖

　　宋犖（1634—1713），明末清初商丘（治所在今河南省商丘市）
人，字牧仲，號漫堂、西陂。官至吏部尚書。精鑒藏，淹通典籍，
善詩文，工書畫。有《西陂類稿》《漫堂説詩》《筠廊偶筆》《綿津
山人詩集》等。

晚坐漫堂留京少小飲，仍用前韻

　　漫堂三見放蘋花，隨手年光已及瓜。薄宦真同秋社燕，奧香聊
試武夷茶。武夷山小九曲有奧香茶。聯吟莎柵堪扛鼎，送客蒲帆可當

車。浥酒一杯君且住，高槐突兀月敲斜。〔清〕宋犖《西陂類稿》卷九，民國六年（1917）宋恪寀重刻本。

劉鑛

劉鑛（1637—1711），明末清初任丘（治所在今河北省任丘市）人，字長馭，一名樵隱，字慕庵，晚號六真居士。以軍功授鹽亭知縣。

武夷山中諸佳處短咏不盡，復爲長篇，然亦粗
志其概，未窮九曲之勝也

海内名山紛莫數，武夷奇觀不可遇。華峰岱麓勢雄强，雁蕩匡廬亦虛譽。春初鼓棹問幔亭，早見桃開紅滿路。萬年宮祖武夷君，漢祀乾魚義何據。艤舟先上大王頂，一曲氣概此峰具。玉女烟鬟絶可憐，對鏡妝成默無語。小藏岩插架壑船，大藏金鷄振赤羽。洞穴高高不可攀，虹橋吹散渺難度。臥龍潭水碧澄波，仙床疑有仙靈聚。昇日峰側金井澗，翠竹紅蕉儼懸圃。釣臺徑出小九曲，晦翁筆墨驚鸞蠹。四曲灣頭御茶園，荒蕪但有仙泉注。平林渡口大隱屏，精舍猶留舊茶樹。屏邊上下兩雲窩，連梯接笋猿愁步。盤折接連大隱巔，一二石室煉師住。晚對幽奇坐賞遲，激聲似聽鐵笛吐。天游宛轉入青冥，萬丈懸龍飛瀑布。一覽高臺試振衣，三十六峰眼底措。小桃源果類桃源，更衣平豁饒佳趣。城高西入桃源洞，百花莊上堪沿泝。笋洲八曲擬淇澳，清溪如練飛白鷺。聘君草堂已丘墟，靈峰蒼翠還如故。遥望霞洲散夕霞，舟子春寒怯日暮。棹歌仍過衆峰邊，速童沽酒星村渡。〔清〕陳夢雷《古今圖書集成·方輿彙編·山川典》卷一八三《武夷山部》，中華書局 1985 年版。

成鷲

　　成鷲（1637—1719），明末清初番禺（治所在今廣東省廣州市番禺區）人，俗姓方，名顒愷，字趾麟。出家後法名光鷲，字即山，後易名成鷲，字迹刪。年十三補諸生。有《楞嚴經直説》《鹿湖近草》《咸陟堂詩文集》等。

謝黄汪千惠茗

　　老僧長齋三十年，眼前世味皆腥膻。清泉白石供飲漱，濃華澹薄殊天淵。年來衰病且消渴，地爐活火時烹煎。非無村茶及野荈，入口羞澀如戈鋋。我聞武夷之山山九曲，三十六峰名洞天。中間草木藴靈氣，紫茸綠葉生春前。山人摘茶帶星月，提筐歸去凌朝烟。風時火候發香味，心靈手敏通經權。三瞻四顧方什襲，奇貨可居稀入廛。知音千里遠相訪，杖頭罄解青蚨錢。一朝馳入大庾嶺，真香真色猶新鮮。老僧内熱唇齒燥，聞名注想空垂涎。多謝主人黄叔度，散步行歌來日暮。袖中分得建溪春，留與枯禪作甘露。千頃汪波見素心，兩腋清風滌煩慮。鷲起林間病渴人，相呼相唤吃茶去。

〔清〕成鷲著，曹旅寧等點校《咸陟堂集・咸陟堂詩集》卷四，廣東旅游出版社 2008 年版。

張英

　　張英（1638—1708），明末清初桐城（治所在今安徽省桐城市）人，字敦復，號樂圃。清康熙六年（1667）進士。累官文華殿大學士兼禮部尚書。性情温和，不慕虛名。歷任《國史》《一統志》《淵鑒類函》《平定朔漠方略》總裁官。有《恒產瑣言》《篤素堂文集》《存誠堂詩集》《文端集》等。

金谷岩西種茶處

三十六岩中，金谷尤軒翔。下建五丈旗，佛身相等量。峰頂無字碑，屹立摩穹蒼。青鳥乘天風，佛頂吹笙簧。高樓接飛泉，俛看松千章。滴珠復幽窅，谽谺當其傍。丹壁垂紫蘿，亘天如石梁。山畔荷耡人，坐臥茗花香。金谷岩上有石卓立，昔人稱爲無字碑，旁有滴珠岩、綠蘿岩，時有青鳥飛來鳴於岩端。〔清〕張英《文端集》卷九，文淵閣《四庫全書》本。

退直夜坐

拂拭東華軟土塵，鐙前弄影亦天真。武夷茶味如君子，蘇陸詩篇似故人。更漏漸長眠覺穩，地爐初暖意相親。睡鄉饒有封侯樂，紙帳梅花一問津。《文端集》卷二十九。

即事三首（其一）

年來性癖武夷茶，風味溫香比豆花。融雪烹來忙小婢，故應清興似陶家。《文端集》卷三十二。

晏居啜武夷茶因懷庵學士

人增愁緒鬢增華，嘆息勞生未有涯。深掩衡門慵對客，時親湘簟夢還家。哺雛靜看歸巢燕，蒟蔓新移繞砌花。海上冥鴻消息遠，武夷猶啜故人茶。〔清〕張英《存誠堂詩集》卷二十二，清康熙四十三年（1704）刻本。

吳雯

吳雯（1644—1704），清蒲州（治所在今山西省永濟市）人，字天章，號蓮洋。詩得王士禛揄揚，聲名大噪。清康熙十八年（1679）舉博學鴻詞，未中。有《蓮洋集》。

阮翁齋啜武夷茶同令弟幔亭五首

奔走東西笑白髭，閑身那得論槍旗。春風一夜靈芽長，輸却山中通客知。

幔亭峰下曾孫宴，嫩莢驚雷又幾春。解辨蓮花香味好，端應曾是此山人。著筆成趣。

焙乳如圭更似蟾，紛紛損益罷薑鹽。屏當玉雪心腸好，粉膩先傾少婦奩。

大稱齊魯小邾莒，更有麯生中逗撓。若待伐毛三洗髓，羊腸車轉蕩嫖姚。似山谷老人。

活火風爐傍鶴柴，斜垂雲縷乳花開。卓然九曲仙人種，桑苧何能品第來。〔清〕吳雯《蓮洋集》卷六，清乾隆三十九年（1774）荆圃草堂刻本。

高士奇

高士奇（1645—1703），清錢塘（治所在今浙江省杭州市）人，字澹人，號江村。官至禮部侍郎，未就任而歸。有《左傳紀事本末》《歸田集》《清吟堂全集》《江村銷夏錄》等。

病後品茶各與一詩（摘録二首）

北苑茶

枕畔松風午睡興，烹來雲脚一層層。要知北苑無多地，筠籠鬃筒總冒稱。

武彝茶

九曲溪山繞翠烟，鬥茶天氣倍暄妍。擎來各樣銀瓶小，香奪玫瑰曉露鮮。閩俗作小瓶貯武彝茶，方圓异式。茶香似玫瑰花。〔清〕高士奇《歸田集》卷九，清康熙朗潤堂刻本。

懷悔庵檢討兼以日鑄、武彝茶、問政山笋片寄之

單居門掩沈瀟天，空宇凉生□不眠。日日把君腸斷句，後先同調寫《哀絃》。悔庵悼亡詩□名《哀絃集》。

越芽香色同蘭雪，建茗槍旗摘九峰。包裹平分寄桑苧，秋江聊當采芙蓉。

劚玉蒸瓊秘不傳，山僧遠餉五湖船。尚存泉石真滋味，正好同參法喜禪。

附悔庵檢討和詩[二十六]：月白秋高離恨天，空房獨夜自無眠。知君寫入商黃調，彈斷中郎第四弦。幔亭飲酒願相從，玉茗知生第幾峰。葉葉分開三十六，壺中喜看削芙蓉。苦笋能甜法孰傳，一籠載到越江船。消閑須識乾滋味，玉版今番參老禪。〔清〕高士奇《獨旦集》卷二，清康熙朗潤堂刻本。

彭定求

彭定求（1645—1719），清長洲（治所在今江蘇省蘇州市）人，

字勤止，一字南畇，號訪濂。清康熙二十五年（1686）進士。自修撰至侍講，在翰林四年，即回鄉不出。有《陽明釋毀録》《儒門法語》《南畇文稿》等。

謝送武夷茶

芒履何緣到武夷，揀芽相餉等瓊枝。却宜鴻漸烹泉日，絶勝龍團作餅時。石鼎香浮涵素液，冰壺色映净炎曦。使君風味情如許，續取甌梅唱和詩。〔清〕董天工《武夷山志》卷十九。

閩中友人寄武夷茶，分餉滄湄

坡老絶愛建安茶，詩中珍重逾瑶華。比擬人物義嚴峻，性成君子偏幽遐。坡詩："建溪所産雖不同，一一天與君子性。"武夷之曲神仙宅，清泠冰雪含靈芽。峒山龍井無足异，陽羡日鑄尤難誇。年來閩客能好我，遠郵包裹生咨嗟。我輩賦物應懷古，搔爬濁垢攻疵瑕。餉君識取骨鯁貴，翛然遠韵思無涯。骨鯁，亦東坡詩，以喻建茶。急取新泉試活火，强如沉醉生狂華。人生何必頭綱賜，紅塵埋首隨紛拿。溪山別有佳人在，前賢好尚良無差。〔清〕彭定求《南畇詩稿》卷二，清康熙四十八年（1709）刻本。

久不得武夷茶，湯子方以閩客所寄移惠

望斷閩山茗葉青，良朋移貺夢初醒。問誰思遠投金錯，爲我留香鐍玉瓶。瓶口鎔錫，原封未啓。幽事正宜從陸羽，狂情不擬學劉伶。時方戒酒。山泉一勺親調火，仿佛風生自幔亭。《南畇詩稿》卷九。

謝劉正思重惠武夷佳茗并送還閩二首

公車尋舊徑，仙茗裹來重。香閟含蘭蕊，膏流浥露茸。真宜瀹

谷咏，堪作覺林供。爲問雲腴滴，層岩第幾峰。

摶風猶復息，獻玉豈無期。旅思方栖托，秋懷又別離。棹衝江漲急，袂曳嶺雲遲。尚有臨岐感，瑶華許再貽。《南畇詩稿》乙未集。

延平劉孝廉正思贈武夷茶上品三種，喜爲作歌

幔亭峰上白雲鄉，氤氲瑞草涵芬芳。吾生塊處老一室，何由蹋屐游閩疆。幸然遠朋頗好我，比年茶茗多携將。品題名號繽紛甚，岩洲之間分低昂。《茶譜》云："武夷以岩茶爲上，洲茶爲次。"斷崖絶磵脱泥壤，蓊鬱老樹摩青蒼。先春雷動靈牙摘，和烟帶雨迎清暘。絶品由來不易得，一撮珍重非尋常。延平劉子三年別，公車敦約停輕裝。篛籠滿貯銀瓶叠，開緘一一聞幽香。或如紫茸迸石乳，或如金蕾花還藏。或如蓮菂抽成縷，人工精鑿呈毫芒。一名宋樹，一名藏花，一名蓮子心。令我應接頓不暇，奇珍快意逾琳琅。重玩古人真賞句，歐梅如在兼蘇黄。龍團鳳餅製不作，漫嗟水厄澆枵腸。欲訪當時老桑苧，斟酌水火傳遺方。松風聲起魚眼沸，舌端真味回甘長。調融榮衛瀹肝肺，神功貫注殊難量。底事有情延白墮，儘教無夢問黄粱。何日群仙從飲宴，寶文初蕊還相將。蓬萊山有寶文蕊，食之不飢。《南畇詩稿》壬辰集。

饒澤殷

饒澤殷（生卒年不詳），清崇安（治所在今福建省武夷山市）人，字毓祥，號梅村。諸生。有《鑒要七言歌》。

武夷茶賦

夷山競勝，曲水矜誇，萬壑流清，滋榮瑞草，千峰萃秀，産茁

香茶，名推玉乳，品羨金沙。開山闢地兮遍栽嘉種，斬荊芟穢兮好獲玉華。老幹長新枝，盤根常看爛熳。白花方吐蕊，香芬更羨清葩。百草尚未芳叢，先春凍雷驚笋。群林猶未舒翠，及時穀雨抽芽。手亂人忙，終朝不盈一掬。前呼後隊，遍地何啻千家？發葉當春暖，盈筐盡日斜。操筥攜籃，攀援隴畔。蓬頭跣足，踏遍林柯。采摘帶嚴霜，膚寒指冷。爰求沾苦雨，荷笠披蓑。雨暗晴嵐，均深永嘆。風清日朗，遍聽高歌。金井坑泉徹夜涼，芳叢倍添氣味。玉女峰頭迎曉霧，新英更羨猗獵。秋露蘭花和雨滴，拗香鷹嘴帶甜過。虎嘯岩前，酪奴應爲驚出。龍吟洞口，雀舌更自喧和。雲窩繞洞兮薰蒸釀氣，接笋懸梯兮攀摘煩疴。金雞洞唱五更寒，家家燈火連深夜。臥龍潭靜三更月，戶戶人聲徹僻窩。焙芳不須活火，炒葉只用溫鍋。清香味取醇厚，白毫品羨麼麼。炒青研玉液，醅綠泡松蘿。碾細香塵起，烹新味噴呵。數番活水沸蝦鬚，曾到一嘗喉下閒。半勺甘泉浮蟹眼，何須三峽水中科。龍團鳳髓香殊异，雪葉雲英味太和。兩腋生風，欣添逸興。幾杯消暑，快任吟哦。縱有世情珍百味，那知茶品快人多。〔清〕董天工《武夷山志》卷十九。

祝翼權

祝翼權（生卒年不詳），清海寧（治所在今浙江省海寧市）人，字端宸。清康熙十二年（1673）進士。官工部員外郎。有《吟廬集》。

煮茶歌和傅笏巖

曉院轆轤如轉轂，古牆不礙詩城築。春雲入頰細無痕，卷簾長嘯清酤獨。十年閑爲一官忙，乘興何當頻看竹。故園笋蕨夢中肥，覺來初報凌霄熟。我昔最慕武夷茶，解事還能散馥郁。沸鼎松聲噴綠濤，雲根漱玉穿飛瀑。此時拄頰意超越，置身仿佛南泠曲。小軒蘭韵午晴初，個中自有真清福。不須斗酒換西凉，春芽絕勝葡萄麯。習習生風兩腋間，狂來潑袖忘杯覆。所謂伊人在水湄，詩來百讀沁心脾。鶴怨猿啼歸未得，文成應有北山移。〔清〕阮元《兩浙輶軒録補遺》卷二，清光緒刻本。

查慎行

查慎行（1650—1727），清海寧（治所在今浙江省海寧市）人，初名嗣璉，字夏重，後改名慎行，字悔餘，號他山，又號初白老人。清康熙四十二年（1703）進士。詩宗蘇軾、陸游。有《敬業堂詩集》《敬業堂詩續集》《蘇詩補注》等。

冲祐觀

一溪隨棹轉，天半削兩峰。萬年宮在兩峰趾，古殿入門三五重。長廊白日氣幽邃，蔭以楓桂樟楠松。不知中有路，但見列岫四面排高墉。不知下有溪，但聞嘈吰韇韥相應如鼓鐘。神仙高居道士俗，三月四月忙於農。苦言茶味薄，不足充上供。客來正炎熱，嘔思澆此枯渴胸。頭綱封裹度嶺去，上品一呷霑無從。明朝試扣白雲洞，洞口老僧逢不逢。武夷茶出僧製者，其價倍於道院。〔清〕查慎行《敬業堂詩集》卷二十四，清康熙五十八年（1719）刻本。

和竹垞《御茶園歌》[二十七]

宋茶貴建産，上者北苑次壑源。研膏京挺南唐貢茶名。製一變，争新鬥异凡幾番。白龍之團青鳳髓，輦載入洛重馬奔。武夷粟粒芽，其初植未繁。何人著録始經進，前有丁謂後熊蕃。君謨士人亦爲此，餘子碌碌安足論？宣和以來雖遞驛，場未官設民不煩。元人專利及瑣細，高興父子希寵恩。大德三年歲己亥，突於此地開茶園。中連房廊三十舍，繚垣南北拓兩門。先春次春遍采摘，一火二火長溫麕。緘題歲額五千餅，雞狗竄盡山邊村。携來詐馬筵，和入湩酪供鯨吞。豈知靈苗有真味，石銚合煮青松根。爾來歷年已四百，御園久廢名猶存。笟籃四月走商販，茶户幾姓傳兒孫？我思蠙魚橘柚任土貢，微物亦可充天闍。朝廷玉食自不乏，何用置局灾黎元？追思興也實禍首，幸保要領歸九原。山靈曷不請於帝，按女青律笞其魂？傳語後來者，毋以口腹媚至尊。《敬業堂詩集》卷二十四。

雨夜宿王子穎龍游學署

先生六十鬢將華，老去方憐始願奢。百里好山長繞郭，一官閑地便移家。空堂對酒凉生幔，細雨移燈夜落花。分爾歸裝無俗物，芙蓉岩石竹窠茶。《敬業堂詩集》卷二十五。

御賜武夷芽茶恭記

幔亭峰下御園旁，武夷山下有御茶園，元時貢茶地名。貢入春山采焙鄉。曾向溪邊尋粟芽，蘇軾句：“武夷溪邊粟粒芽。”却從行在賜頭綱。雲蒸雨潤成仙品，器潔泉清發异香。珍重封題報京洛，可知消渴賴瓊漿。《敬業堂詩集》卷三十。

林鹿原餉武夷茶

頭綱拜賜吾何有，細色徒聞馬上誇。何法商量好消渴，都籃分得大窠茶。<small>梅聖俞新茶詩："大窠有壯液，所發必奇穎。"《敬業堂詩集》卷</small>四十一。

武夷采茶詞四首

荔支花落別南鄉，龍眼花開過建陽。行近瀾滄東渡口，滿山晴日焙茶香。

時節初過穀雨天，家家小竈起新烟。山中一月閑人少，不種沙田種石田。

絕品從來不在多，陰崖畢竟勝陽陂。黃冠問我重來意，挂杖尋僧到竹窠。<small>山茶產竹窠者為上，僧家所製遠勝道家。</small>

手摘都籃漫自誇，曾蒙八餅賜天家。酒狂去後詩名在，<small>用許嵩題詩岩事。</small>留與山人唱采茶。<small>《敬業堂詩集》卷四十四。</small>

瑞鶴仙<small>武夷山下看道院製茶。</small>

淺瀨紋如縠，把輕篙撐入，瀾滄<small>渡名</small>。九曲。花宮繞林麓。也不耕瑤草，不栽黃竹。一聲秸鞠。催隔塢、人家布穀。又誰知、茶竈開時，三月石田番熟。

雨足。旗槍初展，院院提筐，摘將嫩綠。濃蒸緩焙，看火候、纔經宿。引微颸吹出，白雲深處，香遍山南山北。儘清流、<small>船名</small>。滿載笱籠，何妨無宍。<small>即"肉"字，見《吳越春秋》。《敬業堂集》卷五十。</small>

沈涵

沈涵（1651—1719），清歸安（治所在今浙江省湖州市）人，字度汪，號心齋，晚更號彖餘居士。清康熙十五年（1676）進士。

任福建學政，取士公允，不雜私心。歷官少詹事、內閣學士兼禮部侍郎、會試副總裁。有《賜研齋詩存》《讀史隨筆》《左傳注疏纂鈔》等。

謝王適庵惠武夷茶

雀舌龍團總絕群，驛書相餉意偏殷。香含玉女峰頭露，潤帶珠簾洞口雲。不用破愁三萬酒，慚無挂腹五千文。呼童攜取源泉水，細展旗槍滿座芬。〔清〕董天工《武夷山志》卷十九。

朱昆田

朱昆田（1652—1699），清秀水（治所在今浙江省嘉興縣）人，字文盎，號西畯。朱彝尊子。太學生。好讀書，能傳家學。有《笛漁小稿》《三體摭韵》等。

以武夷茶餉穗園，穗園以葛粉見答，因賦長句

我贈君以紅雲雀舌之茶，君報我以黃海葛花之麵。茶香溪口初掐焙，麵細山中久澄練。茶無一撮麵百侖，以少易多駤我面。桄榔爲糝蕨爲粉，落落嚨喉曾飽咽。葛花消酒素所惜，此外功能少聞見。急翻本草考藥性，解躁除煩效如箭。我今半歲疾未已，鬱火燒心頭目眩。連抄數匙白於雪，喚婦煮湯調以薦。沈痾不覺頓然釋，手腳俄焉輕可旋。所惜如蠡酒戶窄，未克從君夜談宴。君飲一石亦不醉，鹿藿爲麋原不羨。《本草》："葛，一名鹿藿，爲鹿食，九草之一。"惟當箬葉裹新茶，白日相期作茗戰。〔清〕朱彝尊、朱昆田《曝書亭集（附笛漁小稿）》卷十，《四部叢刊》本。

陳大章

陳大章（1659—1727），清黄岡（治所在今湖北省黄岡市）人，字仲夔，號雨山。清康熙二十六年（1687）進士。有《玉照亭詩鈔》《北山文鈔》《抱節軒類記》《詩傳名物集覽》等。

子京寄武夷茶，戲成長句答之

建茶昔稱龍鳳餅，密雲晚作尤奇穎。瓊芽雪色更争新，老子瞢騰百不省。便便睡腹懶讀書，愛向家山煎苦茗。玉川莫信誇陽羨，涪翁未便詫雙井。朝來食指有佳占，一掬靈苗寄閩嶺。呼童遠汲乳寶泉，脱帽旋燒折脚鼎。病妻畏冷擬加薑，稚子朵頤先嚼梗。喧呼半晌事豪奢，齒頰經時回雋永。涓涓竹露瀉風湍，漠漠桐花散清影。陸生著論不須慚，君謨士人那容哂。乘風欲謁武夷君，幽夢直縈石門頂。詩成聊爲助軒渠，應笑此翁常獨醒。〔清〕陳大章《玉照亭詩鈔》卷十五，清乾隆九年（1744）陳師晋刻本。

顧嗣立

顧嗣立（1665—1722），清長洲（治所在今江蘇省蘇州市）人，字俠君。清康熙五十一年（1712）進士。授知縣，以疾歸。有《秀野集》《閭丘集》等。

坐茶場試武夷茶偶成三絶

陰嶺高崖露漸晞，晴雲黏地午風微。提筐小摘青青葉，一派歌聲接笋歸。

石乳翻翻應火候，松風謖謖瀉鐺邊。箬籠細字分題處，嚼出清甘是雨前。

海味腥羶不下喉，建溪溪水碧於油。好憑七碗澆腸胃，洗盡年來萬斛愁。〔清〕顧嗣立《秀埜草堂詩集》卷十七，清道光二十八年（1848）潯州郡署刻本。

自玉山至南昌舟中雜詩二十首（其五）

焦石山柴賤如土，焦石渡產柴炭。鉛山冬笋不論錢。別有白毫接笋出，旋吹活火汲新泉。冬笋、武夷茶俱集鉛山河口，時直最廉。《秀埜草堂詩集》卷五十三。

李馥

李馥（1666—1749），清福清（治所在今福建省福清市）人，字汝嘉，號鹿山，別號信天居士、愛閒主人、福清李二使。清康熙二十三年（1684）中舉。歷任工部員外郎、刑部郎中等。有《居業堂詩稿》。

鐵蘭品茶

好事憐僧侶，招邀過鐵蘭。風爐鳴蚓竅，活火煮龍團。味逐峰巒別，山深烟雨寒。清風生兩腋，暮色倚樓看。〔清〕李馥《居業堂詩稿》"武夷游草"篇，清雍正稿本。

寄茶

罌分少許建溪春，金井僧供風味真。雨露涵濡清徹骨，槍旗碾潑爽怡神。松風乍聽涼生座，蟹眼徐看靜洗塵。更欲品泉邀陸羽，荒齋聊慰白頭人。《居業堂詩稿》"丁未"篇。

與金海門共游虎阜，別後金寄詩并索茗，次韵之

笑看逐客聚蘇州，乘興相將過虎邱。自酌樽罍邀桂魄，還聽簫管咽江樓。逢禪共話三生石，得句能輕萬户侯。最是娱人秋色好，蓼花掩映白蘋洲。

杭州浪迹又蘇州，三載幽栖傍虎邱。不羨春風花滿眼，還貪秋月夜明樓。雲英香聚勞禪侣，金井僧樂聞以武夷茗相贈。琥珀杯濃老醉侯。已掉歸航期後會，重陽共泛百花洲。《居業堂詩稿》"丁未"篇。

繆沅

繆沅（1672—1730），清泰州（治所在今江蘇省泰州市）人，字湘芷，一作湘沚，又字澧南。清康熙四十八年（1709）進士。官至刑部左侍郎。工詩，有《餘園詩鈔》。

惠山第二泉試武彝茶，歌用商邱先生韵

寒泉九曲夢未到，瑞草一束叢生岩。氣蒼味厚色轉樸，雪煩驅滯心爲恢。廟山蘿芥苦柔媚，配此風格方相兼。閩僧前時裹寄我，日夕蒸焙誇茅檐。行纏南沂不忍弃，驅屐白硾標紅籤。碣來試茶山水窟，獠奴蒭葉勞包緘。松響颼颻風鼓浪，泉音玎琤水拂簾。雲垂緑脚滲遥碧，香浮翠乳凝空嵐。泉清石白正映發，夫豈尤物横碱砭。從來萬事尚標格，咀嚼至味無人探。斯水煮茶合第一，虚評浪語空譏讒。是時山空岩骨露，一塵不動含晶鹽。餘甘漱齒喉吻潤，恍在武曲搊吟髯。胸中腥腐滌欲盡，茗柯妙理搜叢談。徐世昌《晚晴簃詩匯》卷五十七，民國十八年（1929）退耕堂刻本。

揆叙

揆叙（1674—1717），字恺功，號惟實居士。滿洲正白旗人。官至左都御史。有《益戒堂詩集》《鷄肋集》等。

阿雲舉惠武夷茶，賦謝

分來三十六峰春，同調偏憐酒渴身。蟹眼未諳煎水訣，龍團謬許別茶人。不辭屢受王濛厄，相勸須供陸羽神。他日玉堂傳故事，頭綱宣賜未稱珍。〔清〕揆叙《益戒堂詩集》卷六，清雍正元年（1723）揆永壽謙牧堂刻本。

朱樟

朱樟（1677—1757），清錢塘（治所在今浙江省杭州市）人，字鹿田，號慕巢，晚號灌畦叟。清康熙三十八年（1699）舉人。歷官澤州知府。有《古廳集》《冬秀亭集》《一半勾留集》等。

崇安瞿明府寄武夷茶，仍用前韵報謝

遺我精舍茶，亟解篛籠去。竹窠品絶佳，竹窠，武夷茶名。妙境隔蒼霧。每曲多迴汀，一水屢喚渡。桐角窵春殘，杉鷄啼雨暮。携鎗試雲腴，仿佛親杖屨。冲澹性所便，緩飲趁徐步。冰芽與露甲，味淺唾不顧。販茶至晋者，人皆不售。仙賞恐無期，迢迢笙鶴路。

玉醴傾蠻尊，渴羌忽呵去。仙露詫武夷，先韋齋公詩，考[二十八] 亭陳國器家釀，名曰武夷仙露。屏風叠翠霧。茶乃真液全，溪許夕陽渡。烝揉喜望春，采擷或愁暮。遠惠風情俱，行役累芒屨。靈芽破積昏，晚飲息倦步。天涯仗親朋，逾噚肯存顧。願借擷鷁風，飛夢虹橋路。〔清〕朱樟《冬秀亭集》卷四，清乾隆刻本。

汪士慎

汪士慎（1686—1759），清歙縣（治所在今安徽省歙縣）人，字近人，號巢林，又號溪東外史。流寓揚州。工分隸，善畫梅，神腴氣清，墨淡趣足。爲“揚州八怪”之一。有《巢林集》。

試茶雜吟十首（擇錄一首）

武夷三味

此茶苦、澀、甘，命名之意或以此。余有茶癖，此茶僅能二三細甌，有嚴肅不可犯之意。或云樹猶宋時所植。

初嘗香味烈，再啜有餘清。煩熱胸中遣，涼芬舌上生。嚴如對廉介，肅若見傾城。記此擎甌處，藤花落檻輕。〔清〕汪士慎《巢林集》卷二，清乾隆九年（1744）刻本。

陸廷燦

陸廷燦，生平見《譜錄篇》。

武夷茶

桑苧家傳舊有經，彈琴喜傍武夷君。輕濤松下烹溪月，含露梅邊煮嶺雲。醒睡功資宵判牒，清神雅助晝論文。春雷催茁仙岩笋，雀舌龍團取次分。〔清〕董天工《武夷山志》卷十九。

愛新覺羅·弘曆

愛新覺羅·弘曆（1711—1799），年號乾隆，廟號高宗。是我國古代歷史上實際執政時間最長的皇帝，也是最長壽的皇帝。執政期間勵精圖治，完善并加强了對西藏、新疆的治理，奠定了近代中國的版圖；主持編成《明史》《四庫全書》等。有《御製詩》《樂善堂全集》等。

冬夜煎茶

清夜迢迢星耿耿，銀檠明滅蘭膏冷。更深何物可澆書，不用香醅用苦茗。建城雜進土貢茶，一一有味須自領。就中武夷品最佳，氣味清和兼骨鯁。葵花玉輵舊標名，接笋峰頭發新穎。燈前手擘小龍團，磊落更覺光炯炯。水遞無勞待六一，汲取階前清洌井。阿僮火候不深諳，自焚竹枝烹石鼎。蟹眼魚眼次第過，松風欲作還有頃。定州花瓷浸芳綠，細啜慢飲心自省。清香至味本天然，咀嚼回甘趣逾永。坡翁品題七字工，汲黯少戇寬饒猛。飲罷長歌逸興豪，舉首窗前月移影。〔清〕愛新覺羅·弘曆《御製樂善堂全集定本》卷十五，文淵閣《四庫全書》本。

萬光泰

萬光泰（1712—1750），清秀水（治所在今浙江省嘉興縣）人，字循初。清乾隆初年舉人，薦舉博學鴻詞。工詩，其詩秀朗綺麗，宗黃庭堅。善山水，筆墨瀟灑，氣味純古。亦善篆刻，精算學。有《柘坡居士集》等。

掃花游·武彝茶

紅蘭香净，甚特地封來，數重青箬。松爐漫瀹。看初收麥顆，漸開蓮萼。沸了還停，滾滾春潮暗落。畫樓角。正酒醒桃笙，雨晴簾幙。

天末雲滿壑。問積笋峰前，幾家樓閣。花深竹錯。想溪南三十，九泉如昨。擬試都籃，誰繫行山翠屩。晚風薄。聽空瓶，幔亭歌作。〔清〕王昶《國朝詞綜》卷二十七，清嘉慶七年（1802）刻本。

汪筠

汪筠（1715—?），清秀水（治所在今浙江省嘉興市）人，字珊立，一字斡翁，號謙谷。諸生。官至長沙知府。工詩善畫。有《謙谷集》。

武夷茶

武夷九曲四曲佳，御茶園廢餘蒼霾。春夙粟粒羅生皆，摘鮮焙芳溪上娃。箬籠包裹走市街，此味不嘗虛我儕。阿兄遠致蒙好懷，清晨試啖松下齋。黃梅水白簾泠偕，好客四五無參差。酪奴水厄徒詠俳，令人少睡輕百骸。玉女峰高仙鬟釵，曾孫下界重來乖。人間可哀蓬勃埋，架屋息影湏懸崖。都籃何日雙芒鞋，看山獨上青竹箄。〔清〕汪筠《謙谷集》卷四，清乾隆八年（1743）汪璐刻本。

袁枚

袁枚（1716—1797），清錢塘（治所在今浙江省杭州市）人，字子才，號簡齋、隨園老人。清乾隆四年（1739）進士。有詩名，與趙翼、蔣士銓并稱"乾隆三大家"。有《小倉山房集》《隨園詩話》《隨園食單》《子不語》等。

試茶

閩人種茶當種田，郯車而載盈萬千。我來竟入茶世界，意頗狎視心逌然。道人作色誇茶好，磁壺袖出彈丸小。一杯啜盡一杯添，笑殺飲人如飲鳥。云此茶種石縫生，金蕾珠蘗殊其名。雨淋日炙俱不到，幾莖仙草含虛清。采之有時焙有訣，烹之有方飲有節。譬如麴蘗本尋常，化人之酒不輕設。我震其名愈加意，細嚼欲尋味外味。杯中已竭香未消，舌上徐停甘果至。嘆息人間至味存，但教鹵莽便失真。盧仝七碗籠頭吃，不是茶中解事人。〔清〕袁枚《小倉山房詩集》卷三十一，清乾隆初刻本。

洪亮吉

洪亮吉（1746—1809），清陽湖（治所在今江蘇省常州市）人，初名禮吉，字稚存，號又蛣，後改名亮吉，字穉存，一字君直，號華峰、北江居士、更生居士。亢爽有志節，性褊急不能容物，於書無所不窺，尤精輿地學。有《洪北江全集》。

九曲溪盡已抵星村，偶登木架橋望迤西

諸嶺一縣所產茶皆叢集於此，以是川、湖、江、浙人無所不有。

采茶十萬人，擔茶十萬夫。即此茗飲微，先已繁人徒。藉此肩背勞，庶幾育妻孥。土人頗急公，稅總先時輸。崇安大安關，一一須合符。川湖陝廣人，日日塞道途。遐方集幽涼，近郡趨杭蘇。云

皆集兹村，賃屋常不敷。又聞一山茶，足抵一縣租。人皆競錐刀，利在害即儲。山空人事多，夜半猶傳呼。微明涉溪橋，長嶺環若郛。惜哉九曲溪，至此流已粗。舉杯別幔亭，村酒仍須酤。〔清〕洪亮吉《更生齋集·詩續集》卷五，清光緒三年（1877）《洪北江遺集》本。

采茶歌

采茶人，多建昌。三月花時來，木落還故鄉。一年八月山中住，多買山園種茶樹。茶寮要比僧寮多，喚作江西采茶戶。蠻童更較蠻女強，堆鬆兩兩茶花黃。天然一樣好顏色，真味入葉花無香。房廊處處青烟鎖，雨後焙茶須細火。川湖陝廣客已齊，範錫似銀將茗裏。籠茶何止達八方，衣被已到西南羌。龍媒合隊易鳳餅，到口一滴如瓊漿。《茶經》此日須重續，顧渚松蘿味都薄。只惜仙人頂上頭，千層鐵索皆傾落。茶以武夷峰頂者爲上，今索斷，不能復采。我來偶到生公房，幾葉却許清晨嘗。沉泥陽羨瓷景德，飲罷兩腋生清涼。乞作《采茶歌》，采茶人并在。盤盤九曲溪，歲歲三時采。君不見秋茶采後采春茶，三月韶光艷如海。《更生齋集·詩續集》卷五。

章朝栻

章朝栻（1757—1811），清連江（治所在今福建省連江縣）人，字端應，號仿軒。清乾隆四十五年（1780）進士。博通經史，尤善書法，以精於編修志書而著稱。

咏武夷茶四首[二十九]

我昔游吳越，相從事游宴。酒渴索茗飲，北苑首先選。市價良不苟，呼童烹雪練。瀹以綠瓷甌，坐客嘗皆遍。今我來山中，如餐五侯鯖。多者饋盈箱，少或進數片。詢其值幾何，卑之亦一絹。在山本爲貴，出山反爲賤。物理已如斯，懷奇勿自炫。

溪行不數曲，大碑忽當路。云是御茶園，園中有宋樹。采采不盈掬，野人加珍護。想見喊山時，彩旗映花露。六陵年無冬青，此樹猶如故。好古易失真，徇名恐多誤。彝器與圖書，贋鼎何可數。款識非不陳，所收等敝屨。況茲草木姿，安能去朽蠹。吾寧取其新，色香浮竹素。

建州鳳凰山，造茶盛於宋。十綱多龍團，其五以芽重。端明啓沃功，乃在此清供。何殊錢相公，牡丹洛陽貢。不意傳至今，中復有名種。或噴木瓜香，或啜乳酪潼。或現菩薩光，或諷羅漢頌。肇錫盡嘉名，紛紜等聚訟。其源僅濫觴，繼乃漸放縱。一杯中人產，君子有深痛。

石以水爲氣，木以水爲母。有土以濟之，生氣居然厚。武夷山戴土，石罅涓涓剖。靈液晝夜滋，靈芽苗瓊玖。所擅獨清奇，不脛天下走。得天固自多，得地良非偶。莊生亦有言，松柏青青壽。洪簡、詹繼良《重修崇安縣志》卷十，民國十三年（1924）稿本。

孫爾準

孫爾準（1770—1832），清金匱（治所在今江蘇省無錫市）人，字平叔，號戒庵，一號萊甫。清嘉慶十年（1805）進士。歷官江西按察使、福建布政使，安徽、福建巡撫，閩浙總督等。有《泰雲堂集》。又曾協纂《全唐文》，纂《永定縣志》，輯有《明詩鈔》。

煎茶

雲龍月兔碾雙環，紗帽籠頭意思閑。斜日映窗殘醉在，松風一榻夢鄉山。定州紅玉拭羅巾，芳晝迴廊竹火新。當日文園消渴甚，玉纖親瀹碧蘿春。回首東風漲綠蘋，軟紅瞇眼望難真。一甌自對春江碧，不省門前十丈塵。贈來諫議説盧仝，北苑頭綱篆印紅。便著黃衫得歸去，何須更啜密雲龍。〔清〕孫爾準《泰雲堂集》卷六，清道光十三年（1833）孫氏刻本。

崇安令汪樹滋惠武夷茶，賦長句寄謝

南遷何物誇向人，壑源早茗楓亭荔。新羅三載如繫匏，舌在何曾識風味。陳家紫香六月初，歸騎今年走相避。武彝僅隔一樵川，笨籠連翩供俗嗜。小鈐徒聞社火前，外焙誰辨沙溪僞。穆陀樹本仙人種，玉葵絕品何由致。白絹斜封赤印鈐，故人爲遣軍持寄。雙瓶氣潑香雨濃，一旗色卷春雲翠。活火自學黃衣煎，試水頻傾紅玉器。清凝蘭露欲搜腸，響沸松風初破睡。漫道詩情合得嘗，擲與粗官真自愧。歐公拜賜明堂齋，寶惜龍團敢輕試。東坡珍重密雲龍，明略當年猶忝次。我今七碗意未休，浪説品題能默識。能仁院中石岩白，只有君謨悉原委。至今聞説清隱堂，精奇尚屬山僧秘。安得身行鐵鎖橋，天柱峰頭望奇字。逢君政成正清暇，采茶聲裏傳呵至。宴罷紅雲訪昔游，烹來綠雪消殘醉。時清方貢皆罷停，盡黜茶官醒雕邊。願君勿學何易于，驚雷一炬無遺利。《泰雲堂集》卷七。

午睡

浮生隨地可安家，莫遣芳樽負物華。老至何煩爲日計，醉來渾欲忘天涯。霜柯神護唐人迹，侯官大湖有唐天祐年書鐫枯樹上，至今猶在。玉鈐僧緘宋代茶。崇安宋代茶樹尚存。午睡乍回芳晝永，小齋幽事賞心賒。《泰雲堂集》卷八。

陳雲章

陳雲章（生卒年不詳），清莆田東陽（地在今福建省莆田市荔城區）人，字秋河。清嘉慶十四年（1809）進士。官至義寧州知州。有《清遠樓稿》等。

武夷紀游

星村歷歷俯平田，鑿破鴻濛未有天。世外衣冠真太古，雲中雞犬亦神仙。人家比櫛茶成市，賈客歸裝月滿船。喜有故鄉來問訊，圖來笠屐好因緣。〔清〕涂慶瀾《國朝莆陽詩輯》卷二，清光緒二十七年（1901）刻本。

蔣蘅

蔣蘅（1793—1857），清甌寧（治所在今福建省建甌市）人，初名殿元，字拙齋。清嘉慶二十四年（1819）舉人。喜治漢學，名其堂曰"耘經"，學問淵沉而雅博。喜山水，愛武夷五曲水雲寮，岩壑幽奇，自號雲寮山人。晚主講浦城南浦書院。有《雲寮山人文鈔》《雲寮山人詩鈔》等。

禁開茶山議

茶山之害，大要有三：一曰藏奸聚盜。茶廠多在山僻，且係客氓，窩隱匪類，勢難譏察。即使廠戶不窩匪，然孤廠無援，猝有匪徒麕至，因糧借宿，不能抗拒，深山窮谷，皆此輩行館。又碧豎《閩小紀》：延、邵呼製茶人爲碧豎。率無藉游民，年豐穀賤，茶熟采多，彼自分傭各廠。若穀貴茶虧，無處得食，則相聚剽敓。道光十四年，已事可鑒。此茶山之害一也。一曰多耗食米。兩邑出米，僅足自食。浦、松、政商運至郡者，常供陽、崇搬糶。茶廠既多，除陽、崇不計，甌寧一邑不下千廠。每廠大者百餘人，小亦數十人，千廠則萬人，兼以客販擔夫，絡繹道途，充塞逆旅，合計又數千人。田不加闢，而歲多此萬數千人耗食，米價安得不貴？十三四年間，稍傷虫蟓，收穫尚及六成，而米價至八千一石，爲從來所未有。向時石四千，即須開倉平糶，今則四千爲常價矣。此茶山之害二也。一曰損壞田土。建多山泉，田不畏旱。古有"大旱大熟，小旱小熟"之謠。緣山中林木陰翳，冬春雨雪之水滲入土脉，溢爲泉眼。在《易》，山下出泉，水草蒙密，其象爲蒙。而江慎脩《河洛精蘊》推論五行相生，亦有山木蔭泉之說，即醫家培子益母，肝腎相滋之理也。自開茶山，寸草不留，泉眼枯竭，雨澤偶愆，田立乾涸。當春雨時，山水溜急，沙土并下，壅塌旁田，旋加脩治，而黏土在下，砂土在上，遂變磽確。又水無樹葉草根浸漬，氣不膏潤，亦不能肥田，年來即不遇旱澇虫螟，而田土較昔薄收，皆以山光之故。此茶山之害三也。具此三害，茶山誠不可以不禁。然禁之又有難者，彼廠户種茶下土，既出山租，又費貨本，一旦勒令廢弃，誰能甘心？操之太蹙，恐致激變。但當持之以漸，如古限田之法，嚴立禁條，責成山地主，除已開成茶山者，姑聽其采摘，此外不許增墾尺寸。有將山地賃與客户開茶者，山主與廠户一體治罪。如隱匿及將新墾冒老山，從重科罪。其現開茶山若干，茶廠若干，廠户某某，山主某某，另立一册，以便稽查。仍責其毋容留奸宄，及荒年哄糶結狀。其有資本虧折願徙業者，即將山退還原主，不得轉賃他人。茶根入土最淺，又歲耡治無壅培，二三十年便枯朽，廠户利盡，漸漸散歸，數十年後，茶山可盡廢也。但州縣骸骹，又數遷調，旋禁旋開，何益於事！必得制府奏請於朝，著爲永例。境内有新開茶山，州縣官一并參處，庶能有濟。近來茶山蔓延愈廣，甌轄四鄉十二里幾遍。西鄉在萬山深處，亦有茶山。五月間，予以事至卞溪，見其地山高路僻，疑未經兵燹，乃縣志稱國初人户逃絶，田土荒蕪，至爲凋敝，則山賊之擾也。予謂彼處殷户，宜鑒前車爲長久計，但歲出藏穀，平價糶食，附近村莊於已虧損無多，而人人受賜，因使之互相聯絡，平日不許客民入境，有變則扼險自守，可保無虞。今開茶山，是揖盜入門庭，將來必受其禍，而鄉愚嗜利，不知遠圖，可爲浩嘆。歸途避前嵐之險，遂由航頭出水吉。茶市之盛，幾埒陽、崇。因思武夷自元明迄今五百餘年，極盛將衰。而甌寧駸駸日起，則延及建安。復興北苑乃勢所必至，及今爲之所，猶屈突徙薪之謀也，守土者顧漠然置之，可乎？〔清〕蔣蘅《雲寥山人文鈔》卷二，清咸豐元年（1851）刻本。

晚甘侯傳

　　晚甘侯，甘氏如薺，字森伯，閩之建溪人也。世居武夷丹山碧水之鄉，月澗雲龕之奥。甘氏聚族其間，率皆茹露飲泉，倚岩據壁，獨得山水靈异氣性，森嚴芳潔，迥出塵表。呼吸之間，清風徐來，相對彌永，覺心神倍爽，煩滯頓消。大約森伯之爲人，見若面目嚴冷，實則和而且正。始若苦口難茹，久則淡而彌旨，君子人也。然亦卒以此不諧於俗。慶曆間，蔡君謨襄爲福建運使，始薦於朝。得召對，使待詔尚食郎，而爲開府於建之鳳凰山，置北苑使領之。培植造就，歲拔其尤以貢。是時，上眷方隆，當宵衣恭默，嘗得侍禁秘。森伯雖故冷面，而上愈益優渥之，亦時時進苦口，上亦茹納之。由是森伯聲價重天下，公卿争欲得以爲榮。已而其别族之居日注者，漸有名兩浙間，而雙井白氏尤盛。世皆以其甘脆可悅，而嫌森伯之難近也。久之，遂得進，幸而漸絀。森伯未幾罷貢，放還鄉里。森伯疾俗好之難諧也，真賞之莫逢也，夭邪之害正也。遂優游林下，日與幽人逸士游。嘗慷慨太息，以為自古人君莫不欲得苦口之臣，職司喉舌，冀有補導，卒之便利之徒日以進，剛嚴之士日以疏者，蓋甘乃易入，苦則難茹，人情然也。與眉山蘇軾最善，軾有《寄錢安道》詩，論及森伯，至比之汲黯、蓋寬饒。森伯聞之，嘆曰："東坡，我鮑叔也。抑吾於蘇氏，微特臭味之投，毋亦其性有近焉者乎？熙寧、紹聖，不可言矣。當元祐時，司馬君實得政，君子道長矣，而東坡猶以不安於朝。洎建中初，韓、曾蹶起，黨籍諸臣以次收用，獨蘇氏兄弟尚領宮祠，故東坡論予以苦硬。如坡者，正復坐硬耳。夫以元祐、建中之會，司馬、韓、曾之賢猶不能無恨於二蘇，他何論焉？時事若此，可以隱矣。"先是，森伯之祖嘗與王肅善，及肅入魏，而見辱於酪奴。至是又為日注、雙井後進夭邪者所奪，遂戒子孫勿仕進。及卒，同人私諡曰晚甘侯，表其節也。子孫散處建陽、武夷者甚蕃滋，而森嚴芳潔，大有乃祖風。

贊曰：建溪山水深厚，其人醇茂而質直。予嘗游武夷，流覽三十六峰之勝，見森伯故所居處，山皆石骨，水多甘泉，土性堅而腴。森伯之風味若此，毋亦地氣使然耶？嗟夫！以森伯之冷面苦口，雖非和羹之用，使得為御史都諫，其風力顧何如哉！《雲寮山人文鈔》卷七。

《茶誦》送藹堂周丈歸粵西有引

藹堂先生將旋里來告別，因索詩以道其行。予竊以為河梁執手，南浦消魂之語，先生饜聞之矣。而先生生平事迹，具諸《出塞圖》及《送行草》中，不待予之贅述。先生初令江西之萬載縣，以公事殉身，為民譖戕，遇赦，歸道江西。邑人德之，釀金爲具裝，且作詩以咏歌其事，錄成大帙。先生又自寫《出塞圖》，一時鉅手皆有題語。會先生求建茶，且徵其說，將以便道過武夷，而親揀其種以爲歸裝之實。因取屈原《橘誦》之意，作《茶誦》焉，亦詩人比物連類之義也。

離騷列草木，彙族別忠譾。但惜三閭氏，茗荈未搴攬。斗南疏苦茶，亦不及茗飲。陸經與蔡譜，區區事煎點。賴有東坡詩，足發騷人感。建茶非草茶，斯語最深審。草茶實夭邪，脆薄出下品。張禹豈不賢，持祿愧諛諂。建茶如君子，苦硬未覺甚。猛或類寬饒，戇乃比汲黯。吾聞剛方士，每自持崖厂。偶與俗爲緣，便若污垢黮。是物極耿介，慎勿近膚臘。致遠涉道途，尤宜固緘檢。深瓷發香色，重箬避霉黤。船窗春日和，山店秋風颭。自起爇風爐，能消旅況慘。記取回甘時，全勝食橄欖。細思平生事，輪囷在肝膽。豈惟臭味同，亦由性所稟。魏徵殊嫵媚，風力夫何忝？《雲寥山人詩鈔》卷一。

兔毫盞歌

土人掘地得瓷碗，厥製渾厚樸而質。淺中甓口無文采，沃以濃釉黝如漆。野老拾歸不知愛，但與兒童盛棗栗。時有流傳好事家，云是古窰之所出。在昔建窰最擅名，此盞形模略仿佛。或如點點鷗鴣斑，亦有氄氄兔毫苗。是由釉足生菁華，粗者但取色純黓。豈無官哥柴汝定，要是鬥茶用自別。茶白盞黑色乃分，一水兩水辨毫髮。況聞點茶須熁盞，坏厚熁之能久熱。方法近今久不傳，翻笑先民製器拙。古今好尚隨世移，粗陳梗概吾能說。古人製茶用模捲，南唐京鋌誇殊特。厥後製焙益精妙，就中水芽世莫捋。銀綫一縷湛清泉，造成龍團白勝雪。頭綱爭及仲春前，三千五百里飛馹。民間亦競致奇品，小團新銙紛羅列。當其點試殊煩勞，椎鈐羅磨事非一。器具更復選精良，碾匙貴銀賤用鐵。自非雅尚名士夫，傖父那能爲此設。邇來製法極粗疎，嫩芽成葉始采擷。餅茶存末葉留膏，寧供賞玩但止渴。亦有香味別淄澠，雪碗冰甌細咀啜。此盞雖存不適用，有如贅舍遺琴瑟。或云古人昧茶性，如酒瀉醴哺糟秫。和以沉腦助香郁，更投花果資點綴。幻茶成字果何術，徒誇三昧逞小黠。何如葉茶茶味全，別有天然真香發。陸經蔡譜互譏褒，口腹何庸較得失。令我即事生感吁，撫今追昔空嘍嘍。宋元民苦官場擾，先春火急催省帙。二百二戶困簽丁，一方騷動無寧室。只今重利歸大賈，連艘列舶走東粵。番夷互市誰作俑，賤夫隴斷操赢紲。客氓麏至來不已，遂使山藪多藏慝。依岩阻險葺茅茨，千岡萬壑皆童突。林木掃空無餘蔭，土脈疏薄泉眼竭。當春苦潦夏苦旱，腴田沃壤變砂堀。初開北苑後武彝，蔓延甌西勢未歇。直恐東西爭擅奇，建州寸土寸開墾。拔茶栽桑伊何人，創非常原賴豪杰。我曾發憤陳芻議，予有《禁開茶山議》。仿古限年著爲律。但采舊荈禁新畬，數十年便成枯蘖。曲突徙薪謀不用，書生之論本迂闊。眼看茶市鬧如雲，枉用杞憂懷菀結。呼僮洗盞酌村釀，一枕曹騰醉兀兀。《雲寥山人詩鈔》卷三。

御茶園

武彝第四曲，中有御茶園。經始自元代，置局領以官。五亭列參差，一井通靈源。想當啓蟄候，有司致牲牷。百夫齊發喊，金鼓并喧闐。二百五十戶，簽丁歲一編。弃置耒耜具，驅上青崖巔。十指忙采摘，九重要嘗新。貢使發頭綱，火速爭先春。作俑者誰歟，史冊叢譏訕。入明始罷革，閭里得宴眠。茲園遂蕪廢，臺榭委荆榛。我來覽遺址，零落餘荒村。欲就詢舊俗，白頭非曾孫。尚有一泓水，云是喊山泉。汲泉因道古，請說龍鳳團。雨前采嫩荈，銳如鷹爪搏。滌净乃入釜，蒸取氣氤氳。包裹復上榨，務出其膏橢。瓦

234

盆小酌水，柯杵細揉研。然後範模捲，鋌銙隨方圓。隨筥與過黃，湯火互流輪。再經一宿火，湯儷出色鮮。始置密室中，緩緩扇以扇。下"扇"字平讀，見《廣韵》。就中稱水芽，貴重天家珍。民間亦競尚，鬥試資歡顏。椎鈐羅磨碾，爲事殊勞煩。湯法十有六，一一手自煎。浮沉辨毫髮，勝負爭水痕。或幻成詩句，或聚成花紋。或以供曇像，或以娛嘉賓。但取一時快，虛縻物力艱。所以古哲王，下令爲除捐。自從餅茶廢，葉茶始流傳。木瓜及肉桂，紅梅素心蘭。四者俱茶名。數種信奇特，真香出天然。瓷罌裹銖兩，價重朱提銀。其餘盛品目，瑣細不足云。雜沓赴星市，箱籠堆如山。逾海通蠻徼，直北走榆關。民焙日以多，岩谷成都闤。重裝來大賈，絡繹輸金錢。百粵致奇貨，珍異羅駢填。駢填不暇悉，聊舉一二端。洋布軟如綢，洋紙紉勝綿。洋酒粥面厚，洋畫没骨妍。洋刀能屈曲，洋燭可盤旋。洋鐘鳴應晷，洋表動指辰。洋琴不彈響，洋銃不火燃。洋行實無賴，沐猴被衣冠。壟斷靡不有，鬼蜮行其間。試問阿夫容，流毒自何人。至今華夷訌，鎮壓勞王臣。追原究禍始，實由茶市喧。此事體極大，委曲難具陳。請言其近者，三害貽目前。目前夫如何，試聽芻蕘言。予昔有《禁開茶山議》，具列茶山三害。聚食耗粒米，崩砂損腴田。況復招盜賊，岩險多藏奸。茶市昔未盛，著論沿先民。皆言官焙擾，未若民焙便。末流乃至此，恨不起昔賢。拔茶勸栽桑，計慮斯萬全。區區廢官焙，去害未除根。嘆息復嘆息，重惜洪武年。《雲寥山人詩鈔》卷三。

武夷茶歌 有序

明吳拭《雜志》云："茶歌音最凄婉，每一聲從雲際飄來，令人渹然墮淚，吳歈未必能動人如此也。"許秋史曰："建屬諸鄉，婦孺皆能之，不獨山中人。"及見其詞，殊鄙俚，不堪寓目。暇日，因采山中故實，仿其音節，以竹枝浪淘沙之調譜之。按：《武夷棹歌》，唱自紫陽，其後和者數十家，皆陳陳相因，若茶歌實爲創調。但宋時武夷茶事未起，故朱子以山水閒情寄之棹歌。然九曲溪中棹郎實不解謳吟也。茶歌本山中所擅，惜古今詩人，俱未之及。自愧下里靡詞，殊非韶濩遺音，後有作者，聊以此爲發悚云爾。

幔亭峰前雲氣迷，萬年觀裏草萋萋。秦時日月漢時祀，問着山翁都不知。

虹橋一斷隔千春，幾見曾孫滄海塵。若説神仙長不死，山頭遺蛻是何人？

斷碣殘碑滿草萊，金龍玉簡久沉霾。洞天也自淪灰劫，豈獨人間事可哀。

銀榜輝煌御墨華，閩南闕里魯東家。縣官那解修祠祀，但索文公手植茶。

五曲隱屏書院，康熙時御賜"學達性天"匾，今頹廢已極，祠祀久缺。春間置茶焙於此，尤爲穢褻。相傳舊有文公手植茶一本，山僧不勝誅求，潛以沸湯澆之，遂枯。

山南觀宇半荒原，山北鐘魚日漸喧。只爲清源留梵種，山中洞亦冒清源。

武夷向多道院，絶少僧庵，近則道院衰而僧庵盛矣。又山北諸勝，如彌陀、清源、福井皆後出，住僧悉漳泉人。清源，溫陵名山也。

御茶園廢已多年，鳳餅龍團製不傳。無復靈芽湛銀綫，春雷空發喊山泉。

水芽，宋時貢茶之絶品。揀嫩芽剔取其心，漬清泉中，如銀綫一縷。嘗讀無名氏《北苑[三十]別録》云："天下之理，未有不相須而成者。有北苑之芽，則有龍井之水，亦猶錦之於蜀江，膠之於阿井。"按：造團茶之法，須用水滌净，然後入甑蒸熟，復淋洗數四，乃上榨，出其膏，柯杵瓦盆酌水研之，皆有度數，自十二水至十六水爲率，故製茶必須清泉。又按：北苑故事：每啓蟄，有司以牲牷致祭，撾金伐鼓，齊聲喊曰："茶發芽！"泉乃涌出。故鳳凰山有喊山泉。元置官焙於武夷，亦修北苑故事。至今御茶園則有井一泓，土人亦名喊山泉也。

餅茶存末不留膏，瀉醴何堪但哺糟。高榨壓成乾竹葉，懸知陸羽定號咷。

宋黃儒《品茶要錄》云："榨欲盡去其膏，膏盡則有若乾竹葉之意。"又云："昔者陸羽號爲知茶，然羽之知者，皆今之所謂草茶，何哉？如鴻漸所謂'蒸筍并葉，畏流其膏'，蓋草茶味短而淡，故惟恐去膏。建茶力厚而甘，故欲去膏。"按：此論造團茶之法，今之葉茶正飲其膏耳。

奇種天然真味存，木瓜微釀桂微辛。何當更續歌茶譜，雨甲冰芽次第論。

名種之奇者，紅梅、素心蘭及木瓜、肉桂。紅梅近已枯，素心蘭在天游，其真者予未得嘗。肉桂在慧苑，木瓜植彌陀大殿前，其本甚古，枝幹捲屈，類數百年物。予初疑木瓜味酸，最不宜茶。及在藍上舍重慶家飲之，初入鼻微有木瓜氣，及到口但覺甘芳留舌本，半日猶津津，細咀之，并無酸意，此其所以奇也。若贗者，則以花蕊熏焙，反奪其味，不足貴矣。又按古人《茶錄》《茶譜》諸書，皆論團茶與今製法不同。武夷諸名種品目極衆，擬作今《茶譜》以續陸、蔡、熊、黃之後。

翠厂丹崖隱士家，半墟榛莽半開畲。五百年來山脉死，更無耆舊臥烟霞。

武夷茶盛於元，然隱屏書院猶置山長以領祠祀，至明罷貢，而精廬名墅所在不乏，今皆無片椽半瓦之遺矣。

自從茶莽遠流傳，遂使山林溷市廛。獨有山中茶害鳥，聲聲哀怨似啼鵑。

茶害，鳥名。其自呼"茶害"二字甚清。三月間，遍山鳴鳴，皆此鳥。土人云："昔有茶廠婦爲夫所虐，死化爲鳥，猶不忘其故夫，故呼茶害以相警。"予曰："非也，茶山之害於今爲烈矣。此鳥其得氣之先者歟？"《雲寮山人詩鈔》卷三。

許賡皞

許賡皞（? —1842），清甌寧（治所在今福建省建甌市）人，字秋史。蔣蘅門生。十餘歲即嫻音律，工鼓琴，善度曲。所作古體詩似唐人，長短句似宋人。有"人在子規聲裏瘦，落花幾點春寒驟"之句，人呼爲"許子規"。清道光二十二年（1842）春，與星村藍氏子游武夷，緣微徑躋仙掌峰頂，不幸顛僕崖下。蔣蘅於道光二十四年（1844）作《許秋史別傳》，以寄哀思。

武夷茶歌[三十一]

泉聲萬壑自清哀，不見山頭鼓似雷。夕照低邊荒草綠，鷓鴣飛上喊茶臺。水帶殘水瀉斷霞，携琴來訪野人家。梅花香裏逢開士，雪滿空山餉木瓜。木瓜，名種，茶之上品也，清源、彌陀皆有之。

團爐石銚鬥清新，肉桂紅梅品最真。欲識人間辟支果，更教一飲不知春。肉桂、紅梅皆名種。不知春，名種之仙品也，多生萬仞懸崖之巔，异鳥銜子落其上，岩極高處得風露之氣最先，如醴泉、神芝最不易購，山僧采藥偶一遇之，采歸製茶祇銖兩許，不常有也。

但栽茶荈廢桑麻，洞裏秦人剩幾家。山北山南逢碧豎，漁郎何處覓桃花？周櫟園《閩小紀》云："延、邵呼製茶人爲碧豎。富沙陷後，碧豎盡在綠林中矣。"

松毛兩扇縛柴門，樓閣無多半廢垣。過客不知風景變，逢人先問御茶園。

興廢千年恨獨深，人間哀曲久消沉。棹歌聲斷茶歌續，愧少雲山韶濩音。《雲寥山人詩鈔》卷三。

方浚頤

方浚頤（1815—1888），清定遠（治所在安徽省滁州市）人，字子箴，號夢園。清道光二十四年（1844）進士。官至四川按察使。精音韵訓詁之學。有《二知軒詩文集》《忍齋詩文贅》《朝天錄》等。又喜藏書畫，編有《夢園書畫錄》。

苦珠茶出武夷山，每斤索價銀十六兩。

價過龍團餅，珍逾雀舌尖。主人真好客，活火爲頻添。潮州工夫茶，甘香不如是。君山猶遜之，陽羨差可比。〔清〕方浚頤《二知軒詩續鈔》卷十四，清同治刻本。

江湜

江湜（1818—1866），清長洲（治所在今江蘇省蘇州市）人，字韜叔。諸生。三與鄉試，皆不第。出爲幕友，歷山東、福建等省。詩宗宋人，多危苦之言。有《伏敔堂詩錄》。

以建溪茶貽汪六表丈

武夷山高凌紫霞，顥氣入石生精華。岩壁自産仙人茶，世人何年高采得？種作溪毛可論值，臭味稍殊猶一德。客歸四月舟沿溪，新香籠取供輕齋。到家始肯開封題，先生啜此心益妙。夢游九曲逐幽好，聞葛長庚一聲嘯。〔清〕江湜著，左鵬軍校點《伏敔堂詩錄》卷六，上海古籍出版社 2012 年版。

汪瑔

汪瑔（1828—1891），清山陰（治所在今浙江省紹興市）人，字玉泉，號芙生，晚號越人。自幼隨父游幕粤中，先後爲劉坤一、張樹聲、曾國荃幕客。有《隨山館猥稿》《松烟小録》《旅談》《無聞子》等，另有詩集十二卷。

臘月晴暖即事成咏

晴占冬令如春令，静惜年華驗物華。海國霜遲初落葉，山園風暖漸催花。蠅頭作字兼豪筆，出吴興。蟹眼分湯小種茶。武夷茶有奇種、小種諸名。一笑料量閑事了，起看庭日未西斜。〔清〕汪瑔《隨山館猥稿》卷十，清光緒《隨山館全集》本。

陳棨仁

陳棨仁（1837—1903），清泉州（治所在今福建省泉州市）人，字戟門，又字鐵香。清同治十三年（1874）進士。曾任翰林院庶吉士、刑部主事等。有《閩中金石略》《藤華吟館詩録》《閩詩紀事》《縚綽堂遺稿》《縚綽書目》等。

工夫茶同安人尚茗飲，號曰"工夫茶"。

宜興時家壺，景德若深甌。配以幔亭茶，奇種傾建州。瓷鼎烹石泉，手扇不敢休。蟹眼與魚眼，火候細推求。燋盞暖復潔，一注雲花浮。清香撲鼻觀，未飲先點頭。歡言酌嘉客，珍若泛仙篘。《水記》張匪精，《茶經》陸未優。經營玩時日，僅足潤燥喉。富家尚無妨，貧者乃效尤。君看一杯茶，可敵十斛虆。曷移此工夫，去作稻粱謀。〔清〕陳榮仁著，葉恩典點校《陳榮仁詩文集·藤華吟館詩録》卷五，商務印書館 2018 年版。

武夷山采茶詞

大隱屏前春草生，昇真洞口春日晴。北山采茶南溪賣，勸郎莫向臺江行。頭春二春粟粒芽，累儂織手摘新丫。不如玉女峰偏暇，日日臨溪自插花。今年茶較去年好，今年人較去年老。手把茶枝若爲情，春風惆悵建溪道。人言閩茶葉欲新，儂道閩茶樹欲陳。若將陳樹都芟却，那得新茶香煞人。《陳榮仁詩文集·藤華吟館詩録》卷五。

涂慶瀾

涂慶瀾（1837—1910），清莆田（治所在今福建省莆田市）人，字海屏，號耐庵。清同治十三年（1874）進士。曾任翰林院編修，充國史館協修兼功臣館總纂。光緒十一年（1885）分校順天府鄉試，後當科狀元、榜眼、探花皆出其門下。有《荔隱山房集》《江行日記》等。

浮山觀采茶

吾鄉有靈岩，武夷溯九曲。曲曲産奇茶，不亞龍井綠。今晨來浮山，浙中茶正熟。一旗復二槍，采茶歌相續。提籃摘露芽，香氣聞清馥。茶户爭頭綱，新焙動盈掬。名標穀雨前，道是雨水足。值我游山深，榷茶正開局。虎跑泉可煎，龍團品不俗。陸羽思箋經，君謨憶著録。何處瓶笙聲，晚鐘答天竺。〔清〕涂慶瀾《荔隱山房詩草》卷一，清光緒三十一年（1905）刻本。

往西溪即留下，宋高宗云"西溪且留下"，故名。

出郭西溪去，路深入蒹葭。溪流接古蕩，蘆荻圍汀沙。中有村市小，居民數百家。笋蔬茶竹外，種梅時賣花。我來遇夏初，梅過方收茶。旗槍鬥嫩綠，粟粒抽新芽。少婦携筐返，兒童荷擔嘩。焙法學北苑，製成販天涯。龍團與雀舌，問價何其賒。山民此托業，樸勤良足嘉。待當春信動，來探萼綠華。《荔隱山房詩草》卷一。

鄭孝胥

鄭孝胥（1860—1938），閩侯（治所在今福建省閩侯縣）人，字蘇龕（蘇堪），一字太夷，號海藏，嘗取東坡"萬人如海一身藏"詩意，顔所居曰"海藏樓"，世稱"鄭海藏"。工詩，爲詩壇"同光體"宣導者之一，亦爲晚清閩派詩的代表人物之一。善書法，其書豪放大度。有《海藏樓詩集》。

答周梅泉賦建茶

吳越品茶重龍井，雙熏香片來燕京。祁門烏龍上番舶，雨前普洱饒時名。俄都磚茶近不出，建安小種如瑤瓊。碧螺春者推傾國，鐵觀音若誇䔩羮。平生於茶非酷嗜，所聞若此誰能評？巢園善病苦少睡，正坐好事兼多情。詩清豈必茶所助，聖俞永叔真齊盟。老坡論茶忽論史，世賢張禹彼獨輕。古今人物等升降，我欲效蘇嚴濁清。〔清〕鄭孝胥著，黃坤、楊曉波校點《海藏樓詩集》卷九，上海古籍出版社 2013 年版。

劉訓瑞

劉訓瑞（1869—1950），閩清（治所在今福建省閩清縣）人，字玉軒。少穎悟，未弱冠，應文泉書院秋考，評取超等第一名，遁邅傳誦。旋補博士弟子員，不久獲明經之選。晚年著述頗豐，先後刊行《抒懷吟草》《抒懷續草》《玳琅書樓文鈔》等詩文集。曾兼任《閩清縣志》總纂，閩清縣勸學所長等職。

茶話

武夷天心、天游二岩，所産之茶歲不過數斤，寺僧視爲上品，并不出售。惟顯者富商到寺，則烹而啜之，然未必真産於兩岩也。

武夷天游岩之上，有古茶樹一株，旁皆危岩，不易采摘，須膽壯者緣梯而上，方可采下。葉大數指，名曰"大紅袍"，因葉面微紅故也。每年只能焙製一斤許。貴游者，寺僧以少許飲之，爲岩茶最佳品。

大紅袍爲武夷特種之茶，産危岩中，人工難於采取。舊聞茶熟時，利用猴子攀樹，次第采下。因猴子衣紅袍，故名。現山中罕畜猴者，不知用何法采取。〔清〕劉訓瑞《劉玉軒詩文選》，閩清玳琅書樓1983 年自印本。

連橫

連橫（1878—1936），祖籍福建龍溪（地在今福建省漳州市龍海區），出生於臺灣臺南。初名允斌，後改名橫，字武公，號雅堂，又號劍花。臺灣著名愛國詩人和史學家。有《臺灣通史》《臺灣詩乘》《臺灣語典》《臺灣考釋》《大陸詩草》《雅堂先生文集》等。

茗談

臺人品茶，與中土异，而與漳、泉、潮相同。蓋臺多三州人，故嗜好相似。

茗必武夷，壺必孟臣，杯必若深。三者爲品茶之要，非此不足自豪，且不足待客。

武夷之茗，厥種數十，各以岩名。上者每斤一二十金，中亦五六金。三州之人嗜之。他處之茶，不可飲也。

新茶清而無骨，舊茶濃而少芬，必新舊合拌，色味得宜，嗅之而香，啜之而甘，雖歷數時，芳留齒頰，方爲上品。

茶之芳者，出於自然，薰之以花，便失本色。北京爲仕宦薈萃地，飲饌之精，爲世所重，而不知品茶。茶之佳者，且點以玫瑰、茉莉，非知味也。

北京飲茶，紅綠俱用，皆不及武夷之美；蓋紅茶過濃，綠茶太清，不足入品。然北人食麥飫羊，非大壺巨盞，不足以消其渴。

江南飲茶，亦用紅綠。龍井之芽，雨前之秀，匪適飲用。即陸羽《茶經》，亦不合我輩品法。

安溪之茶曰鐵觀音，亦稱上品。然性較寒冷，不可常飲。若合武夷茶泡之，可提其味。

烏龍爲北臺名產，味極清芬，色又濃郁，巨壺大盞，合以白糖，可以袪暑，可以消積，而不可以入品。

孟臣姓惠氏，江蘇宜興人。《陽羨名陶錄》雖載其名，而在作者三十人之外。然臺尚孟臣，至今一具尚值二三十金。

壺之佳者，供春第一。周靜瀾《臺陽百咏》云：“寒榕垂蔭日初晴，自瀉供春蟹眼生。疑是閉門風雨候，竹梢露重瓦溝鳴。”自注：“臺灣郡人茗皆自煮，必先以手嗅其香。最重供春小壺。供春者，吳頤山婢名，善製宜興茶壺者也。或作龔春，誤。一具用之數十年，則值金一笏。”

《陽羨名陶錄》曰：供春，學憲吳頤山家童也。頤山讀書金沙寺中，春給使之暇，仿老僧心匠，亦陶土搏坯，指紋隱起可按。今傳世者栗色闇闇，如古金鐵，敦龐周正，允稱神明垂則矣。

又曰：頤山名仕，字克學，正德甲戌進士，以提學副使擢四川參政。供春實家僮。是書如海寧吳騫編，騫字槎客，所載名陶三十三人，以供春爲首。

供春之後，以董翰、趙良、袁錫、時鵬爲最，世號四家，俱萬曆間人。鵬子大彬號少山，尤爲製壺名手，謂之時壺。陳迦陵詩曰：“宜興作者稱供春，同時高手時大彬。碧山銀槎濮謙竹，世間一藝皆通神。”

大彬之下有李仲芳、徐友泉、歐正春、邵文金、蔣時英、陳用卿、陳信卿、閔魯生、陳光甫，皆雅流也。然今日臺灣欲求孟臣之製，已不易得，何誇大彬。

臺灣今日所用，有秋圃、萼圃之壺，制作亦雅，有識無銘。又有潘壺，色赭而潤，係合鐵沙爲之，質堅耐熱，其價不遜孟臣。

壺經久用，滌拭日加，自發幽光，入手可鑒。若膩滓爛斑，油光的爍，最爲賤相。是猶西子而蒙不潔，寧不大損其美耶？

若深，清初人，居江西某寺，善製瓷器。其色白而潔，質輕而堅，持之不熱，香留甌底，是其所長。然景德白瓷，亦可適用。

杯忌染彩，又厭油膩。染彩則茶色不鮮，油膩則茶味盡失，故必用白瓷。瀹時先以熱湯洗之，一瀹一洗，絕無纖穢，方得其趣。

品茶之時，既得佳茗，新泉活火，旋瀹旋啜，以盡色聲香味之蘊，故壺宜小不宜大，杯宜淺不宜深，茗則新陳合用，茶葉既開，便則滌去，不可過宿。

過宿之壺，中有雜氣，或生霉味，先以沸湯溉之，旋入冷水，隨則瀉出，便復其初。

煮茗之水，山泉最佳，臺灣到處俱有。聞淡水之泉，世界第三。一在德國，一在瑞士，而一在此。余曾與林薇閣、洪逸雅品茗其地。泉出石中，毫無微垢，寒暑均度，裨益養生，較之中泠江水，尤勝之也。

掃葉烹茶，詩中雅趣。若果以此瀹茗，啜之欲嘔，蓋煮茗最忌烟，故必用炭。而臺以相思炭爲佳，炎而不爆，熱而耐久。如此電火、煤氣煮之，雖較易熟，終失泉味。

東坡詩曰："蟹眼已過魚眼[三十二]生，颼颼欲作松風鳴。"此真能得煮泉之法。故欲學品茗，先學煮泉。

一杯爲品，二杯爲飲，三杯止渴。若玉川之七碗風生，直莽夫爾。

余性嗜茶而遠酒，以茶可養神而酒能亂性。飯後唾餘，非此不怡，大有"上奏天帝庭，摘去酒星換茶星"之概。

瓶花欲放，爐篆未消，臥聽瓶笙，悠然幽遠。自非雅人，誰能領此？連橫《雅堂文集·餘集》卷二，臺北文海出版社1974年版。

蔣希召

蔣希召（1884—1934），清樂清（治所在今浙江省樂清市）人，字叔南，別號雁蕩山人，以字行。曾投身辛亥革命。晚年致力於家鄉雁蕩山的開發與公益事業。有《雁蕩山志》《蔣叔南游記》《蔣叔南詩存》等。

武夷山游記（節選）

廿九日，早起天陰。六時自赤石街西行，度一溪，不二三里即入武夷山矣。過雞母林、福龍岩，經牛欄坑，兩旁大石夾起，中爲狹谷，植茶最盛，無寸土之遺弃也。過一嶺坳即抵天心峰。天心峰雖屬山北，實踞武夷之中，可以四通各處，便於展覽。乃止於永樂禪寺，俗呼之爲天心岩，禪房幽净，栖止得所，而游山自此起點。遣挑夫回浦城，余以其誠樸，倍給其值焉。

天心又名山心，永樂庵現總稱之曰天心，居僧二十餘，亦迭經興廢。倚天心峰之下，峰高可二十丈，右有象鼻峰，亦形似。眼界雖不甚寬而極幽穆，羅漢堂、大徹堂皆備，頗具禪林規範焉。據寺僧言，武夷全山僧道皆極衰敗，大概爲地方之所謂士紳者侵奪以去，下焉者飽入私囊，上焉者劃作公款，强者則任意霸佔，黠者則設法誣陷；訴之公理，公理茫茫；訴之法律，法律沈沈。武夷雖屬名山，而香火有限，全年山上皆仰給於峰頭谷底之茶林，茶爲人有，生計頓絕，山間不可復居，而其零落遂出人意表。武夷宮馬頭岩之凝雲庵、文公書院，昔極盛，今皆夷爲茶廠。惟天心近尚保守，而侵佔之事尚時有所聞，僧徒之居此者，爲口腹計尚慮不給，其他何能振作？一二思想明通者，受此橫逆之來，亦誰肯鬱鬱居此耶？聞言之下，不禁爲之三嘆息焉。余非敢謂名山水爲僧道專有之物也，人生終年，役役名利，有幾個人能經營山間事業？對於不肖僧道，去其害馬，受益已多。統武夷之院宇宮殿而爲茶廠，未免太煞風景，余願此間人士一商榷之。茶廠者，山間收茶之所。茶時為茶工製茶之處，平時則以一工人看守器物房舍，其內容與余沿路所經之客店相仿佛，而茶廠并無留客之任務。或曰武夷以產茶，名利之所在，人必趨之。象有齒以焚其身，可為武夷寫照，則余又何說焉？

初三日，陰。今日為上巳佳節，重往天游巖。八時偕達君等出天心，由簑衣嶺下西行，入九龍窠。窠為天心永樂寺，植茶最繁之區，極品之大紅袍即產於是。谷極狹長，約三里，谷底一巖突起，高可三十餘丈，曰龍頭巖。巖半有水滲出，所謂大紅袍名茶即植於巖下，枝幹扶疏，高僅三尺餘，葉甚蔥鬱，正在發芽。其旁有一種，名副紅袍，此外茶類極夥。自此折而南行，下則穿谷，上則逾岡，凡五里許，達馬頭巖之背後，折而西行，約四里達天游壟。壟側為胡麻澗。澗旁略具靈隱冷泉風致，向澗前行，疑達谷底，不圖其已臻峰頂也。澗旁摩崖甚多，皆近人作，邗江丁文瑾集句云："曾經滄海難為水，看到武夷方是山。"其崇拜武夷，蔑以加矣。在澗旁攝二影。龍道人元亮精於烹調，宰鴨煮酒，傾飲酣樂，得一詩題於院壁，詩曰："武夷佳勝處，雙屐幾窮搜。難得山中住，重來天上游。群峰齊拜手，九曲看從頭。醉酒且歌嘯，臨風散百憂。"

夜宿天游，飲酒幾醉，品茗極多。天游亦產大紅袍，香味極濃，飲後移時，齒頰生涼，胸臆間皆有餘芳，是則可异也。去年大紅袍每兩價值十六元，物稀為貴，其信然乎！

武夷產茶名聞全球，土雜砂礫，厥脉甚瘠，以其踞於深谷，日光少見，雨露較多，故茶品佳。且其種亦自有特异者。茶之品類大別為四種，曰小種，其最下者也，高不過尺餘，九曲溪畔所見皆是，亦稱之曰半巖茶，價每元一斤；曰名[三十二] 種，價倍於小種；曰奇種，價又倍之，烏龍、水仙與奇種等價亦相同，計每斤四元，水仙葉大味清香，烏龍葉細色黑味濃澀；曰上奇種，則皆百年以上老樹，至此則另立名目，價值奇昂，如大紅袍，其最上品也，每年所收，天心不能滿一斤，天游亦十數兩耳。武夷各岩所產之茶，各有其特殊之品。天心岩之大紅袍、金鎖匙，天游岩之大紅袍、人參果、吊金龜、下水龜、毛猴、柳條，馬頭岩之白牡丹、石菊、鐵羅漢、苦瓜霜，慧苑岩之品石、金鷄伴鳳凰、獅舌，磊石岩之烏珠、璧石，止止庵之白鷄冠，蟠龍岩之玉桂、一枝香，皆極名貴。此外，有金觀音、半天搖、不知春、夜來香、拉天吊等等，名目詭異，統計全山，將達千種。采茶須過穀雨節十日後，取其肥大。采佳種，須天氣晴明，先時懸牌茶樹，標其名目，采時以白紙裹茶葉，并將茶牌同時摘下包入，否則諸茶混亂，茶工非陸羽先生，安能一一分別之耶？焙製裝置亦極研究，本年之新茶非過中秋後不飲，過此則愈陳愈佳，亦紹興佳釀之遠年類也。赤石、星村兩街，一在山西，一在山東，販武夷茶者群聚之，實則所販者真武夷茶不過十之二三，其十之七八皆來自各鄉，遠則浦城、廣豐、鉛山之茶，亦稱武夷焉。武夷之茶，性溫味濃，極其消食，盛行於廣東，而以潮州人爲最嗜之，潮地卑濕，飲之最宜。潮人善賈多財，揮金不惜，而武夷岩茶遂巧立名目，駕參著而上之矣。

武夷有鳥，名王孫，狀如鳩而文采，其頂有冠，居大王峰及大藏峰之間，鳴聲極哀慘，豈其自悲末路耶？昨夜聞一鳥聲頗奇，詢之道人，云"催茶鳥"，茶將及時，則此鳥鳴曰"采茶婆"。茶時將過，則此鳥鳴曰"婆婆采茶來"，過此則不得復聞。可异也，并志之。蔣希召《蔣叔南游記第一集》，上海福興印書局1921年鉛印本。

衷幹

衷幹（？—1969），崇安（治所在今福建省武夷山市）人，字西屏，福建私立法政專門學校預科畢業，曾任建陽縣（治所在今福建省南平市建陽區）第一區署區長。參與編纂《崇安縣新志》。

茶市雜咏

清初茶市，以下梅爲盛，星村次之。福州通商後，始由下梅遷赤石，商賈雲集，頗稱繁盛。亂後一落千丈，令人有今昔之感。追而記之，亦"白頭宮女在，閒坐說玄宗"之意。

聞到東坡辨土宜，郝源移種上林枝。如將歷史從頭數，請向長安問可之。

南唐時建茶始盛，建茶衰而後武夷茶繼之，故童衣雲《武夷茶新考》有"武夷茶之種製，當在建安茶後"之語，不知建茶實出自武夷也。蘇軾《葉嘉傳》云"曾祖茂先好游名山，至武夷悅之，遂家焉。茂先葬郝源，子孫遂爲郝源民"云，由是觀之，郝源茶之武夷移種可知，雖此傳爲游戲文章，不足爲據，然其先後影射，自有踪迹可尋，若能旁徵以實之，不可謂非武夷茶史上之新發現也。胡浩川《武夷茶史微》謂唐鄭谷之《徐夤惠臘面茶》詩[三十四]爲武夷茶最古之文獻，似矣。然考孫樵《送茶焦刑部書》云："晚甘侯十五人，遣侍齋閣，此徒皆乘雷而摘，拜水而和，蓋建陽丹山碧水之鄉，月澗雲龕之品，慎勿賤用之。"丹山碧水爲武夷之特稱。唐時崇安未設縣，武夷尚屬建陽，故云。然則此茶出於武夷，已無疑義。孫樵，元和時人，先鄭谷約七十年，可之，其字也。所謂最古之文獻，其在斯乎。《史微》所引《武夷雜志》，當作"《武夷雜記》"，明末新安吳拭撰。《史微》謂作者當與蔡君謨爲友，年事或稍晚，誤。

漫談名種重黃毛，尚有龍團價格高。猴子風流傳海外，白雲深處看紅袍。

毛猴，茶名，有黃、白兩種，出松溪。龍團則宋時珍品也。宋劉屏山詩云："猶有清饞未已，茶甌日食萬錢。"清章朝栻詩云："多者饋盈箱，少或進數片。詢其值幾何，卑之亦一絹。"其貴重可知。三一學校校長陳世鍾云："英諺謂：十八世紀，相傳武夷大紅袍生高峰之上，人迹不到，以猴子穿紅袍采之。"然大紅袍產於近代，當時有無此茶，待考。

清初貿易在海[三十五]溪，販得毛茶價頗低。竹筏連雲三百輛，一篙歸去日沉西。

清初茶市在下梅，附近各縣所產茶，均集中於此。竹筏三百輛，轉運不絕。

腰纏百萬赴夷山，主客聊歡入大關。一事相傳堪告語，竹稍奪得錦標還。

清初茶業均係西客經營，由江西轉河南運銷關外。西客者，山西商人也。每家資本約二、三十萬至百萬。貨物往還絡繹不絕，首春客至，由行東赴河口歡迎。到地將款及所購茶單，點交行東，恣所為不問，茶事畢，始結算別去。乾隆間，邑人鄒茂章以茶葉起家二百餘萬，妻林氏多所襄助，俗稱"氏為鯉魚精轉世，茶箱經所撫摸，即利市三倍，及年高撫摸難遍，輒以竹稍鞭之，否則有傾舟滯售之患"云云，雖屬神話，然可想見氏精勤幹練，有巴寡婦之風焉。福州通商後，西客遂衰，而下府、廣、潮三幫繼之以起。

雨前雨後到南臺，廈廣潮汕一道開。此去武夷無別物，滿船春色蔽江來。

道光後，邑人業茶者，祇紅茶數家，青茶由下府、廣州、潮州三幫經營之。下府幫籍晉江、南安、廈門等處，而以廈門為盛，汕頭屬潮州幫，廣州幫則統香港而言。首春由福州結伴潮州而上，所帶資本輒數百十萬。

高樓仿佛住神仙，近水遙山落檻前。羨殺傭奴多艷福，夜深常伴百花眠。

茶幫建公所一所，花香鳥語，風景宜人。亂時，軍隊以與防務有礙，毀之。

一團小鳳盡垂髫，玉手拈來細細挑。博得青蚨携伴去，釵光鬢影似歸潮。

首春四鄉婦人多赴赤石采揀茶，共約千餘人。散工時，釵光鬢影，幾如潮涌，每人一日可收益五角至一元。

宜興春暖盡瓊膏，小小茶杯似兔毛。莫道諸生終落拓，今朝已試大紅袍。

茶壺以宜興為尚，茶杯小巧，不堪一吃，此袁子才所謂"飲人如飲鳥"也。然氣香味甜，不必以為善，且茶愈佳，則消化力越強，多飲亦能傷胃。大紅袍為山中第一妙品，樹僅兩本，年約收茶十兩，至為寶貴難得。市上所售，皆偽品也。出天心岩九龍窠。

花晨月夕啓瓊延，處處芳名列錦箋。記得郇厨多异饌，一盤烤肉十千錢。

茶客均自帶厨房，廣州幫尤以烹調著聲，每席數十金，以烤猪刀翅為上品。

沿街市井快當風，幾曲胡同四面通。午後常聞招手語，家家雀躍響丁東。

手談多從下午起，入夜尤盛。

夕陽初下月如弓，到處笙歌繞碧空。鶯鶯燕燕春似水，幾疑身在廣寒宮。

首春校書麇集，輒數百十家，傍晚衣香鬢影到處撩人，領之則歌喉宛轉，音樂爭鳴，天官開矣。校書售唱謂之開天官，陪牌謂之出堂。陪牌者，打牌時招其一陪也。

紅雲旭日畫圖開，半入烟霞半染埃。醉後海棠猶未起，清風已送市聲來。

夜眠遲則晨起不早，舉女子以概男人也。轉引自林馥泉《武夷茶葉之生產製造及運銷》，《福建農業》1943年第3卷第7—9期。

【校勘記】

　　〔一〕"外"，《王黄州小畜集》清江鄉歸氏抄本作"水"。

　　〔二〕"於"，《范文正集》《四部叢刊》本作"山"。

　　〔三〕"雅"，《宛陵先生集》《四部叢刊》本作"鴉"，二字通。

　　〔四〕"籃"，原作"監"，《宛陵先生集》《四部叢刊》本作"藍"，今據陸羽《茶經》明萬曆十六年（1588）程福生竹素園陳文燭校本改。

　　〔五〕"戀"，原作"恋"，今據《東坡集》明成化四年（1468）刻本改。

　　〔六〕"雨順風調百穀登，民不飢寒爲上瑞"句原闕，今據《東坡集》明成化四年（1468）刻本補。

　　〔七〕"讀"字原闕，今據〔宋〕王十朋《東坡先生詩集註》明王永積刻本補。

　　〔八〕"師"字原闕，今據《演山集》文淵閣《四庫全書》本補。

　　〔九〕"炳"，原作"煙"，今據〔宋〕黃𥪡《山谷年譜》《適園叢書》本改。

　　〔十〕"沙"，《道鄉集》文淵閣《四庫全書》本作"灑"。

　　〔十一〕"井"，原作"并"，今據《丹陽集》文淵閣《四庫全書》本改。

　　〔十二〕"璧"，原作"壁"，今據《全宋詩》本改。

　　〔十三〕"粗"，原有傅增湘批校，作"初"。

　　〔十四〕"建"，原作"連"，今據〔金〕元好問《翰苑英華中州集》《四部叢刊》本改。

　　〔十五〕"建"字原爲墨釘，今據《梅溪集》文淵閣《四庫全書》本補。

　　〔十六〕"栽"，原作"裁"，今據〔宋〕朱熹《晦庵先生文集》宋刻本改。

　　〔十七〕"蘗"，原作"葉"，今據《新刊南軒先生文集》明嘉靖元年（1522）刻本改。

　　〔十八〕"煩"，《東塘集》文淵閣《四庫全書》本作"須"。

　　〔十九〕"藜"，原作"梨"，今據《全宋詩》本改。

　　〔二十〕詩題，原目錄省作"答陳以哲孝廉"。

　　〔二十一〕詩題，原目錄省作"王倩泠自四明來訪"。

［二十二］詩題，原目録省作“謝惠茶者三首”。

［二十三］“嶪”，原作“璞”，今據〔清〕董天工《武夷山志》清乾隆十六年（1751）董勷刻本改。

［二十四］“時”，《崇安縣志》清嘉慶十三年（1808）刻本作“得”。

［二十五］“璧”，原作“壁”，今據文理改。

［二十六］“悔庵檢討和詩”，題爲“澹人寄示悼亡詩并貽日鑄、武夷茶、問政山笋片各詩一首和答”，見〔清〕尤侗《尤侗集》（楊旭輝點校，上海古籍出版社 2015 年版）。另，底本多處文字漫滅不清，今據點校本改訂。

［二十七］《敬業堂全集》稿本於詩題後有唐孫華朱筆批點，云：“此首亦似梅聖俞。”

［二十八］“考”，原作“老”，詩見〔宋〕朱松《韋齋集》卷一，題爲《考亭陳國器以家釀餉吾友人卓、民表。民表以飲予，香味色皆清絶，不可名狀，因爲製，名曰“武夷仙露”。仍賦一首》，今據《韋齋集》明弘治十六年（1503）鄺璠刻本改。

［二十九］原詩文前作“章朝栻詩四首”，今據内容擬題爲“咏武夷茶四首”。

［三十］“苑”，原作“院”，當指〔宋〕趙汝礪《北苑別録》，今徑改。

［三十一］詩題，原作“同作”。此詩附於蔣蘅《武夷茶歌》後，故以此爲題。

［三十二］“魚眼”，原作“魚眠”，今據《東坡全集》明成化四年（1468）刻本改。

［三十三］“名”，原作“茗”，今據《歸田瑣記》清道光二十五年（1845）北東園刻本“品茶”條改。

［三十四］按：《惠臘面茶》詩爲徐夤所作，胡浩川文徵引有誤。

［三十五］“海”，當作“梅”。

筆記篇

本次整理主要以作者生年先後爲序，首列作者生平與筆記簡介，次録相關茶葉文獻史料正文，後附卷目與版本信息，多次引用只標注書名和卷次。

夢溪筆談

沈括（1031—1095），宋錢塘（治所在今浙江省杭州市）人，字存中。宋嘉祐八年（1063）進士。歷官翰林學士、龍圖閣待制等。博學能文，有《夢溪筆談》。《夢溪筆談》總結作者累年於科技、歷史、考古、文學、藝術諸方面之研究成果，并記録古人之發明創造。

古人論茶，唯言陽羨、顧渚、天柱、蒙頂之類，都未言建溪。然唐人重串茶粘黑者，則已近乎“建餅”矣。建茶皆喬木，吴、蜀、淮南唯叢茇而已，品自居下。建茶勝處曰郝源、曾坑，其間又岔根、山頂二品尤勝。李氏時號爲北苑，置使領之。〔宋〕沈括《夢溪筆談》卷二十五，明崇禎馬元調刊本。

建茶之美者，號“北苑茶”。今建州鳳凰山，土人相傳謂之“北苑”，言江南嘗置官領之，謂之“北苑使”。予因讀《李後主文集》，有《北苑詩》及《文苑紀》，知北苑乃江南禁苑，在金陵，非建安也。江南北苑使，正如今之内園使。李氏時有“北苑使”，善製茶，人競貴之，謂之“北苑茶”，如今茶器中有“學士甌”之類，皆因人得名，非地名也。丁晋公爲《北苑茶録》，云："北苑，地名也，今曰龍焙。"又云："苑者，天子園囿之名，此在列郡之東隅，緣何却名北苑？"丁亦自疑之，蓋不知"北苑茶"本非地名。始因誤傳，自晋公實之於書，至今遂謂之北苑。《夢溪補筆談》卷一。

文昌雜録

　　龐元英（生卒年不詳），宋成武（治所在今山東省成武縣）人，字懋賢。宋至和二年（1055）進士。官至中散大夫、鴻臚少卿。《文昌雜録》，七卷。元豐間，元英曾官主客郎中，所記皆一時聞見，以朝章典故爲多，亦頗涉雜事、雜論。時神宗下詔改革官制，新建尚書省，《通典》以尚書省爲"文昌天府"，元英故以之名書。

　　庫部林郎中説：建州上春采茶時，茶園人無數，擊鼓聞數十里。然亦園中纔間壟，茶品高下已相遠，又況山園之异邪？太府賈少卿云：昔爲福建轉運使，五月中，朝旨令上供龍茶數百斤，已過時，不復有此新芽，有一老匠言："但如數買小銙，入湯煮研二萬權，以龍腦水灑之，亦可就。"遂依此製造，既成，頗如歲進者。是年，南郊大禮，多分賜宗室近臣，然稍减常價，猶足爲精品也。

　　倉部韓郎中云：叔父魏國公喜飲酒，至數十大觴，猶未醉，不甚喜茶，無精粗共置一籠。每盡，即取碾，亦不問新舊。嘗暑月曝茶於庭中，見一小角上題"襄"字，蔡端明所寄也。因取以歸員王家白。後見蔡，説當時祇有九銙，又以葉園一餅充十數，以獻魏公。其難得如此。〔宋〕龐元英《文昌雜録》卷四，清乾隆二十一年（1756）盧氏雅雨堂刻本。

墨客揮犀

　　彭乘（生卒年不詳），宋高安（治所在今江西省高安市）人。官至中書檢正。能詩，常與黃庭堅唱和。《墨客揮犀》，十卷。宋人陳振孫《直齋書錄解題》著錄是書十卷、續集十卷，而稱不知撰人名氏。後爲明人商濬刻入《稗海》，又題彭乘作，蓋以書中所自稱名爲據，然止十卷，其續集已佚。書中議論，大抵推重蘇軾、黃庭堅，且於宋代遺聞軼事及詩話文評，徵引詳洽，頗有參考價值。

　　蔡君謨善別茶，後人莫及。建安能仁院有茶生石縫間，寺僧采造，得茶八餅，號石岩白，以四餅遺君謨，以四餅密遣人走京師，遺王內翰禹玉。歲餘，君謨被召還闕，訪禹玉。禹玉命子弟於茶笥中選取茶之精品者，碾待君謨。君謨捧甌未嘗，輒曰：“此茶極似能仁石岩白，公何從得之？”禹玉未信。索茶貼驗之，乃服。王荆公爲小學士時，嘗訪君謨，君謨聞公至，喜甚。自取絶品茶，親滌器烹點以待公。冀公稱賞，公於夾袋中取消風散一撮，投茶甌中，并食之。君謨失色。公徐曰：“大好茶味。”君謨大笑，且嘆公之真率也。〔宋〕彭乘《墨客揮犀》卷四，文淵閣《四庫全書》本。

　　蔡君謨，議茶者莫敢對公發言。建茶所以名重天下，由公也。後公製小團，其品尤精於大團。一日，福唐蔡葉丞秘教召公啜小團，坐久，復有一客至，公啜而味之曰：“非獨小團，必有大團雜之。”丞驚呼，童曰：“本碾造二人茶，繼有一客至，造不及，乃以大團兼之。”丞神服公之明審。《墨客揮犀》卷八。

避暑録話

葉夢得（1077—1148），宋吴縣（治所在今江蘇省蘇州市）人，字少藴，號石林，亦號石林居士。宋紹聖四年（1097）進士。累任翰林學士、户部尚書、江東安撫大使等。晚年隱居湖州玲瓏山石林，故號石林居士。博學多識，善書法，工詞章，藏書鉅富。有《避暑録話》《石林詞》《石林詩話》《石林燕語》等。《避暑録話》，二卷，書中所記朝廷掌故、士林軼事，有裨於史傳。辨論考證，亦稱精核。

北苑茶正所産爲曾坑，謂之正焙。非曾坑爲沙溪，謂之外焙。二地相去不遠，而茶種懸絶。沙溪色白，過於曾坑，但味短而微澀，識茶者一啜，如别涇渭也。余始疑地氣土宜不應頓异如此，及來山中，每開闢徑路，刳治岩竇，有尋丈之間，土色各殊，肥瘠緊緩燥潤，亦從而不同。并植兩木於數步之間，封培灌溉略等，而生死豐瘁如二物者，然後知事不經見，不可必信也。草茶極品，惟雙井、顧渚，亦不過各有數畝。雙井在分寧縣，其地屬黄氏魯直家也。元祐間，魯直力推賞於京師，旅人交致之，然歲僅得一二斤爾。顧渚在長興縣，所謂吉祥寺也，其半爲今劉侍郎希范家所有。兩地所産歲亦止五六斤。近歲寺僧求之者多，不暇精擇，不及劉氏遠甚。余歲求於劉氏，過半斤則不復佳。蓋茶味雖均，其精者在嫩芽。取其初萌如雀舌者謂之槍，稍敷而爲葉者謂之旗。旗非所貴，不得已取一槍一旗猶可，過是則老矣。此所以爲難得也。〔宋〕葉夢得《避暑録話》卷下，文淵閣《四庫全書》本。

韵語陽秋

葛立方（？—1164），宋丹陽（治所在今江蘇省丹陽市）人，徙吳興（治所在今浙江省湖州市吳興區），字常之。宋紹興八年（1138）進士。歷官秘書省正字、校書郎、中書舍人、吏部侍郎，出知袁州、宣州。博極群書，以文章名世。有《西疇筆耕》《韵語陽秋》《歸愚詞》。《韵語陽秋》，又名《葛立方詩話》《葛常之詩話》，二十卷，約成書於宋隆興元年（1163），主要評論自漢魏至宋代詩人及其作品，内容涉及詩法詩格、詩人本事、考證、用典、詩歌意旨是非，乃至地理、書畫、音樂、歌舞、花鳥蟲魚、醫卜雜技等等。

世言團茶始於丁晉公，前此未有也。慶曆中，蔡君謨爲福建漕，更製小團，以充歲貢。元豐初，下建州，又製密雲龍以獻，其品高於小團，而其製益精矣。曾文昭所謂“莆陽學士蓬萊仙，製成月團飛上天”，又云“密雲新樣尤可喜，名出元豐聖天子”是也。唐陸羽《茶經》於建茶尚云“未詳”，而當時獨貴陽羨茶，歲貢特盛。茶山居湖常二州之間，修貢則兩守相會，山椒有境會亭，基尚存。盧仝《謝孟諫議茶》詩云“天子須嘗陽羨茶，百草不敢先開花”是已，然又云“開緘宛見諫議面，手閲月團三百片”，則團茶已見於此。當時李郢《茶山貢焙歌》云：“蒸之馥[一]之香勝梅，研膏架動聲如雷。茶成拜表貢天子，萬人爭喊春山摧。”觀“研膏”之句，則知嘗爲團茶無疑。自建茶入貢，陽羨不復研膏，祇謂之草茶而已。〔宋〕葛立方《韵語陽秋》卷五，清《學海類編》本。

鐵圍山叢談

　　蔡絛（1096—1162），宋仙游（治所在今福建省仙游縣）人，字約之，自號百衲居士。蔡京季子。宋宣和六年（1124），京爲相，年老不能視事，絛代爲決事，竊弄威柄，恣爲奸利，中外側目。宋靖康元年（1126）貶竄白州（治所在今廣西壯族自治區博白縣），後死於謫所。有《鐵圍山叢談》《西清詩話》。《鐵圍山叢談》，六卷。白州境内有鐵圍山，蔡絛撰筆記時以此名書。記宋太祖建隆至高宗紹興約二百年間朝廷掌故、瑣聞軼事。於帝王宮廷生活、禮儀、制度、節日、賞賜、音樂、游戲、書畫以及文物，多有詳述，足補他書之缺。於文人學士，記其逸事，有可與他書相發明者。

　　建溪龍茶，始江南李氏，號“北苑龍焙”者，在一山之中間，其周遭則諸葉地也。居是山，號“正焙”，一出是山之外，則曰“外焙”。正焙、外焙，色香必迴殊，此亦山秀地靈所鍾之有异色已。張本，“色”作“也”。“龍焙”又號“官焙”，始但有龍鳳、大團二品而已。仁廟朝，伯父君謨名知茶，因進小龍團，爲時珍貴，因有大團、小團之别。小龍團見於歐陽文忠公《歸田録》。至神祖時，即“龍焙”又進“密雲龍”。“密雲龍”者，其雲紋細密，更精絶於小龍團也。及哲宗朝，益復進“瑞雲翔龍”者，御府歲止得十二餅焉。其後祐陵雅好尚，故大觀初，龍焙於歲貢色目外，乃進御苑玉芽、萬壽龍芽。政和間，且增以長壽玉圭。玉圭，凡廑盈寸，大抵北苑絶品曾不過是，歲但可十百餅。然名益新，品益出，而舊格遞降於凡劣爾。又茶茁其芽，貴在於社前，則已進御，自是迤邐。宣和間，皆占冬至而嘗新茗，是率人力爲之，反不近自然矣。茶之尚，蓋自唐人始，至本朝爲盛。而本朝又至祐陵時，益窮極新出，而無以加矣。〔宋〕蔡絛《鐵圍山叢談》卷六，清乾隆道光間《知不足齋叢書》本。

能改齋漫録

吳曾（生卒年不詳），宋崇仁（治所在今江西省崇仁縣）人，字虎臣。應試不第，宋紹興十一年（1141），獻所著書，補右迪功郎。歷宗正寺主簿、吏部郎官、知嚴州等。博學能文。有《能改齋漫録》《得閒集》等。《能改齋漫録》，十八卷，分爲《事始》《辨誤》《沿襲》《事實》《地理》《議論》《記詩》《記事》《記文》《類對》《方物》《樂府》《神仙鬼怪》十三門，内容或記載宋代史事，或考辨詩文典故，或解析名物制度。

北苑茶：丁晋公有《北苑茶録》三卷，世多指建州茶焙爲北苑，故姚寬《叢語》謂：“建州龍焙面北，遂謂之北苑。”此説非也。以予觀之，宮苑非人主不可稱，何以言之？按：建茶供御，自江南李氏始，故《楊文公談苑》云：“建州，陸羽《茶經》尚未知之，但言‘福、建等十二州未詳，往往得之，其味極佳’。江左近日方有‘蠟面’之號，李氏別令取其乳作片，或號曰‘京挺’‘的乳’及‘骨子’等，每歲不過五六萬斤，迄今歲出三十餘萬斤。”以文公之言考之，其曰“京挺”“的乳”，則茶以“京挺”爲名。又稱“北苑”，亦以供奉得名，可知矣。李氏都於建鄴，其苑在北，故得稱北苑。水心有清輝殿，張洎爲清輝殿學士，別置一殿於内，謂之澄心堂，故李氏有澄心堂紙。其曰“北苑茶”者，是猶“澄心堂紙"耳。李氏集有翰林學士陳喬作《北苑侍宴賦詩序》曰："北苑，皇居之勝概也。掩映丹闕，縈回綠波，珍禽异獸充其中，修竹茂林森其後。北山蒼翠，遙臨復道之陰。南內深嚴，近在帷宮之外。陋周王之平圃，小漢武之上林"云云。而李氏亦有御製《北苑侍宴賦詩序》，其略云"偷閑養高，亦有其所，城之北有故苑焉，遇林因藪，未愧於離宮，均樂同歡，尚慚於靈沼"云云。以二序觀之，因知李氏有北苑，而建州造挺茶又始之，因此取名，無可疑者。〔宋〕吳曾《能改齋漫録》卷九，文淵閣《四庫全書》本。

建茶：建茶務，仁宗初，歲造小龍、小鳳各三十斤，大龍、大鳳各三百斤，入香、不入香京挺共二百斤，蠟茶一萬五千斤。小龍、小鳳，初因蔡君謨爲建漕，造十斤獻之，朝廷以其額外，免勘。明年，詔第一綱盡爲之，故《東坡志林》載溫公曰："君謨亦爲此耶？"

茶品：張芸叟《畫墁録》云："有唐茶品，以陽羨爲上供。建溪、北苑未著也。貞元中，常袞爲建州刺史，始蒸焙而研之，謂之膏茶。其後始爲餅樣貫其中，故謂之一串。陸羽所烹，惟是草茗耳。迨至本朝，建溪獨盛。丁晋公爲轉運使，始製爲鳳團，後又爲龍團，歲貢不過四十餅。天聖中，又爲小團，其餅迥加於大團。熙寧末，神宗有旨下建州置密雲龍，其餅又加於小團。"已上皆《畫墁》所載。予按：《五代史》："當後唐天成四年五月七日，度支奏某中書門下奏：'朝臣時有乞假覲省者，欲量賜茶藥。'奉敕宜依者，各令據官品等第，指揮文班自左右常侍、諫[二]議、給舍下至侍郎，宜各賜蜀茶三斤、蠟面茶二斤、草荳蔻一百枚、肉荳蔻一百枚、青木香二片，已次武班官各有差。"以此知建茶以蠟面爲上供，

264

自唐末已然矣。第龍鳳之制，至本朝始有加焉。《能改齋漫錄》卷十五。

苕溪漁隱叢話

胡仔（1110—1170），宋績溪（治所在今安徽省績溪縣）人，字元任，又字仲任。官建安主簿、晋陵令。卜居吳興（治所在今浙江省湖州市），號苕溪漁隱。有《苕溪漁隱叢話》，前集六十卷，後集四十卷，以人物分卷，按人物年代先後排列，主要收詩文評，對作家作品和文學史研究較有參考價值。

苕溪漁隱曰：建安北苑茶，始於太宗朝。太平興國二年，遣使造之，取像於龍鳳，以別庶飲，由此入貢。至道間，仍添造石乳，其後大小龍茶又起於丁謂，而成於蔡君謨，謂之將漕閩中，實董其事，賦《北苑焙新茶》詩，其序云：“天下產茶者，將七十郡半，每歲入貢，皆以社前火前爲名，悉無其實。惟建州出茶有焙，焙有三十六，三十六中，惟北苑發早而味尤佳。社前十五日，即采其芽，日數千工，聚而造之。逼社即入貢，工甚大，造甚精，皆載於所撰《建陽茶錄》，仍作詩以大其事。”云：“北苑龍茶者，甘鮮的是珍。四方惟數此，萬物更無新。纔吐微茫綠，初沾少許春。散尋索樹遍，急采上山頻。宿葉寒猶在，芳芽冷未伸。茅茨溪口焙，籃籠雨中民。長疾勾萌并，開齊分兩均。帶烟蒸雀舌，和露叠龍鱗。作貢勝諸道，先嘗祇一人。緘封瞻闕下，郵傳渡江濱。特旨留丹禁，殊恩賜近臣。啜爲靈藥助，用與上樽親。頭進英華盡，初烹氣味醇。細香勝却麝，淺色過於筠。顧渚慚投木，宜都愧積薪。年年號供御，天產壯甌閩。”此詩叙貢茶頗爲詳盡，亦可見當時之事也。

又君謨《茶録》序云："臣前因奏事，伏蒙陛下諭臣，先任福建轉運使，日所進上品龍茶，最爲精好。臣退念草木之微，首辱陛下知鑒，若處之得地，則能盡其材。昔陸羽《茶經》不第建安之品，丁謂《茶圖》獨論采造之本，至於烹試，曾未有聞，輒條數事，簡而易明，勒成二篇，名曰《茶録》。"至宣政間，鄭可簡以貢茶進用，久領漕計，創添續入，其數浸廣，今猶因之。細色茶五綱，凡四十三品，形製各异，共七千餘餅。其間貢新、試新、龍團勝雪、白茶、御苑玉芽，此五品乃水揀，爲第一。餘乃生揀，次之。又有粗色茶七綱，凡五品，大小龍鳳并揀芽，悉入龍腦，和膏爲團餅茶，共四萬餘餅。東坡《題文公詩卷》云："上人問我留連意，待賜頭綱八餅茶。"即今粗色紅綾袋餅八者是也。蓋水揀茶即社前者，生揀茶即火前者，粗色茶即雨前者。閩中地暖，雨前茶已老，而味加重矣。山谷《和陽王休點密雲龍[三]》詩云："小璧雲龍不入香，元豐龍焙承詔作。"今細色茶中却無此一品也。又有石門、乳吉、香口三外焙，亦隸於北苑，皆采摘茶芽，送官焙添造。每歲糜金共二萬餘緡，日役千夫，凡兩月方能迄事。第所造之茶，不許過數。入貢之後，市無貨者，人所罕得。惟壑源諸處私焙茶，其絕品亦可敵官焙。自昔至今，亦皆入貢，其流販四方，悉私焙茶耳。蘇、黃皆有詩稱道壑源茶，蓋壑源與北苑爲鄰，山阜相接，纔二里餘。其茶甘香，特在諸私焙之上。東坡《和曹輔寄壑源試焙新茶》詩云："仙山靈雨濕行雲，洗遍香肌粉未勻。明月來投玉川子，清風吹破武陵春。要知玉雪心腸好，不是膏油首面新。戲作小詩君一笑，從來佳茗似佳人。"山谷《謝送碾譡壑源揀芽》詩云："喬雲從龍小蒼璧，元豐至今人未識。壑源包貢第一春，緗奩碾香供玉食。睿思殿東金井欄，甘露薦碗天開顏。橋山事嚴庀百局，補袞諸公省中宿。

中人傳賜夜未央，雨露恩光照宮燭。右丞似是李元禮，好事風流有涇渭。肯憐天祿校書郎，親敕家庭遣分似。春風飽識大官羊，不慣腐儒湯餅腸。搜攬十年燈火讀，令我胸中書傳香。已戒應門老馬走，客來問字莫載酒。"〔宋〕胡仔《苕溪漁隱叢話後集》卷十一，清乾隆耘經樓依宋板重刊本。

朱子語類

朱熹，生平見《文學篇》。《朱子語類》是朱熹與其弟子問答的語錄彙編，編集了朱熹逝後七十年間所保存的語錄。初由朱熹的學生宋士毅搜集各門人的記錄編輯成書，後又經宋末黎靖德彙編眾本重編成一百四十卷，綜合了九十七家所記載的朱熹語錄，其中有無名氏四家，部分內容曾經朱熹本人審閱。分"理氣""鬼神""性理"等二十六門。內容廣泛，涉及哲學、政治、自然科學、文學、史學等方面，是研究朱熹思想的重要資料。

先生因吃茶罷，曰："物之甘者，吃過必酸。苦者，吃過却甘。茶本苦物，吃過却甘。"問："此理如何？"曰："也是一個道理。如始於憂勤，終於逸樂，理而後和。蓋禮本天下之至嚴，行之各得其分，則至和。又如家人嗃嗃，悔厲吉。婦子嘻嘻，終吝，都是此理。"夔孫。

"建茶如《中庸》之爲德，江茶如伯夷叔齊。"又曰："《南軒集》云：草茶如草澤高人，臘茶如臺閣勝士。似他之說，則俗了建茶，却不如適間之說兩全也。道夫。〔宋〕黎靖德編《朱子語類》卷一百三十八，明成化九年（1473）陳煒刻本。

鶴林玉露

　　羅大經（1196—1252?），宋廬陵（治所在今江西省吉安縣）人，字景綸。宋寶慶二年（1226）進士。曾任撫州軍事推官。《鶴林玉露》，十八卷，雜記作者讀書所得，多引南宋道家語，評詩論文，亦間論事，體例介於詩話、語錄之間，是一部別具創見的讀書劄記。

　　陸羽《茶經》、裴汶《茶述》皆不載建品，唐末，然後北苑出焉。宋朝開寶間，始命造龍團，以別庶品。厥後丁晋公漕閩，乃載之《茶錄》，蔡忠惠又造小龍團以進。東坡詩云："武夷溪邊粟粒芽，前丁後蔡相籠加。吾君所乏豈此物，致養口體何陋耶！"茶之爲物，滌昏雪滯，於務學勤政，未必無助。其與進荔枝、桃花者不同，然充類至義，則亦宦官、宮妾之愛君也。忠惠直道高名，與范、歐相亞，而進茶一事乃儕晋公，君子之舉措可不謹哉！〔宋〕羅大經《鶴林玉露》卷十三，明《稗海》本。

梅花草堂筆談

　　張大復（1554—1630），明昆山（治所在今江蘇省昆山市）人，字元長，又字星期，一作心其，號寒山子。通漢唐以來經史詞章之學。有《昆山人物傳》《昆山名宦傳》《梅花草堂筆談》及戲曲《醉菩提》《金剛鳳》等。《梅花草堂筆談》，十四卷，多記明中葉以來蘇州一帶的遺聞瑣事、風土人情和作者個人經歷。《四庫提要》謂其"辭意纖佻，無關考證"。以文筆論，頗具晚明小品之境。

武夷茶

武夷諸峰皆拔立不相攝，多産茶。接笋峰上，大黄次之，幔亭又次之，而接笋茶絶少，不易得。按陸羽《經》云：“凡茶，上者生爛石，中者生礫[四]壤，下者生黄土。”夫爛石已上矣，況其峰之最高、最特出者乎？大黄峰下削上鋭中周廣，盤鬱諸峰，無與并者，然猶有土滓。接笋突兀直上，絶不受滓，水石相蒸而茶生焉，宜其清遠高潔，稱茶中第一乎？吾聞其語，鮮能知味也。《經》又云：“嶺南，生福州、建州、韶州、象州。注云：‘福州，生閩方山。’建、韶、象未詳，往往得之，其味極佳。”豈方山即今武夷山耶？世之推茗社者，必首桑苧翁，豈欺我哉？〔明〕張大復《梅花草堂筆談》卷八，清順治十二年（1655）刻本。

五雜組

謝肇淛，生平見《文學篇》。《五雜組》，多記掌故風物，共五部分，天部、地部各二卷，人部、物部、事部各四卷，共十六卷。“雜組”原意是彩色的織品，藉指書中内容繁雜豐富。因由五部構成，故名《五雜組》。内容多涉及明代政治、經濟、社會、文化，并有關於草木鳥獸蟲魚和藥用植物的記述。

宋初閩茶，北苑爲之最，初造研膏，繼造臘面；既又製其佳者爲京挺，後造龍鳳團而臘面廢；及蔡君謨造小龍團，而龍鳳團又爲次矣。當時上供者，非兩府禁近不得賜，而人家亦珍重愛惜。如王東城有茶囊，惟楊大年至，則取以具茶，它客莫敢望也。元豐間，造密雲龍，其品又在小團之上。今造團之法皆不傳，而建茶之品亦遠出吳會諸品之下。其武夷、清源二種，雖與上國爭衡，而所產不多，十九饒鼎，故遂令聲價靡，不復振。

閩方山、太姥、支提俱產佳茗，而製造不如法，故名不出里閈。余嘗過松蘿，遇一製茶僧，詢其法，曰："茶之香原不甚相遠，惟焙者火候極難調耳。茶葉尖者太嫩，而蒂多老。至火候勻時，尖者已焦，而蒂尚未熟。二者雜之，茶安得佳？"松蘿茶製者，每葉皆剪去其尖蒂，但留中段，故茶皆一色，而功力煩矣，宜其價之高也。閩人急於售利，每斤不過百錢，安得費工如許？即價稍高，亦無市者矣。故近來建茶所以不振也。

宋初團茶，多用名香雜之，蒸以成餅。至大觀、宣和間，始製三色芽茶，漕臣鄭可簡[五] 製銀絲冰芽，始不用香，名爲勝雪。此茶品之極也。然製法方寸新銙，有小龍蜿蜒其上，則蒸團之法尚如故耳。又有所謂白茶者，又在勝雪之上，不知製法云何。但云崖林之間偶然生出，非人力可到，焙者不過四五家，家不過四五株，所造止於一二銙而已。進御若此，人家何由得見？恐亦菖歜之嗜，非正味也。

《文獻通考》："茗有片有散。片者即龍團舊法，散者則不蒸而乾之，如今之茶也。"始知南渡之後，茶漸以不蒸爲貴矣。〔明〕謝肇淛《五雜組》卷十一，明萬曆間潘膺祉如韋館刻本。

物理小識

方以智（1611—1671），明末清初桐城（治所在今安徽省桐城市）人，字密之，號鹿起。明崇禎十三年（1640）進士。入清爲僧，名弘智，字無可，人稱"藥地和尚"。精於考據，尤通音韵之學。著《通雅》四十卷，後附《物理小識》十二卷。《物理小識》，論述格致之學，分爲天類、曆類、風雷雨暘類、地類、占候類、人身類、醫要類、醫藥類、飲食類、衣服類、金石類、器用類、草木類、鳥獸類、鬼神方術類、异事類等。

製有三法。摘葉貴晴，候其發香，熱鍋搗青，使人旁扇。傾出煩挼，再焙至三而燥。一法沸湯微燖，眼乾，綿紙藉而焙之。一法蒸葉眼乾，再以火焙。收貴錫瓶，或箬藉，或沙甕，礬黏入炭，箬封固。倒庋閣上，承以新磚，以濕蒸自上而下也。紙、木、香藥、食蘗諸氣近則受染，慎之哉！中通曰：箬能隔濕，下路方磚莫沙，沙下鋪箬，乃不上潮。故竹絲編箬盛茶，外黏封，不受烟，而近竈閣之不壞，甕洳亦生潤，故用沙甕。以礬、礜黏其外最妙。是處産茶，焙製斯异。名茶皆炒，芥以蒸焙，趙長白《茶史》載事耳。龍團、鳳餅、紫茸、驚芽何爲乎？松蘿去尖與柄與筋，畏其先焦也。炒薪宜枝，不用幹葉。文火武催，急翻，半熟爲度，生則黑矣。旁扇祛熱，乃免黃褐。掀出磁盤，尤須急扇，乃重揉之，再以文炒，或三乃乾。帶潤覆之，則氣蔫鬱，更一焙焉，待冷上霜。優劣定於始鐺，清濁係乎末火，確矣。馮可賓曰：白岩、烏瞻、青東、顧渚、篠浦皆芥，而羅氏居小秦王廟後洞山，向陽，蒸以葉之老嫩定蒸之遲速，皮梗碎、色帶赤，其候也，大熟失鮮。茶焙歲修，別茶熏乾，焙簾勿用新竹，烟炭剔去，上搖大扇，火氣旋轉乃勻耳。中履曰：林確齊梅田種茶，亦製芥片。北源藏溪法，六安貢尖近亦能用諸法。大芥微燖後泡，今先洗葉炒之，香亦相似。　〔明〕方以智《物理小識》卷六，清光緒十年 (1884) 寧靜堂重刻本。

朱佩章偶記

朱紳（1662—?），清汀州（治所在今福建省長汀縣）人，字佩章。出生於醫學世家，自幼習醫。曾從軍、經商，後居日本長崎。《朱佩章偶記》，一卷，成書於清康熙五十一年（1712），記録作者游歷各地時見聞。

武夷山各峰山石俱産茶。至春分後，日采嫩芽。此芽有天然香氣，加之工夫，炒做得法，自然與他茶不同。別處茶葉皆青，惟武夷茶葉青紅兼之，葉泡十日亦不爛。其味蘭香鮮甜，不苦不澀。名類極多，不能悉録。另有《茶譜》載考：今以武夷爲茶中第一品，色紅如琥珀，烹茗最要得法。

小溪茶假做武夷茶賣，色味略同，香以蘭熏之，葉泡三次，手捻即爛。今貿各處小溪，假武夷俱多。〔清〕朱紳《朱佩章偶記》，日本江户寫本。

閩游偶記

吳桭臣（1664—?），祖籍清吳江（治所在今江蘇省蘇州市吳江區），生於寧古塔（地約在今黑龍江省牡丹江市）。有《寧古塔紀略》。《閩游偶記》記録了作者游歷福建、臺灣時的見聞，包括地理、宗教、風俗、物産等内容。

武彝、夯[六]崱、紫帽、龍山皆産茶，僧拙於焙，既采，則先蒸而後焙，故色紫赤。曾有以松蘿法製之者，試之，亦色香具足。但經旬月，則紫赤如故，蓋製茶者，仍係土著僧人耳。近有人招黄山僧，用松蘿法製之，則與松蘿無異，香味似反勝之，時有武夷松蘿之稱。

按：太祖洪武二十四年九月，詔建寧歲貢上供茶，聽茶户采進，有司勿與。先是建茶所進者，必碾而揉之，壓以銀板，爲大小龍團。上以重勞民力，罷造龍團，唯采茶芽以進，其品有四，曰探春、先春、次春、紫笋。置茶戶五百，免其徭役，俾專事采植。既而有司恐其後，時常遣人督之。茶戶畏其逼迫，往往納賂，故有是命，則有司致祭之舉，其亦晚季之事歟？

御茶園在武夷第四曲，喊山[七]、通仙井俱在園畔。相傳前明時，每歲驚蟄日，有司爲文致祭，祭畢，鳴金擊鼓，衆人同聲呼曰："茶發芽！茶發芽！"既長，井水俱滿，即用以製茶。凡上供九百十斤，製畢，井水亦渾濁而縮。〔清〕王錫祺《小方壺齋輿地叢鈔補編》第九帙，清光緒二十年（1894）著易堂鉛印本。

片刻餘閑集

劉靖（1694—1768），清新鄭（治所在今河南省新鄭縣）人，字原圃，一字暢亭。嘗任福建崇安、臺灣彰化知縣，直隸景州、遵化州知州等職。《片刻餘閑集》，二卷，爲作者公務之暇，輯平生見聞所成，故名。内容包括時事、民間瑣聞、名人軼事等。

武夷茶高下共分二種，二種之中，又各分高下數種。其生於山上岩間者，名岩茶。其種於山外地内中，名洲茶。岩茶中最高者曰老樹小種，次則小種，次則小種工夫，次則工夫，次則工夫花香，次則花香。洲茶中最高者曰白毫，次則紫毫，次則芽茶。凡岩茶，皆各岩僧道采摘焙製，遠近賈客於九曲内各寺廟購覓市中無售者。洲茶皆民間挑賣，行鋪收買。山之第九曲盡處有星村鎮，爲行家萃聚所。外有本省邵武、江西廣信等處所產之茶，黑色紅湯，土名"江西烏"，皆私售於星村各行。而行商則以之入於紫毫、芽茶内售之，取其價廉而質重也。本地茶户見則奪取而訟之於官。芽茶多屬真僞相參，其廣行於京師暨各省者，大率皆此，唯粵東人能辨之。又五曲道院名天游觀，觀前有老茶盤根旋繞於水石之間，每年發十數枝，其葉肥厚稀疏，僅可得茶三、二兩，以觀中供呂純陽，因名曰"洞賓茶"。屆將熟時，道人請於邑令，遣家人於采茶之前夕住宿其廟，次日黎明同道人帶露采摘，守候焙製，頃刻而成，先以一杯供純陽道人，自留少許。餘者盡貯小瓶中，封固用圖記，交家人持回。茶香而冽，粗葉盤屈如乾韰狀，色青翠似松蘿。新者但可聞其清芬，稍爲咀味，多則不宜。過一年後，於醉飽中烹嘗之，則清涼劑也。余爲崇安令五年，至去任時計所收藏未半斤，十餘載後，亦色香俱變矣。〔清〕劉埥《片刻餘閑集》卷一，《續修四庫全書》本。

南村隨筆

陸廷燦，生平見《譜録篇》。《南村隨筆》爲作者平日見聞雜録，多采輯新城王士禎、商邱宋犖兩家之説，并加以推擴。

品茶

張桐城《篤素堂集》：予少年嗜六安茶，中年飲武夷茶而甘，後乃知芥茶之妙。此三種可以終老，其他不必問矣。芥茶如名士，武夷如高士，六安如野士，皆可爲歲寒之交。〔清〕陸廷燦《南村隨筆》卷六，清雍正十三年（1735）陸氏壽椿堂刻本。

閩瑣紀

彭光斗（生卒年不詳），清溧陽（治所在今江蘇省溧陽市）人，字文樞，一字賁園，號退菴。清乾隆二十四年（1759）舉人。歷任福建建安、永定知縣。有《檀弓序本》《三國志校本》《瀬上遺聞》《月桂軒初稿》等。《閩瑣紀》爲彭氏入閩之見聞筆記，涉及閩地風土、名流軼事等内容，共六十餘條。

武夷山在建府崇安縣，其山遍地產茶。自唐常建[八] 采之作貢，後南唐之北苑、宋蔡君謨之龍團[九] 鳳餅胥由地產馳名。近因采買過廣，所產不足給天下之需，於是富商點買[十] 囊他郡茗菜，赴武夷製造，以假混真，盈千累萬，而武夷遂有名無實。即地方官預行封禁，至期開采，亦惟充貢，物備餽獻，庶有真者。若尋常贈遺，飲之，與常品無異。

余罷後，赴省道過龍溪，避近行圃中，過一野叟，延入旁室，地爐活火，烹茗相待，盞絶小，僅供一啜，然甫下咽，即沁透心脾，叩之，乃真武夷也。客閩三載，祇領略一次，殊愧此叟多矣。

〔清〕彭光斗《閩瑣紀》，《福建文獻集成初編》影福建省圖書館藏鈔本。

陶説

朱琰（1713—1780），清海鹽（治所在今浙江省海鹽縣）人，字桐川，別號笠亭。清乾隆三十一年（1766）進士。擅畫山水，精鑒賞。有《明人詩鈔》《唐詩津逮》《笠亭詩集》《金粟山人遺事》《陶説》等。《陶説》，六卷，成書於乾隆三十二年（1767）。卷一叙述清景德鎮瓷器及其生產過程；卷二叙述陶瓷起源，羅列唐至明的名窰及產品；卷三歷數明代各朝官窰器及生產技術；卷四至卷六叙述自唐虞至明代的窰器，爲中國陶瓷史重要著作之一。

建安兔毫盞

蔡襄《茶錄》："茶色白，宜黑盞。建安所造者，紺黑，紋如兔毫，其坯微厚，燴之久熱難冷，最爲要用。出他處者，皆不及也。其青白盞，鬥試家不用。"〔清〕朱琰《陶說》卷五，清乾隆道光間《知不足齋叢書》本。

鷓鴣斑

《清异錄》："閩中造茶盞，花紋鷓鴣斑，點試茶家珍之。"

按《方輿勝覽》云：兔毫盞出甌寧。下注云：黃魯直詩"建安瓷碗鷓鴣斑"，是鷓鴣斑即兔毫盞。鬥試之法，以水痕先退者爲負，耐久者爲勝，故較勝負曰一水、兩水。茶色白，入黑盞，水痕易驗，兔毫盞之所以貴也。又《茶錄》云：凡欲點茶，先須燴盞令熱，冷則茶不浮。兔毫坯厚久熱，用之適宜。稱兔毫者皆曰建安，而許次紓謂定州兔毛花爲鬥碾之宜，定州先有之耶？東坡《試院煎茶》詩云"定州花瓷琢紅玉"，又不獨貴黑盞。《送南屏謙師》詩云："道人曉出南屏山，來試點茶三昧手。忽驚午盞兔毛斑，打出春甕鵝兒酒。"又以兔毫盞盛鵝兒酒矣。《陶說》卷五。

隨園食單

袁枚，生平見《文學篇》。《隨園食單》，四卷。全書分爲須知單、戒單、海鮮單、江鮮單、特牲單、雜牲單、羽族單、水族有鱗單、水族無鱗單、雜素菜單、小菜單、點心單、飲粥單、茶酒單等十四個類別。它係統地總結了我國古代的烹飪理論、技術與經驗，是研究我國古代烹飪理論和技藝的重要著作。

茶

欲治好茶，先藏好水。水求中泠、惠泉，人家中何能置驛而辦？然天泉水、雪水力能藏之，水新則味辣，陳則味甘。嘗盡天下之茶，以武夷山頂所生、冲開白色者爲第一，然入貢尚不能多，況民間乎？其次莫如龍井，清明前者號蓮心，太覺味淡，以多用爲妙。雨前最好，一旗一槍，綠如碧玉。收法，須用小紙包，每包四兩，放石灰罈中，過十日則換石灰，上用紙蓋札住，否則氣出而色味全變矣。烹時用武火，用穿心罐，一滾便泡，滾久則水味變矣。停滾再泡，則葉浮矣。一泡便飲，用蓋掩之，則味又變矣。此中消息，間不容髮也。山西裴中丞嘗謂人曰："余昨日過隨園，纔吃一杯好茶。"嗚呼！公，山西人也，能爲此言。而我見士大夫生長杭州，一入宦場，便吃熬茶，其苦如藥，其色如血，此不過腸肥腦滿之人吃檳榔法也，俗矣。除吾鄉龍井外，余以爲可飲者，臚列於後。

武夷茶

余向不喜武夷茶，嫌其濃苦如飲藥然。丙午秋，余游武夷到曼亭峰、天游寺諸處，僧道爭以茶獻。杯小如胡桃，壺小如香櫞，每斟無一兩，上口不忍遽咽，先嗅其香，再試其味，徐徐咀嚼而體貼之，果然清芬撲鼻，舌有餘甘。一杯之後，再試一二杯，令人釋躁平矜，怡情悅性。始覺龍井雖清而味薄矣，陽羨雖佳而韵遜矣，頗有玉與水晶品格不同之故，故武夷享天下盛名，真乃不忝，且可以瀹至三次，而其味猶未盡。〔清〕袁枚《隨園食單》卷四，清乾隆五十七年（1792）小倉山房刊本。

本草綱目拾遺

趙學敏（1719—1805），清錢塘（治所在今浙江省杭州市）人，字依吉，號恕軒。熟知藥學。調查尋訪，實地栽培，參考大量資料，編成《本草綱目拾遺》。又輯鈴醫趙柏雲經驗，成《串雅内篇》《串雅外篇》。另有《本草話》《醫林集腋》，今佚。《本草綱目拾遺》，十卷，將藥物分爲十八類：水、火、土、金、石、草、木、藤、花、果、穀、蔬、器用、禽、獸、鱗、介、蟲。載藥九百二十一種，其中有《本草綱目》未收載的藥物七百一十六種，多爲具有實用價值的民間藥與外來藥。此書不僅拾《本草綱目》之遺，而且對《本草綱目》又作了補缺與訂正工作。

武彝茶：出福建崇安，其茶色黑而味酸，最消食下氣，醒脾解酒。○單杜可云：諸茶皆性寒，胃弱者食之多停飲，惟武彝茶性溫，不傷胃，凡茶澼停飲者宜之。治休息痢，《救生苦海》：烏梅肉、武彝茶、乾薑，爲丸服。〔清〕趙學敏《本草綱目拾遺》卷六，清同治十年（1871）吉心堂刻本。

藥爐集舊

鄭傑（約1750—1800），清侯官（治所在今福建省福州市）人，字昌英，號注韓居士。編纂《全閩詩録》《閩中録》《注韓居詩鈔》《藥爐集舊》等。《藥爐集舊》收録了作者於雜考、碑石、墓志、書目提要、雜録等方面的文章，兼具知識性、趣味性與史料性。

武夷茶考略

　　武夷茶甲天下，其真贗之別，美善之分，香色臭味，判於微眇，非山中老僧與數十年善賈不能定其爲某巖某種也。有客入山，杖履所歷，各峰山僧各以小種相嘗，山光水態，悦人心目，神氣清爽，頗能定其高下。大㭐巖上向陽者受風日雨露最全，品特佳，而製法精粗亦異，乃同一巖而獨一二樹，香色又別於衆樹，則不可解也。山僧當初春時，懸木牌識其處，則山童不敢采，如喬松獨樹之類。若風日妍好，僧手自采擷，以微火焙之，俟香氣達外，如蘭如荷，則急製作。巖不數種，種不斤許，小種之所以貴也。購者得兩餘，以爲异珍。即山僧贈人，亦以二三兩爲率，外人不得嘗。次則花香，即巖上向陽所產，以頭春者味特厚，則當事貴客之所求，即大吏作貢，亦以花香爲例。以小種產少，不可繼也。又次則巖頂選芽，即至粗葉爲大種，氣味亦厚，然值皆不廉。降此則洲茶，去巖遠而味薄，與水鄰則味變，然猶在九曲之前後也。下此則外山茶，近在數十里，遠在數百里矣。其僞者則延、建、福、興、泉各郡，皆有土產。甚至江西隔省，亦僞製，過嶺混售，所謂愈降愈下也。其製作之時，則有頭春、二春、三春之候，而頭春勝。又有秋露，白嫩可愛，香亦清冽，氣味薄。江浙都門，盛行此種，則以利於耳目。茶之真贗、美善既難辨，故商賈射利之徒，所收只洲茶、外山茶，即僞茶亦兼取，以價廉易售。有終身入山，未到一巖頭者。又江浙最重白毫、紫毫、老公眉、蓮子心各種。夫巖上太陽所烘，萌芽易長，安得有毫？其有毫者，皆洲茶也。更有“宋樹”之名，夫茶樹不能百年，安得宋樹至今？此皆巧立名目，不足憑也。各巖製法之有名者，則白雲巖、天壺峰、金井坑、流香澗諸處。其巖在九曲之左者，如虎嘯、城高、更衣各岩，則山向陰，受雨露風日，偏而不全，茶色味亦因以減矣。他如大王峰、天游觀、小桃源各處，亦在溪右，皆道人住持宮觀，不能潔淨，且雇人爲之，所以美惡參半也。其製作以緊束爲工夫，寬泛則香易散。其辨色，烹時微綠者上，黃次之，紅不堪矣。又茶性淫，不拘食物，并貯即染而真味去，故收藏宜慎。水則清泉爲上，天中水次之。《茶經》有一沸、二沸、三沸之烹，過此則老不可用，亦不可不遵也。更嘗小種茶，須用小壺、小盞。以壺小則香聚，盞小即可入唇，香流於齒牙而入肺腑矣。余友徐君經曾在岩上，日品小種，據其所述，考其大概如此。〔清〕鄭傑《藥爐集舊》卷五，嘉業堂藏抄稿本。

夢厂雜著

俞蛟（1751—?），清山陰（治所在今浙江省紹興市）人，字清源，號夢厂居士。工文筆，善繪畫，素負才名。有《夢厂雜著》。《夢厂雜著》分“春明叢説”二卷、“鄉曲枝辭”二卷、“游踪選勝”一卷、“臨清寇略”一卷、“讀畫閑評”一卷、“齊東妄言”二卷、“潮嘉風月”一卷等七部分。

工夫茶烹治之法，本諸陸羽《茶經》。而器具更爲精緻，爐形如截筒，高約一尺二三寸，以細白泥爲之。壺出宜興窯者最佳，圓體扁腹，努嘴曲柄，大者可受半升許。杯盤則花瓷居多，内外寫山水人物，極工緻，類非近代物，然無款志，製自何年，不能考也。爐及壺盤各一，唯杯之數，則視客之多寡。杯小而盤如滿月，此外尚有瓦鐺、棕墊、紙扇、竹夾，製皆樸雅。壺盤與杯，舊而佳者，貴如拱璧。尋常舟中，不易得也。先將泉水貯鐺，用細炭煎至初沸，投閩茶於壺內，沖之。蓋定，復遍澆其上，然後斟而細呷之，氣味芳烈，較嚼梅花，更爲清絕，非拇戰轟飲者得領其風味。余見萬花主人於程江月兒舟中，題《吃茶》詩云："宴罷歸來月滿闌，褪衣獨坐興闌珊。左家嬌女風流甚，爲我除煩煮鳳團。小鼎繁聲逗響泉，篷窗夜靜話聯蟬。一杯細啜清於雪，不羨蒙山活火煎。"蜀茶久不至矣，今舟中所尚者，惟武彝。極佳者每斤需白鏹二枚。六篷船中，食用之奢，可想見焉。〔清〕俞蛟《夢厂雜著》卷十，《續修四庫全書》本。

滇南憶舊錄

張泓（生卒年不詳），漢軍鑲藍旗人，號西潭。有《買桐軒集》《滇南憶舊錄》等。《滇南憶舊錄》是作者官滇時回憶往事之作。

名茶

沈時可云："武彝茶中最佳者曰喬松，本山一年所得不過斤許。饋人皆用銀瓶，止一二錢。茶之妙，可烹至六七次，一次則有一次之香，或蘭，或桂，或茉莉，或菊香，種種不同，真天下第一靈芽也。"〔清〕張泓《滇南憶舊錄》，《叢書集成初編》本。

歸田瑣記

梁章鉅（1775—1849），清長樂（治所在今福建省福州市長樂區）人，字閎中，一字茝林，晚號退庵。清嘉慶七年（1802）進士。官至江蘇巡撫，兼署兩江總督。流覽群書，聞見廣博。喜作筆記小説，亦能詩。有《制義叢話》《浪迹叢談》《藤花吟館詩鈔》《金石書畫題跋》等。《歸田瑣記》成書於清道光二十四年（1844），凡百二十七條，舉凡揚州園林、坊巷、草木蟲魚、醫學內外科驗方、書劄、家史、生活瑣事、碑帖、書板、典章制度、古今人物、科舉、交游、讀書論學、詩歌楹聯、小說、酒食、謎語等無所不包。

致劉次白撫部鴻翔書

　　道光壬寅春初，引疾得請，於秋仲歸抵浦城，有致劉次白撫部一函，語頗切直而有關係，非同尋常尺素書也。因附錄於此云。

　　某自引疾得請後，應即旋閩，因儌裝之頃，忽聞浙東嘆夷猖獗，大帥奔回杭州，錢塘江一帶戒嚴，莠民乘機劫敓，行旅相戒裹足，不得已，暫至揚州避之。嗣因揚城警報踵至，探知夷艦已迫焦山口，復踉蹌挈家於六月初渡江。時京口草木皆兵，一葉扁舟，從鋒鏑中奪路而出。甫過丹陽，即聞鎮江府城已被夷兵攻破，道途梗阻。幸途遇帶兵大帥齊禮堂參贊慎北來救援，某與參贊曾爲甘隴同寅，承其沿途擁護，星夜趨馳，得以安抵蘇州。復連夜乘潮至富陽，神魂始定。六月秒至衢州，探聞江南大吏以千萬金錢與嘆夷議和，許其於江南、浙江、福建、廣東四省設立馬頭互市，業經奏准。嗚呼！此乃城下之盟，不得已權宜之計。惟我皇上如天之德，深憫東南百姓久遭荼毒，勉從疆吏所請，使民氣得以小蘇。凡薄海含生負氣之倫，無不感頌皇仁而咨嗟太息於臣工措理之失當也。

　　七月初，至浦城，本擬即日買舟順流歸里，忽聞嘆夷復欲在福州添設一馬頭，執事已爲據情奏請，不勝駭愕。且聞省垣紳戶，紛紛各爲搬移之計，因此觀望不前。繼聞此事已奉中旨再三駁飭，仰見聖明覆載無私，洞鑒於萬里之外，俾濱海臣庶，均各安耕鑿於堯天舜日之中，爲之額手稱慶。乃不數日，又聞執事以此事頂奏，求順夷情，則誠某之所不解也。試問執事，夷情重乎？民情重乎？夫前此之准議和，乃我皇上之順民情，以順夷情，此經中之權，史傳中屢有之。今此之請添馬頭，乃執事之拂民情，以順夷情，果何説以處此？民爲邦本，執事於本末之分，順逆之理，亦曾熟思而審處之乎？且此事本末，至易明也。以省分論，福建不能先於江南、浙江、廣東也；以富强論，福建不能勝於江南、浙江、廣東也。乃江南、浙江、廣東每省只准設一馬頭，而福建一省獨必添一馬頭以媚之，此又何説以處之？且江南之上海、浙江之寧波、福建之廈門、廣東之澳門，本爲番舶交易之區，而福州則從開國以來并無此舉。今以亘古未聞之事，而爲恭奉外夷之故，强率吾閩數十萬戶商民，必與上海、寧波、澳門一律辦理，於國計民生政體均所未安，此又何説以處之？況中原濱海各省，不一而足，倘該夷援福州之例，於山東索登州馬頭，於直隸索天津馬頭，於遼東索錦州馬頭，則概將惟命是聽乎？況外番如唉夷者，亦不一而足，倘各外番并援唉夷之例，亦於濱海各省請分設馬頭，則又將惟命是聽乎？且福州省城外距五虎門大海尚有百十里之遥，蘇州省城外距常熟海口不過百里，浙江省城外距黿、赭海門亦不過百里，廣州省城則外距澳門不過數十里。若皆以海道可通之故，各援福州之例，并請於各省會分設馬頭，又何詞以拒之？

且執事亦知該夷所以必住福州之故乎？該夷所必需者，中國之茶葉，而崇安所産，尤該夷所醉心。既得福州，則可以漸達崇安。此間早傳該夷有欲買武夷山之説，誠非無因。若果福州已設馬頭，則延、建一帶，必至往來無忌。某記得道光乙未年春夏之交，該夷曾有兩大船停泊臺江，別駕一小船，由洪山橋直上水口。時鄭夢白方伯以乞假卸事回籍，在竹崎江中與之相遇，令所過塘汛各兵開炮擊回。則彼時已有到崇安相度茶山之意，其垂涎於武夷可知。此時該夷氣焰視十年前更甚，得隴望蜀，人之常情，況犬羊之無厭乎？此局果成，其弊將有不可殫述者，願執事合在城文武各官，及在籍老成紳士，從長計議，極力陳奏，必可上邀俞旨，下洽輿情，使嘆夷知中國不可以非理妄干，自當帖然聽命。甚不願後日以盧龍之責，歸咎於當時之大吏及士大夫也。敢拜下風，伏惟垂鑒，幸甚。

按是時吾閩怡悦亭督部方巡臺灣，遠在海外，省中事務，統歸次白撫部主持。余在江蘇藩任時，次白爲太湖同知，曾以濬河便民薦舉，加知府銜。次年復以計典卓薦，擢守徐州，洊至開府，以余爲舉主，執弟子禮頗恭，故余不憚傾倒言之。次白雖不以爲忤，而迄不能見諸施行。頃聞嘆夷竟相挈入省城，與大小官吏相通謁，且佔住烏石山上之積翠寺，設牙旗鼓角，民間驚擾，官吏不知所爲。至是始追咎於始謀之不臧，而不幸余言之中也，悔何及矣！〔清〕梁章鉅《歸田瑣記》卷二，清道光二十五年（1845）北東園刻本。

品茶

余僑寓浦城，艱於得酒，而易於得茶。蓋浦城本與武夷接壤，即浦產亦未嘗不佳，而武夷焙法，實甲天下。浦茶之佳者，往往轉運至武夷加焙，而其味較勝，其價亦頓增。其實古人品茶，初不重武夷，亦不精焙法也。《畫墁錄》云："有唐茶品以陽羨爲上供，建溪、北苑不著也。貞元中，常袞爲建州刺史，始蒸焙而研之，謂之研膏茶。丁晉公爲福建轉運使，始製爲鳳團。"今考北苑雖隸建州，然其名爲鳳凰山，其旁爲壑源、沙溪，非武夷也。東坡作《鳳咮硯銘》有云："帝規武夷作茶囿，山爲孤鳳翔且嗅。"又作《荔支嘆》云："君不見武夷溪邊粟粒芽，前丁後蔡相籠加。"直以北苑之名鳳凰山者爲武夷。《漁隱叢話》辨之甚詳，謂北苑自有一溪，南流至富沙城下，方與西來武夷溪水合流，東去劍溪。然又稱武夷未嘗有茶，則亦非是。按：《武夷雜記》云："武夷茶賞自蔡君謨，始謂其過北苑龍團，周右文[十一]極抑之。蓋緣山中不曉焙製法，一味計多狥利之過。"是宋時武夷已非無茶，特焙法不佳，而世不甚貴爾。元時始於武夷置場官二員，茶園百有二所，設焙局於四曲溪，今御茶園、喊山臺，其遺迹并存，沿至近日，則武夷之茶，不脛而走四方。且粵東歲運番舶，通之外夷，而北苑之名遂泯矣。武夷九曲之末爲星村，鬻茶者駢集交易於此。多有販他處所産，學其焙法，以贗充者，即武夷山下人亦不能辨也。

余嘗再游武夷，信宿天游觀中，每與靜參羽士夜談茶事。靜參謂茶名有四等，茶品亦有四等。今城中州府官廨及豪富人家競尚武夷茶，最著者曰花香，其由花香等而上者曰小種而已。山中則以小種爲常品，其等而上者曰名種，此山以下所不可多得，即泉州、廈門人所講工夫茶，號稱名種者，實僅得小種也。又等而上之曰奇種，如雪梅、木瓜之類，即山中亦不可多得。大約茶樹與梅花相近者，即引得梅花之味，與木瓜相近者，即引得木瓜之味，他可類推。此亦必須山中之水，方能發其精英，閱時稍久，而其味亦即消退。三十六峰中，不過數峰有之。各寺觀所藏，每種不能滿一斤，用極小之錫瓶貯之，裝在名種大瓶中間。遇貴客名流到山，始出少許，鄭重瀹之。其用小瓶裝贈者，亦題奇種，實皆名種，雜以木瓜、梅花等物以助其香，非真奇種也。至茶品之四等，一曰香，花香、小種之類皆有之。今之品茶者，以此爲無上妙諦矣。不知等而上之，則曰清，香而不清，猶凡品也。再等而上之，則曰甘，清而不甘，則苦茗也。再等而上之，則曰活，甘而不活，亦不過好茶而已。活之一字，須從舌本辨之，微乎微矣，然亦必瀹以山中之水，方能悟此消息。此等語，余屢爲人述之，則皆聞所未聞者，且恐陸鴻漸《茶經》未曾夢及此矣。憶吾鄉林樾亭先生《武夷雜詩》中有句云："他時詫朋輩，真飲玉漿回。"非身到山中，鮮不以爲欺人語也。《歸田瑣記》卷七。

品泉

唐、宋以還，古人多講求茗飲，一切湯火之候，瓶盞之細，無不考索周詳，著之爲書。然所謂龍團、鳳餅，皆須碾碎方可入飲，非惟煩瑣弗便，即茶之真味，恐亦無存。其直取茗芽，投以瀹水即飲者，不知始自何時。沈德符《野獲編》云："國初四方供茶，以建寧、陽羨爲上，時猶仍宋制，所進者俱碾而揉之爲大小龍團。至洪武二十四年九月，上以重勞民力，罷造龍團，惟采茶芽以進。其品有四：曰探[十二]春，曰先春，曰次春，曰紫笋。置茶户五百，充其徭役。"乃知今法實自明祖創之，真可令陸鴻漸、蔡君謨心服。憶余嘗再游武夷，在各山頂寺觀中取上品者，以岩中瀑水烹之，其芳甘百倍於常。時固由茶佳，亦由泉勝也。按品泉始於陸鴻漸，然不及我朝之精。記在京師恭讀純廟御製《玉泉山天下第一泉記》云："嘗製銀斗較之，京師玉泉之水斗重一兩，塞上伊遜之水亦斗重一兩，濟南珍珠泉斗重一兩二釐，揚子金山泉斗重一兩三釐，則較玉泉重二釐或三釐矣。至惠山、虎跑，則各重玉泉四釐，平山重六釐，清凉山、白沙、虎丘及西山之碧雲寺各重玉泉一分。然則更無輕於玉泉者乎？曰有，乃雪水也。常收積素而烹之，較玉泉斗輕三釐，雪水不可恒得。則凡出山下而有冽者，誠無過京師之玉泉，故定爲天下第一泉。"《歸田瑣記》卷七。

286

一斑録

　　鄭光祖 (1776—1866)，清昭文（治所在今江蘇省常熟市）人，字梅軒。清道光十四年（1834）主持開浚白茆塘。好刊書。《一斑録》分天地、人事、物理、方外、鬼神五卷，附篇權量、勾股、醫方及雜述五百六十餘條。内容涉及天文、水利、地理、生物、物理、度量衡等自然科學知識，雜述部分主要記録作者游歷見聞，反映了清代中後期的社會風情和政治經濟情況，是繼《夢溪筆談》之後，我國古代又一部百科全書式的科學筆記。

　　茶貴新鮮，則色、香、味俱備。色貴緑，香貴清，味貴澀而甘。啜茗可以祛腥膩、潤喉吻，不必希盧陸高風，而齒頰饒有韵趣。浙地以龍井之蓮心芽，蘇郡以洞庭山之碧螺春，均已名世。然我虞山亦産茶，嘗至普福，維摩僧出供客，其佳不亞蘇杭，特不可多得耳。若安徽六安茶、湖北安化茶、四川蒙山茶、雲南普洱茶，與蘇杭不同味，不善體會者或不知其妙。若閩地産紅袍、建旗，五十年來盛行於世，竊以爲非正味也。〔清〕鄭光祖《一斑録》"雜述四"，清咸豐五年（1855）刻本。

寒秀草堂筆記

　　姚衡 (1789—1850)，清歸安（治所在今浙江省湖州市）人，字雪逸。官至建昌府同知。好藏書。《寒秀草堂筆記》，四卷，卷一、二爲《小學述聞》，係小學著作，卷三、四爲《賓退雜識》，多爲碑帖題跋。

柯易堂曾爲崇安令，言茶之至美，名爲不知春，在武夷天佑巖下，僅一樹。每歲廣東洋商預以金定此樹，自春前至四月，皆有人守之。惟寺僧偶乞得一二兩，以餉富家大賈，求檀施。大致與粟米相類，色香俱絕，非他茶所能方駕。雪梅在國師巖，亦宋樹。〔清〕姚衡《寒秀草堂筆記》卷四，《叢書集成初編》本。

蜨階外史

高繼珩（1798—?），清遷安（治所在今河北省遷安縣）人，字寄泉。清嘉慶二十三年（1818）舉人。由河間大名教諭任廣東鹽場大使。工詩善畫。有《培根堂詩集》《蜨階外史》。《蜨階外史》與《聊齋志异》體例相仿，所記多爲作者見聞瑣事等。

工夫茶

工夫茶，閩中最盛。茶産武彝諸山，采其芽，窨製如法。友人游閩歸，述有某甲家巨富，性嗜茶，廳事置玻璃甕三十，日汲新泉滿一甕，烹茶一壺，越日即不用，移置庖湢，別汲第二甕備用。童子數人皆美秀，髮齊額，率敏給，供爐火。爐用不灰木，成極精緻，中架無烟堅炭數具，有發火機以引光奴焠之，扇以羽扇，焰騰騰灼矣。壺皆宜興沙質，龔春、時大彬，不一式。每茶一壺，需爐銚三候湯，初沸蟹眼，再沸魚眼，至聯珠沸則熟矣。水生湯嫩，過熟湯老，恰到好處，頗不易，故謂"天上一輪好月，人間中火候一甌"，好茶亦關緣法，不可幸致也。

第一銚水熟，注空壺中，蕩之潑去；第二銚水已熟，預用器置茗葉，分兩若干，立下壺中，注水，覆以蓋，置壺銅盤内；第三銚水又熟，從壺頂灌之，周四面，則茶香發矣。甌如黃酒卮，客至每人一甌，含其涓滴咀嚼而玩味之。若一鼓而牛飲，即以爲不知味，蕭客出矣。茶置大錫瓶，友人司之。瓶粘考據一篇，道茶之出處、功效，啜之益人者何在，客能道所以，別烹嘉茗以進。其他中人之家，雖不能如某甲之精，然烹注之法則同，亦歲需洋銀數十番云。

〔清〕高繼珩《蜨階外史》卷四，清宣統三年（1911）上海廣益書局石印本。

閩雜記

施鴻保（1804—1871），清錢塘（治所在今浙江省杭州市）人，字可齋。工詩及古文，尤精考證。有《春秋左傳疏五案》《閩雜記》等。《閩雜記》，十二卷，爲作者游閩隨筆，凡山川風俗、氣候物產、人物遺事、詩文墨畫，乃至竹花鳥魚、民間傳說等，無所不記，是研究福建地方史的重要參考資料。

功夫茶

漳泉各屬俗尚功夫茶，器具精巧。壺有小如胡桃者，名孟公壺。杯極小者，名若深杯。茶以武夷小種爲尚，有一兩值番錢數圓者，飲必細啜久咀，否則相爲嗤笑。或謂功夫乃"君謨"之誤，始於蔡忠惠公也。予友武進黃玉懷明府言"下府水性寒，多飲傷人"，故尚此茶，取其飲不多而渴易解也。〔清〕施鴻保《閩雜記》卷十，清光緒元年（1875）尊聞閣刻本。

建茶名品

建茶名品甚多，如蔡君謨《茶譜》、黃文英《品茶要錄》及《北苑茶錄》等所載，今人鮮知者矣。吾鄉俗則但稱曰武夷，閩俗亦惟有花香、小種、名種之分而已。名種最上，小種次之，花香又次之。近來則尚沙縣所出一種烏龍，謂在名種之上。若雀舌、蓮心之類，尋常所稱者，亦不辨也。梁茝林《品茶説》云："茶有四等，一曰香，花香、小種之類皆有之。等而上之則曰清，香而不清，猶凡品也。又等而上之則曰甘，清而不甘，則苦茶也。再等而上之則曰活，甘而不活，亦不過好茶而已。活之一字，須從舌本辨之，微乎微矣。"然所稱四等，亦第就近來俗尚言耳。

　　按：北苑茶産建州鳳凰山，初不甚著。唐常袞始製爲研膏，後唐江南李氏又別令取其乳作片供御，謂之京挺、的乳。李氏有北苑，藏茶其中，因謂之北苑茶。後武夷茶盛行而北苑之名遂泯，今人或以北苑爲産茶之山，誤矣。《閩雜記》卷十。

吕仙茶

　　崇安縣星村有茶樹五株，葉皆對生，自下至上，大小不殊，味冠諸種，云吕仙所植者，村人珍之。每茶時，公鬮一人收采，先以送官，後乃分給各戶，然不能多。每年只數斤而已，各戶分得不過數兩，遇貴客始出餉之。名吕仙茶，亦曰吕岩茶，此從來《茶譜》所未載者，予聞諸來觀察云。《閩雜記》卷十。

佛腹古茶

　　星村山徑間向有一寺，殿宇頹圮，惟留大佛像一尊。道光乙巳春，有茶客過禱而應，捐金重修，拆視舊像，則腹中以竹爲框，内皆紙包茶葉，各書"嘉靖辛巳九月某日某人敬獻"字。其茶色不甚變，亦微有香氣，遂盡取出，易以新者，舊者多爲工匠及村人取去，茶客只自留二包。素與建陽程卓英交好，是年秋杪，卓英子患痢甚劇，偶憶其茶藏佛腹中逾三百年，必可治病，遂乞少許煎飲

290

之，果大瀉而愈。其後人競乞以治痢，愈者甚多。乙卯，余館建陽，卓英爲余述之。惜茶客已故，其先爲工匠、村人取去者恐皆不知可以治痢而弃之矣。《閩雜記》卷十。

閩産録异

　　郭柏蒼（1815—1890），清侯官（治所在今福建省福州市）人，又名彌苞，字兼秋、青郎。清道光二十年（1840）舉人。好藏書，對天文、地理、河運，特別是福建的山川、風土、物産、人文等皆有研究。主編《烏石山志》，著有《閩産録异》《海錯百一録》等。《閩産録异》，六卷，記録了閩臺兩地物産的地域分布、形狀習性、實際用途、經濟價值等，其中部分物産的來源和掌故等介紹詳盡，并引用古籍、方言和俗諺加以佐證，保留不少福建地方經濟史、社會史、文化史、生活習俗史等信息。

茶

　　閩諸郡皆産茶，以武夷爲最，蒼居芝城十年，以所見者録之。武夷寺僧多晋江人，以茶坪爲業。每寺訂泉州人爲茶師。清明後、穀雨前，江右采茶者萬餘人，手挽茶柯，拉葉入籃筐中。茶師分粗細焙之。最細爲奇種，即刺天之第一槍也。其二旗者爲名種，爲小種。稍粗者爲次香，爲花香。花香者，夾栀子花入焙也。各岩皆産栀子，其百葉者名玉樓春，又名欲留春，爲種焙，爲揀焙。最粗之茶，統爲岩片。又有就茗柯，擇嫩芽，以指頭入鍋，逐葉捲之，火候不精，則色黝而味焦，即泉、漳、臺、澎人所稱工夫茶。瓶僅一二兩，其製法則非茶師不能，日取值一鑼。別有松際，色淺、香淡。老君眉，光澤烏君山前，亦產老君眉。葉長、味鬱，然多偽爲。鐵羅漢、墜柳條皆宋樹，又僅止一株，年產少許，無可價值。凡茶，他郡產者性微寒，武夷九十九岩產者性獨溫。其品分岩茶、洲茶。附山爲岩，沿溪爲洲。岩爲上品，洲爲次品。九十九岩皆特拔挺起，凡風日雨露，無一息之背。水泉之甘潔，又勝他山。草且芳烈，何況茗柯？其茶，分山北、山南，山北尤佳，受東南晨日之光也。岩茶、洲茶之外爲外山，清濁不同矣。九十九岩茶可三瀹，外山兩瀹即淡。武夷各岩著名者，白雲、仙游、折笋、金谷洞、玉華、東華，餘則崇南之曹墩，乃武夷一脈，所產甲於東南。蓮心、白毫、紫毫、雀舌皆外山及洲茶，采初出嫩芽爲之，雖以細爲佳，味則淺薄。又有三味茶，別是一種，能解醒消脹。凡樹茶，宜日宜風而厭多風日，多則茶不嫩。采時宜晴不宜雨，雨則香味減。武夷采摘，以清明後、穀雨前爲頭春，香濃、味厚。立夏後爲二春，無香、味薄。夏至後爲三春，頗香而味薄。至秋則采爲秋露。貯茶，一忌濕氣，次忌共置，三忌大器。以二兩小甕，密緘包裹，置鉛箱中，實以岩片，緘以木匣爲妙。然新舊交，則色紅、味老而香減，蓮心、白毫陰乾者色尤易變。以上武夷。

甌寧縣之大湖，別有葉粗長，名"水仙"者，以味似水仙花，故名。又有烏龍，產大湖、小湖，皆能除煩、去膩，真者亦難得。古之北苑，在今建寧郡城東北鳳凰山下，屬建安縣。《八閩通志》："山有鳳凰泉，一名'龍焙泉'，一名'御泉'。自宋以來，於此取水，造茶上供。又龍山與鳳凰山對峙，其左有龍、鳳池。偽閩龍啓中，製茶焙，引龍、鳳二山之泉，瀦爲兩池。兩池間有紅雲島。宋咸平間，丁謂監驗茶事時所作也。"又云："八縣皆出茶，而龍鳳、武夷二山所出者，尤號絕品。"〔清〕郭柏蒼《閩產錄异》卷一，清光緒十二年（1886）刻本。

匋雅

陳瀏（1863—1929），清丹徒（治所在今江蘇省鎮江市丹徒區）人，字湘濤，別署寂園叟。精研瓷學，亦喜金石，尤嗜籀篆印學。《匋雅》爲陳瀏多年來學習收藏和鑒定瓷器的心得體會和經驗總結，現存兩卷，內容包括古代陶瓷發展源流、器物名稱、胎釉特點、裝飾技法、款識銘文及歷代名窯名匠名品市場供銷情況等。

兔毫盞即鷓鴣斑，第鷓斑痕寬，兔毫針瘦，亦微有不同。或稱近有閩人掘地所得古盞頗多，質厚，色紫黑，茶碗較大，山谷詩以之鬥茶者也。酒杯較小，東坡詩以之盛酒者也。證以蔡襄《茶録》，其爲宋器無疑。曰甌寧産，曰建安所造，皆閩窰也。底上偶刻有陰文"供御"楷書二字。《格古要論》謂盞多氅口，則不折腰之壓手杯也。〔清〕陳瀏《匋雅》卷二，《静園叢書》本。

竹間續話

郭可光（1901—1956），侯官（治所在今福建省福州市）人，號伯暘、白陽。幼承家學，篤學好古。《竹間續話》，四卷，主要記録福建省的遺聞逸事，采録鄉土掌故。

武夷九十九岩皆産名茶，奇種以天心岩之大紅袍，慧苑岩之鐵羅漢，磊石岩之白鷄冠，蘭谷岩之金鎖匙，天井岩之過山龍，竹窠岩之瓜子金，幔陀峰之半天夭爲著。而大紅袍尤爲特品，産於天心岩永樂寺三里許之九龍窠石壁上。石壁僅方丈之地，植茶三叢。外向較高者，傳爲眞紅袍。旁二叢爲副車，葉不甚大，芽端帶淡紅色，年僅六七兩，價值數百金，蓋罕而見珍也。每歲，住持僧以少許分饋當道士紳，餘則悉售厦商。又天佑岩下有茶一樹，名不知春，亦種之至美者，廣東洋商歲歲預定，雇人守護，惟寺僧得一二兩而已。

建茶奇種，相傳爲天生，茶下不植草。郭白陽輯撰，福州市地方志編纂委員會整理《竹間續話》卷三，海風出版社 2001 年版。

【校勘記】

〔一〕"馥"，原作"護"，今據《全唐詩》改。

〔二〕"諫"，原作"建"，今逕改。

〔三〕"和陽王休點密雲龍"，〔清〕吳之振《宋詩鈔》作"答梅子明王揚休點密雲龍"。

〔四〕"礫"，原作"櫟"，今據〔唐〕陸羽《茶經》明萬曆十六年（1588）程福生竹素園本改。

〔五〕"簡"，原作"間"，今據〔宋〕熊蕃《宣和北苑貢茶錄》文淵閣《四庫全書》本改。

〔六〕"屴"，原作"劣"，今據〔清〕周亮工《閩小紀》改。按：屴崱，福州鼓山的主峰。

〔七〕此處疑脫"臺"字。

〔八〕"常建"，當作"常袞"。

〔九〕"團"，原作"圖"，今據文理改。

〔十〕"點買"，按：林忠幹《閩北五千年》（海峽文藝出版社 2009 年版）引福建省博物館藏《閩瑣紀》鈔本作"點賈"。

〔十一〕"文"，原作"父"，今據《續茶經》引吳拭文改。

〔十二〕"探"，原作"採"，今據〔明〕沈德符《野獲編》《續修四庫全書》本改。

地方志篇

整理説明

關於地方志中茶葉資料的整理，吳覺農《中國地方志茶葉歷史資料選輯》、朱自振《中國茶葉歷史資料續輯（方志茶葉資料彙編）》已經作了大量的工作，且爲本篇的整理工作提供諸多綫索。地方志中所録茶書、文學作品與本書其他篇目重復者，不再輯録。部分民國時期地方志資料，因多涉民國以前的史實而予以收録。以下整理，以志書刊刻時間先後爲序。

八閩通志　　陳道、黄仲昭　明弘治二年（1489）

卷五【山川】鳳凰山。在吉苑里，形如翔鳳。山有鳳凰泉，一名龍焙泉，一名御泉。自宋以來，於此取水造茶上供。蘇軾《鳳咮石硯銘序》云："北苑龍焙山，如翔鳳下飲之狀，當其咮有石蒼黑，堅致如玉，太原王頤以爲硯，名之曰鳳咮。"即此是也。

卷二十五【土産】建寧府　茶。八縣皆出，而龍鳳、武夷二山所出者尤號絶品。

卷四十【公署】北苑茶焙。在府城東吉苑里鳳凰山之麓。僞閩龍啓中，里人張暉居之，以其地宜茶，悉表而輸於官，由是始有北苑之名。北苑之茶爲天下第一，而鳳凰山所産者，又冠於北苑。山之旁曰壑源，外曰沙溪，皆産茶。官私之焙，凡千三百三十有六，官焙三十有二，以北苑冠其首。苑之中，宋有漕司行衙。後經兵燹，惟茶堂、星輝館及前二門尚存。門之左有倉，受建寧北苑二里秋苗，以給春夫之食。茶堂之後有御泉亭，蓋造茶時取水於此，景祐間重修，丘荷爲記。亭之前有紅雲島，元時重加修葺。國朝洪武十年，建御茶亭於其中。亭之前爲茶場，場之前爲儀門，區曰"清風"。門之左爲茶焙，右爲庫房，前爲外門，南直鳳凰山之麓，爲御泉亭。外門之東爲執事者栖息之舍。宣德八年，知縣戴肅建茶堂三間。成化元年，縣丞馬□建貯茶之室凡六間。三年，知縣周正重建御泉亭，并建門樓。成化十八年，知縣桂鎬建焙茶之室，凡三間。

卷四十一【公署】御茶場。在縣武夷二曲之西，即宋希賀堂址也。元時創設。大德七年，奉御高久住以其地隘陋，乃相前岡，得石泉一泓，甚清且冽，遂取建安縣北苑鳳山泉以權衡度之，茲泉差重。於是闢基建殿於內，以儲新貢，扁曰"第一春"。殿之前二廡，東爲焙，扁曰"焙芳"；西爲竈，扁曰"淳光"。前建堂三楹，扁曰"清神"。又有二亭，對峙於庭前，左曰"燕嘉"，右曰"宜寂"。二亭今俱廢。外設大門，扁曰"仁風"。山之右構亭，以覆井，扁曰"通仙泉"。門之首作梁以跨池，扁曰"碧雲橋"。南北建二門，一在第一曲，瞰大溪；一在第九曲，臨星村里，扁曰"御茶園"。國朝洪武初重修，并建"喊祠""思敬"二亭於仁風門之左。每歲驚蟄日，縣官率所屬祀山神畢，令執事者鳴金鼓，揚旗同喊曰："茶發芽！"自是龍井之泉漸發而滿。造茶畢，泉漸渾而縮。武當張真人落魄至，飲其水曰："非武夷茶之美，乃茲泉之力也。"

武夷山志 勞堪 明萬曆十年（1582）

卷二【靈勝分紀】洞：茶洞，在隱屏峰後、天游峰下，四山環夾，烟靄不絕，洞門窄狹，內境寬平，土性所宜多產，視他處爲佳。〔明〕藍涇：石洞產靈芽，先春已放花。清芬浮玉碗，風致入仙家。采撷穿雲徑，烹煎汲井華。食芹猶可獻，況此獨鮮嘉。

卷三【靈構紀】道院：天壺道院，在北廊岩頂天壺峰下，元杜本書扁，久廢，近有小構未完。〔宋〕陳國賓：山徑崎嶇紫翠連，白雲深處是壺天。客來無物供吟笑，旋摘新茶煮石泉。

卷四【古迹紀】龍井：在四曲御茶園旁有龍亭，蓋取泉製茶充貢者。

茶岩小隱：在茶洞口，宋劉道讀書之所，即劉衡。今廢。

喊泉亭、浮光亭、焙芳亭、燕嘉亭、碧雲橋、思敬亭、宜寂亭、通仙泉、仁風門、清神堂：舊在御茶園中，今并廢。

武夷山志略　徐表然　明萬曆四十七年（1619）

【四曲諸勝】御茶園。製茶爲貢，自宋蔡襄始。先是建州貢茶，首稱北苑龍團，而武夷之茶，名猶未著。元設場官二員，茶園南北五里，各建一門，總名曰御茶園。大德己亥，高平章之子久住創焙局於此，中有仁風門、碧雲橋、清神堂、焙芳亭、燕嘉亭、宜寂亭、浮光亭、思敬亭，後俱廢。惟喊山臺乃元暗都喇建，臺高五尺，方一丈六尺，臺上有亭，名喊泉亭，旁有通仙井，歲修貢事。元朝著令，貢有定額。九百九十斤。有先春、探春、次春三品，視北苑爲粗，而氣味過之。每歲驚蟄，有司率所屬於臺上，致祭畢，令衆役鳴金擊鼓，揚聲同喊曰："茶發芽！"而井泉旋即漸滿，甘洌，以此製茶，異於常品。造茶畢，泉亦漸縮。張邋遢飲其泉曰："不獨其茶之美，亦此水之力也。"故名通仙，又名呼來泉。自後茶貢蠲免，悉皆荒廢。

武夷山志　衷仲孺　明崇禎十六年（1643）

　　卷六【物産】茶。諸山皆有，惟接笋峰、鼓子岩、金井坑者爲尤佳。以清明時初萌細芽爲最，穀雨稍亞之，其二春、三春以次分中下，至秋露白，其香擬蘭，但性微寒耳，大抵茶質不甚相遠，在製烹有法。予之《茶説》所載頗詳。按：宋元時有北苑龍團之貢，遂編徭役名曰茶户，每歲差官督製，民疲奔命，苦不可言，至國朝罷之。然考武夷茶，賞自蔡君謨，謂其味勝，及周右文極抑之，迨後民以此狗利。罷貢以來，製亦久失其法，茶既不佳，四方來市者近亦絕少。閩之鄭茶出鄭宅後，其色清且香，殊有味，武夷茶不及遠矣。[一]

武夷紀要　藍陳略　清康熙三十四年（1695）

　　【物產紀】茶。諸山皆有，溪北爲上，溪南次之，洲園爲下。而溪北惟接笋峰、鼓子岩、金井坑者爲尤佳。以清明時初萌細芽爲最，穀雨稍亞之，其二春、三春以次分中下。至秋露白，其香擬蘭，但性微寒，大抵茶質不甚相遠，在製烹有法耳。按：宋元時有北苑龍團之貢，遂編徭役，名曰茶户，每歲差官督製，民疲奔命，苦不可言，至明朝罷之，而茶户之困如故，蓋有司取以薦新，胥役每賄營是差以飽其欲耳。嘗見唐子畏戲爲虎丘僧題云："皂隸官差去取茶，只要紋銀不要賒。縣裏捉來三十板，方盤捧出大西瓜。"使子畏而在，不知當更作何語也。

武夷山志　王梓　清康熙四十九年（1710）

【四曲】御茶園，法幢庵。依山傍水，平衍半里許。初爲希賀堂遺址，改建茶園，園既廢，近復創庵。武夷茶貢起自元初，至元十六年，平章高興過武夷，製石乳數斤入獻。十九年，乃令縣官蒞之，歲貢茶二十斤，采摘戶凡八十。大德五年，興之子久住爲邵武路總管，就近至武夷督造貢茶。明年，創焙局，稱爲御茶園。有仁風門、拜發殿亦名第一春殿、清神堂、思敬亭、焙芳亭、燕嘉亭、宜寂亭、浮光亭、碧雲橋。又有井，號通仙井，覆以龍亭，皆極丹艧之盛。設場官兩人領其事，歲額浸廣，十餘年間增戶至二百五十，茶三百六十斤，製龍團五千餅。泰定五年，崇安令張端本重新修葺，又於園之左右各增建一場。至順三年，建寧總管暗都剌於通仙井畔築臺，高五尺，方一丈六尺。曰喊山臺，亭其上，曰喊泉亭，因稱井爲呼來泉。舊《志》云：祭後群喊，而泉水漸盈，造茶畢纔涸，故名。每歲春，致祭喊山，製茶入貢，迨至正末，額凡九百九十斤。明初仍之，著爲[二]令。每歲驚蟄日，崇安縣官率所屬具牲醴詣喊山臺致祭。洪武二十四年，詔天下產茶之地，歲有定額，以建寧爲上，聽茶戶采進，勿預有司。茶名有四：探春、先春、次春、紫笋，不得碾揉爲大、小龍團，然而祀典貢額猶如故也。嘉靖三十六年，建寧太守錢嶫因本山茶枯，令以歲編茶夫銀二百兩，又水脚銀二十兩，齎府造辦，自此遂罷茶場，而崇民得以少息。園漸廢，惟井尚存。井水清甘，較他泉迥異。仙人張邋遢過此飲之，曰："不徒茶美，亦此水之力也。"今漳僧又水創庵於園址，佛殿弘敞，禪房清幽，然土人猶呼"御茶園"云。

【物産】茶。武夷山周迴百二十里，皆可種茶。茶性他產多寒，此獨性溫。其品分岩茶、洲茶。在山者爲岩，上品；在麓者爲洲，次之，香味清濁不同，故以此爲別。采摘時以清明後穀雨前一旗一槍爲最，名曰頭春，稍後爲二春，再後爲三春，二、三春茶反細，其味則薄。尚有秋采者，名秋露白，味則又薄矣。種處宜日宜風，而畏多風日；采時宜晴而忌多雨，多受風日，茶則不嫩；雨多，香味則減也。岩茶采製著名之處，如竹窠、金井坑、上章堂、梧峰、白雲洞、復古洞、東華岩、青獅岩、象鼻岩、虎嘯岩、止止庵諸處，多係漳泉僧人結廬久往，種植采摘烘焙得宜，所以香味兩絕。其岩茶反不甚細，有選芽、漳芽、蘭香、清香諸名，盛行於漳泉等處，烹之有天然清味，其色不紅。又有名松蘿者，仿佛新安製法，然武夷本爲石山，峰巒戴土者寥寥，故所產無幾。近有標奇炫異題爲大王、幔亭、玉女、接笋者，真堪一噱。諸峰人立上無隙地，鳥道難通，何自而樹藝耶？洲茶所在皆是，不惟崇境，東南山谷平川無不有之，即鄰邑近亦栽植頗多。每於春末夏初，運至山中及星村墟市，冒名賈售，是以水浮陸運，廣給四方，皆充武夷。又有安溪所產假冒者，尤爲不堪，或品知其味不甚貴重，皆以假亂真誤之也。至於蓮子心、白毫、紫毫、雀舌，皆洲茶初出嫩芽爲之，雖以細爲佳，而味實淺薄，其香氣乃用木蘭花薰成。假借妝點，巧立名色，不過高聲價以求厚利，若核其實，品其味，則反不如岩茶之不甚細者遠矣。至若宋樹茶，尤屬烏有。宋代去今，凡數百年，茶本叢生，乃蘖者高不過二三尺，久不出六七年，過此則老，芟之另種，安得有宋時植樹至今猶存耶？又有名三味茶，別是一種，飲之味果屢變，此爲名副其實，相傳能解醒消脹，然采製亦少，售亦不多也。王梓曰：武夷茶之始末源流，徐興公《茶考》已詳之矣，然古今製法不同，遠近好尚不一，非久於此，則品第高下，人多未得其實，茲一一考而列之，庶不失茗柯之妙理也。大抵山中水土本佳，漳僧采製又得其法，故巖茶甘香以爲妙品。衷稚生云："茶質不甚相遠，全在製烹有法，此老桑苧之言也。"此條轉引自朱自振《中國茶葉歷史資料續輯（方志茶葉資料彙編）》，東南大學出版社1991年版。

崇安縣志 劉埥、張彬 清雍正十一年（1733）

卷一【風俗】二月，社前後，浸穀種作農事。社日，祈社飲福。初六日，燒燭慶老佛壽。穀雨，製茶。

五月，以角黍相餽。小兒繫長命縷，佩闢兵符。五日，采藥作午時茶。龍舟競渡。

卷八【古迹】御茶園。在武夷山第四曲。元建堂宇盡廢，存喊山臺。臺左有通仙井，元時井上覆以龍亭。歲於驚蟄日有司致祭，率役夫茶戶，鳴金鼓，合聲喊山，謂動地脉以發泉，暢春膏而早苗，重玉食，謹有事也。初山力嗇産，未修貢，貢自蔡襄始。初貢小龍團，凡七十餘餅，歐陽永叔聞而曰："君謨亦作此事?"迄元，貢額浸廣至二十斤，大德間，至二百五十斤，製龍團五千餅。明初因之，罷製團餅，而額貢九百九十斤，凡四品。嘉靖三十六年，以茶枯，太守錢公嶫詳請罷之。今基址爲僧居。

福建通志 郝玉麟、謝道承 清乾隆二年（1737）

卷十一【物産】延平府：茶。各縣俱有，出南平半巖者尤佳。……建寧府：茶。七縣皆出，而龍鳳、武夷二山所出者尤號絶品，宋蔡襄有《茶録》。

卷六十三【古迹】建寧府　建安縣：北苑茶焙。在鳳凰山麓。偽閩龍啓中，里人張廷暉居之，以其地宜茶，悉表而輸於官，由是始有北苑之名。北苑茶爲天下第一，官私之焙，凡千三百三十有六所。苑中有宋漕司行衙，後經兵燹。有御泉亭，造茶時取水於此，宋景祐間重修，邱荷爲記，亭之前有紅雲島，今俱廢。

崇安縣：御茶場。在武彝二曲之西，即宋希賀堂址，元時創設。大德七年，奉御高久住以其地狹陋，乃相前岡，得龍井石泉一泓，甚清冽，闢基建殿於內，以儲新貢。明洪武初重修。每歲驚蟄日，縣官率屬祀山神畢，令執事鳴金鼓、揚旗，同喊曰："茶發芽！"自是龍井之泉漸發而溢，造茶畢，泉漸渾而縮。武當張真人至此，飲其水，曰："非武彝茶之美，乃茲泉之力也。"今廢。

武夷山志　董天工　清乾隆十六年（1751）

卷十九【物產　藝屬】茶。茶之產不一，崇、建、延、泉隨地皆產，惟武夷爲最，他產性寒，此獨性溫也。其品分岩茶、洲茶，附山爲岩，沿溪爲洲，岩爲上品，洲次之。又分山北、山南，山北尤佳，山南又次之。岩山之外，名爲外山，清濁不同矣。采摘以清明後、穀雨前爲頭春，立夏後爲二春，夏至後爲三春。頭春香濃味厚，二春無香味薄，三春頗香而味薄。種處宜日宜風，而畏多風日，多則茶不嫩。采時宜晴不宜雨，雨則香味減。各岩著名者，白雲、天游、接筍、金谷洞、玉華、東華等處。采摘烘焙須得其宜，然後香味兩絕。第岩茶反不甚細，有小種、花香、清香、工夫、松蘿諸名，烹之有天然真味，其色不紅。崇境東南山谷平原無不有之，惟崇南曹墩乃武夷一脉，所產甲於東南。至於蓮子心、白毫、紫毫、雀舌，皆外山、洲茶初出嫩芽爲之，雖以細爲佳，而味寔淺薄。若夫宋樹，尤爲希有。又有名三味茶，別是一種，能解醒消脹，岩山、外山各皆有之，然亦不多也。

龍溪縣志　吳宜燮、黃惠、李疇　清乾隆二十七年（1762）

卷之十【風俗】靈山寺茶，俗貴之，近則遠購武夷茶，以五月至，至則鬥茶，必以大彬之罐，必以若深之杯，必以大壯之爐，扇必以琯溪之蒲，盛必以長竹之筐。凡烹茗，以水爲本，火候佐之。水以三叉河爲上，惠民泉次之，龍腰石泉又次之，餘泉又次之。窮山僻壤，亦多就此者，茶之費歲數千。

崇安縣志　魏大名　清嘉慶十三年（1808）

卷一【風俗】土産。茶最多，烏梅、薑黃、竹、紙次之，客商携貲至者，不下數百萬，而民不富，蓋工作列肆皆他方人，崇所得者地骨租而已。

星村茶市五方雜處，物價昂貴，習尚奢淫，奴隸皆紈袴，執事江西及汀州人爲多，漳泉亦間有之。初春時，筐盈於山，擔屬於路，牙行佛宇，幾欲塞破。五月後，各齎餘橐，聚賭宿娼，轉瞬成空，饑寒并至，鼠竊狗偷，往往而有甚者，白晝攫金，聚嘯岩穴，不可不預防也。黠民好喜訟，親友間不肯饒尺寸，至事關勝負，傾囊營鑽，破産不顧也。

卷二【物産】武夷茶。宋咸平中，丁謂爲福建漕，監造御茶，進龍鳳團。慶曆中，蔡端明爲漕，始貢小龍團七十餅，其時多在建州北苑，武夷貢額尚少。元初於第四曲御茶園建造堂宇，貢額止二十斤，大德間在二百五十斤，龍團五千餅。明初，罷龍團餅，額貢九百九十斤，凡四品。嘉靖三十六年，以茶枯，太守錢公璞詳請罷之。國朝仍充土貢。附山爲巖茶，沿溪爲洲茶，巖爲上，洲次之，有小種、小焙、花香、松蘿、蓮心、白毫、紫毫、雀舌諸品。

沅江縣志　唐古特、駱孔僎、陶澍　清嘉慶十五年（1810）

卷二十九【藝文志】王文藩《沅江棹歌二十首》（擇録一首）：釵頭細茗趁春雷，品似閩中九曲來。珍重紅囊遥寄與，何時鬥水共裝回。沅江茶，外間充武夷茶販賣。

鉛山縣志　張廷珩、華祝三　清同治十二年（1873）

卷五【地理　物産】茶。早取曰茶，晚取曰茗。蘄門團黃，有一旗二槍之號，言一葉二芽也，地產不同，稱名各异。穀雨前取葉焙製者佳。《本草》：茶能去脂，使人不睡。陸羽嗜茶，著《茶經》三篇，鬻茶者祀爲茶神。附《府志·拾遺》：凡石山帶土者、兩山夾岸者、陽崖者、陰峽者皆種以舛木，至三月清明後始吐芽，山人無論老少，入山采其芽，揉作焙炒。宋先有周山茶、白水團茶、小龍鳳團茶，皆以佐建安而上供。今惟桐木山出者，葉細而味甜，然土人多不善製，終不如武夷味清苦而雋永。凌露而采，出膏者光，含膏者皺。宿製者黑，日成者黃。紫者上，綠者次。三月清明前采芽爲上春，清明後采芽爲二春，四月以後采葉則不入。《茶經》：烹

茶，宜活水，以乳泉爲上，江水次之，井水爲下。采茶，毋許婦人
雞犬到山，乃爲清潔，飲之能釋滯消痰，解煩渴，蘇肢節。鉛山物
産，紙外惟茶。

建安縣鄉土志　王宗猛　清光緒三十一年（1905）

【地理】吉苑里。在縣治東三十里。里内有鳳凰山，即宋時北
苑故地，舊産名茶，有宋御茶焙遺迹。

【商務】茶。有紅邊、奇種等名，并有水仙、烏龍、銀針、岩
種之別，每年出産無定，難以約計。查建郡七縣，全年合計約有七
十餘萬斤，分計建邑只有十餘萬斤。然茶山生産最爲無常，總難核
計。各廠用夫裝袋挑郡到莊封箱，由溪河轉運至省，出美國、新加
坡外洋等處暢銷。惟銀針，安南、金山等處暢銷較廣；岩種，各省
茶莊暢銷亦廣。此條轉引自吳覺農《中國地方志茶葉歷史資料選輯》，農業
出版社 1990 年版。

閩縣鄉土志　朱景星、鄭祖庚　清光緒三十四年（1908）

【商務】茶業。運往外洋者，據海關報告，光緒二十六年，二
十六萬五千九百擔；三十年，十七萬九千五百擔。又據[三] 商家報
告，光緒二十三年，二十三萬零九百二十七擔，工夫十五萬八千七百
六十擔，小種二萬九千五百八十擔，烏龍三萬六千三百八十擔，白毫二千二
百三十二擔，花香三千九百七十五擔。得銀五百九十三萬圓；三十年，
十六萬九千二百七十四擔，工夫九萬三千八百七十擔，小種三萬五千七百
擔，烏龍三萬三千一百六十擔，白毫二千四百四十八擔，花香四千一百四十

擔。得銀四百六十七萬圓。運往外省者，據海關報告，光緒二十六年，一萬九千三百擔；三十年，七萬六千四百擔。往外省者，每年繼長增高，出洋反是；至三十一年，僅得銀二百三十四萬兩有奇。因僞茶摻雜，以致滯銷。

建甌縣志　詹宣猷、蔡振堅　民國十八年（1929）

　　卷二十二【金石】兔毫盞。出禾義里，共計四處：一名窰上墩，一名牛皮崙，一名豹子窠，一名大路後門。俗呼宋碗。由山內挖出，形式不一，唯池墩村水尾嵐堆積該碗打碎之底，時見“進琖”二字，是陰字模印，楷字蘇體，亦偶有“供御”二字者，似刀劃的，字迹惡劣。附近村民往挖者，或一日得數塊，或數日僅得一塊，其價值每塊售數十文錢，至數十洋元不等。時有人收運上海或日本。其蓋內之花紋似兔毫，故名。

　　卷二十五【實業】茶。水仙茶，質美而味厚，葉微大，色最鮮，得山川清淑之氣。查水仙茶出禾義里大湖之大山坪，其地有岩叉山，山上有祝桃仙洞。西墘廠某甲業茶，樵采於山，偶到洞前，得一木似茶而香，遂移栽園中。及長采下，用造茶法製之，果奇香，爲諸茶冠。但開花不結子，初用插木法，所傳甚難，後因牆崩將茶壓倒發根，始悟壓茶之法，獲大發達，流傳各縣，而西墘廠之茶母，至今猶存，固一奇也。製法多端，近人所刊行《茶務改良真傳》可資考證。出産以大湖爲最，而近今大湖牌號數十，推黄榮茂爲第一，濕包法改爲乾包法。由其製法精良，得之自然而輔以人力也。節錄宣傳人李夢庚、林英國、林學韶、陳竹友、黄秉墉等《茶務改良真傳》：一、種茶：宜擇山高向陽之地有黑土小砂礫者種之，其味清遠，兼有岩骨花香之勝。二、培植：每年於仲春時，用工刈鋤，去其蔓草。采摘之後，均須復鋤一次，迨深秋時掘鬆泥土，以舒其根，茶叢自然暢茂，且耐老有奇香。三、采摘：須於立夏前後，其葉開面未有毫心，方可摘下。一叢宜分三次采摘，因地有肥磽、氣候不齊故耳。四、時候：每天采摘，須露水乾後摘者，方可入奇種堆。如露水青、過夜青、雨天青，均不得入堆，以示優別。至摘青以三葉為度，有種粗大者，只好采二葉，至作青時方能使苦水去而香味存，且茶叢不致虧損，實兩得之益。五、曬青：須看日色為標準，每篩以半斤至十兩為度。候葉軟便翻一次，曬至葉上枝軟，方移置架上。待篩匣冷，以二篩合一篩，搖一次，再候半刻，復將兩篩合一篩，又搖一次，如此搖法，約每篩有四斤之多。務須移至密室，該室如有空隙，宜用紙裱補。看青之人，日中亦須茶油燈照在密室內，須連搖四次，候其茶葉軟者，通顫為硬成飯匙式，且葉邊齒上現出硃砂鮮紅，兼發出花香，方可落大篘笔，播匀再落簍。片時候炒。六、搖青：以天氣為標準。如有南風，天氣和暖，其青來必快，用輕手搖。若天氣涼冷，用重手搖。否則青來太快，人工不敷；青來太緩，人工損失，不可不知。七、雨天：如茶葉不甚粗老，可停，候其晴明，或萬不得已總要采摘，廠中須造青樓，用苦竹，棚成，焙去竹油，方可用之。青樓置火於下，宜俟其烟盡，開青於上烘之，烘軟，然後搖造。其搖法如前。若天氣冷，青間亦宜置火砵。八、炒鍋：亦須看天氣為準則。天氣晴明，茶青必好，苦水去清，可用復手，不可吊開，免致走失真味。如天氣冷及宿青，苦水未清，落鍋時，要速吊開，手炒數十下，以去苦水。語云"苦盡甘來"，炒茶亦有此旨，宜細心研究。九、復炒：先前炒熟之茶，用工揉挪，至有捲條，然後鬆開，落鍋復炒。起手用雙手平壓，隨即翻轉。又平壓之，鬆開，炒幾下，即起，再揉。其茶乃有蘭花香味及水鶏皮色，陽看白色，陰看綠色，皆於此一度工夫成之，萬不可忽。十、揉茶：初用輕手揉挪，至將捲條之時，方用重手揉之，總以個個有條能起螺頭為最妙。十一、水焙：初時宜用烈火，乃不至走味；候葉乾枝軟起焙，以三焙或四焙作一篩，撒至架上，以去苦水、火氣，宜候至六點鐘外方可復焙。十二、揀工：須於水焙後揀淨枝頭，然後下焙。十三、復焙：其時間對於水焙之後，總以六小時為準。若復焙太早，茶色未免乾燥少油，遲則走失真氣，致少香味。初落焙時，籠不用蓋，及香氣篷勃，宜用竹簏密蓋，如此方能香上加香，然用紙包復焙爲尤妙。烏龍茶葉厚而色濃，味香而遠，凡高曠之地，種植皆宜。其種傳自泉州安溪縣，製法與水仙略同。清光緒初，工夫茶就衰，逐漸發明，至光緒中葉遂大發展。近今廣潮幫來采辦者，不下數十號，市場在城内及東區之東峰屯、南區之南雅口，出產倍於水仙，年以數萬箱計。箱有大斗及二五箱之別。二五箱以三十斤爲量，大斗倍之。白毫茶出西鄉、紫溪二里，采辦極精，產額不多，價值亦貴，由廣客采買，安南、金山等埠，其銷路也。

蓮子心茶。三禾西紫五里，前運售崇安之赤石街，近年水吉鎮亦有設莊采辦者，莊客多屬廣潮二幫。

按：宋代，北苑鳳凰山產茶。相傳有鳳凰飛集其地，喙茶子而食之。山上有茶堂、御茶亭，官焙三十二，小焙拾餘，當時稱爲天下名勝。宋之北苑，猶後之武夷也。至元，武夷興而北苑遂廢，今爲吉苑里。里内村落猶有東焙、西焙之名稱，豈宋世之留遺歟？清咸同間，里之鐘山復有客氓至此開墾，普及各區，所出工夫茶年以千數百萬計，實超宋代而過之。墾植販運，大半皆本地人，享其利而起家者，無處蔑有。旋以不善製作，攙僞亂真，致爲印度、錫蘭、臺灣之茶所打擊，遂使絕大利益無復保存，猶幸綠茶俗名香茶，接踵發明，籍資補救。嗣是有和興茶業公幫，起而講究種植製焙諸法，尋改爲建甌茶業研究會，聯絡群力，銳意改良。宣統二年，南洋第一次勸業會，如金圃、泉圃、同芳星諸號，均獲優獎。民國三年，巴拿馬賽會，詹金圃得一等獎憑，楊端圃、李泉豐得二等獎憑，此其效也。近年廣潮幫盛，建甌業此者日形衰落，特恐利源自我出，利權不由我操，逆顧前途，實堪隱慮。吾人固宜奮袂而興起也。原夫茶之始出，僅一二種，今則品類多而製法備，果能順天時、因地利而輔之以人力，將見茶業駸駸日上，不與昔之北苑、今之武夷并駕江而齊驅也耶？

崇安縣新志　劉超然、鄭豐稔　民國二十九年（1940）

卷十九【物產】茶。武夷茶，始於唐，盛於宋元，衰於明，而復興於清。胡浩川《武夷茶史微》以鄭谷之《徐夤尚書惠臘面茶》[四]詩爲武夷茶最古之文獻，似矣。然孫樵《送茶焦刑部書》云：“晚甘侯十五人遣侍齋閣，此徒皆乘雷而摘，拜水而和，蓋建陽丹山碧水之鄉，月澗雲龕之品，慎勿賤用之。”丹山碧水爲武夷之特稱，唐時崇安未設縣，武夷尚屬建陽，故云。然則此茶之出於武夷，已無疑義。孫樵，元和時人，先鄭谷約七十年，武夷茶最古之文獻，其在斯乎。宋時范仲淹、歐陽修、梅聖俞、蘇軾、蔡襄、丁謂、劉子翬、朱熹等從而張之，武夷茶遂馳名天下。《崇安縣志》謂：“宋時貢茶尚少，及元大德間，浙江行省平章高興采製充貢，創焙局於四曲，名之曰御茶園，於是北苑廢而武夷興。明初雖罷貢，然有司尚時有誅求，景泰間茶山遂荒，輸官之茶至購自他山，其衰落可知。清興復由衰而盛，且駸駸乎由域中而流行海外，而武夷遂闢一新紀元年矣。”考李思純《元史學》：“中國絲茶已於漢時由安息流入歐[五]洲，唐回紇入貢，以馬易茶，宋明禁令頗嚴。”《建炎以來朝野雜記》云：“紹興十三年，詔載建茶入海者斬。”明陳繼儒《茶小序》云：“吾朝九大塞著爲令，銖兩茶不得出關。”其禁令不可謂不嚴。然周煇《清波雜志》謂“出關時見人携建茶備用”，《元秘史》亦屢以茶飯并稱，則茶葉之輸出自若。清初召茶商與西番易馬，康熙五年，中茶由荷蘭東印度公司輸入歐州（見日人和由垣謙三《世界商業史》），及康熙十九年，歐人已以茶爲常用之飲料（見日人澀江保泰西《事物起原》），且以武夷茶爲中茶之總稱矣（見劉鈐《茶樹植物學》）。魏默深《海國圖志》云：“茶除中國省城稅餉外，沿途尚有關口七八處，亦須繳納稅餉，再加水脚各費，運至英國，賣價與武夷山買值豈止加數倍耶？惟米利堅國，稅餉減少，故各埠茶價較賤。”又云：“英吉利之外，米利堅人銷用綠茶最多，歐羅巴以荷蘭、佛蘭西兩國爲最。”則又由歐洲轉輸美洲矣，其銷售之廣大如此。近世以來，雖因製法不良，不無受印度、錫蘭、爪哇、臺灣各茶之影響。然因土壤之宜，品質之美，終未能攘而奪之。陳文濤《福建民生地理志》云：“茶忌多含單寧素，據各國化學家之實驗，我國茶僅含單寧素百分之二十五，比錫、印茶含量爲低。”又茶業所含氟量與飲茶者健康有關，最近經福建示範茶廠及協和大學之化驗，武夷茶所含氟量爲百分之十五，其他各茶爲百分之三十，故適合衛生，以武夷茶爲最。若能改良種製，精益求精，武夷茶實不難執世界茶市之牛耳。近因匪亂日，山日就荒蕪，抗戰軍興，復由建設廳設立茶業管理局。因統制關係，艱於轉運，故三年來茶葉堆積於本山及福州者不下數萬箱，而茶商、茶農遂以交困。查武夷茶向銷售於閩南、南洋群島及歐美各國，日人并無此項需要。且茶葉係屬飲料，與糧食、藥材、軍用品之性質不同，當局者似應加以考慮而變通辦理之。

武夷茶共分兩大類：一爲紅茶，一爲青茶，然均非本山所產。本山所產爲岩茶。岩茶雖屬青茶之一種，然與普通青茶有別，其分類爲奇種、名種、小種。至於烏龍、水仙，雖亦出於本山，然近代始由建甌移植，非原種也。奇種又有提欉、單欉、名欉之別，而名欉爲尤貴。名欉，天然產物，各岩間有一二株，歲祇產茶數兩。

《福建通志》引《寒秀草堂筆記》云："茶之至美，名爲不知春，在武夷天佑岩下，僅一樹。每歲廣東洋商預以金定此樹，自春前至四月，皆有人守之。惟寺僧偶乞得一二兩，以餉富商大賈。"現時天心岩九龍窠所産大紅袍僅兩株，每歲可得茶八九兩，自采摘以至製造，亦看守綦嚴，其寶貴如此。至其名稱之見於載籍者，以唐之臘面爲最古，宋以後花樣翻新，嘉名鵲起，然揭其要，不外時、地、形、色、氣、味六者。如先春、雨前，乃以時名；半天夭、不見天，乃以地名；粟粒、柳條，乃以形名；白鷄冠、大紅袍，乃以色名；白瑞香、素心蘭，乃以氣名；肉桂、木瓜，乃以味名。茲參考各書，列表如下：

武夷歷代名欉奇種名稱一覽表

名稱	時代	産地	備考
臘面	唐		見鄭谷之《徐夤尚書惠臘面茶》[六] 詩題
龍團	宋		見林傳甲《大中華福建省地理志》
粟粒	宋		見蘇軾《咏茶》詩
烏餘	宋		見林傳甲《大中華福建省地理志》
鐵羅漢	宋		見郭柏蒼《閩産録异》："樹僅一株，清猶存。"現竹窠、慧苑所産，非原樹
墜柳條	宋		同上
石乳	元		見周櫟園《閩小記》
先春	明		見《武夷山志》。又名貢頭春、第一春
次春	明		同上
探春	明		同上
紫笋	明		同上
雨前	明		見許然明《茶疏》
松蘿	明		見吳拭《武夷雜記》

名稱	時代	産地	備考
白露	明	雲岩	見《藍山集·謝人贈白露茶》詩題
白鷄冠	明	武夷宮	生白蛇洞口。相傳爲明樹，現慧苑所産，亦用此名
不知春	清	天游	見《寒秀草[七]堂筆記》，僅一樹。今佛國岩，亦用此名
雀舌	清		見釋超全[八]《武夷茶歌》
肉桂	清	慧苑	見蔣蘅《茶歌》自注
木瓜	清	彌陀	見同上。生彌陀庵大殿前。本甚古，類數百年物
雪梅	清		見許廣[九]皞《茶歌》自注
紅梅	清		同上
松際	清		見郭柏蒼《閩産録异》
老君眉	清		同上
素心蘭	清	天游	見蔣蘅《茶歌》自注
漳芽	清		見釋超全《武夷茶歌》
漳片	清		同
大紅袍	清	天心	生九龍窠。僅兩株，今猶存。近日碧石、寶國亦用此名
白桃仁	清		見陳文濤《福建民生地理志》
鐵觀音	現代	竹窠	
金鷄母	現代	桂林	
白柳條	現代	桂林	
黃龍	現代	碧石	
佛手	現代	桃花	

名稱	時代	産地	備考
虎鬚	現代	桃花	
金鎖匙	現代	彌陀、佛國、霞濱、廣靈各岩均有	
石觀音	現代	慧苑	
醉海棠	現代	慧苑	
白瑞香	現代	慧苑	
正太陽	現代	慧苑	
正太陰	現代	慧苑	
水金鈎	現代	蘭谷	
白牡丹	現代	蘭谷	
半天夭	現代	天心	
不見天	現代	天心	
白毛猴	現代	霞濱	
過山龍	現代	寶國	
石菊	現代	寶國	
水楊梅	現代	寶石	
竹鬚	現代	寶石	
苦瓜	現代	佛國	
白龍		玉華	以上均見林馥泉《武夷岩茶》[十]
瓜子金		天游	
墨蘭		鳳林	
吊金龜	現代		
竹[十一] 葉青	現代		
吊金鐘	現代	鐵板	

《武夷山志》王梓之言曰："武夷，官山也，治而居之則屬其人，既去則否。"然此乃爲私人言之，若寺廟產業純爲地方公有，乃道士、和尚均視爲己業而轉鬻之，於是武夷茶之主權，乃先後轉移於茶客之手。茶客者，即經營武夷茶葉生意之下府幫、廣州幫、潮州幫也。至於歷代產量，除明季徐燉《茶考》所載"環九曲之內，不下數百家，皆以種茶爲業，歲產十萬斤"外，均無文獻可徵。茲據林馥泉、吳心友所調查者，列表如下：

武夷岩茶歷年數量調查表

年代	數量	備考
清光緒間	四〇〇，〇〇〇	據林馥泉調查
民國三年	四五〇，〇〇〇	同上
民國十三年	二〇〇，〇〇〇	同上
民國二十三年	三五，〇〇〇	據省政府統計室調查
民國二十六年	四一，〇〇〇	據吳心友調查
民國二十九年	四九，〇〇〇	據林馥泉調查
民國三十年	三四，二八二	同上

平時岩茶價格，奇種每斤四元，名種二元，小種一元，今則須增高二倍[十二] 以上。水仙、烏龍價格與奇種略同。

清初，本縣茶市在下梅、星村，道咸間，下梅廢而赤石興。紅茶、青茶，向由山西客（俗謂之西客）至縣采辦，運赴關外銷售，乾嘉間銷於粵東。五口通商後，則由下府、潮州、廣州三幫至縣采辦，而轉售於福州、汕頭、香港。岩茶多銷於廈門、晉江、潮陽、汕頭及南洋各島，其用途不僅待客，且以之作醫療之良劑。抗戰後，轉運爲難，晉江等處歲無茶葉可售，病者至以包茶紙代之。英吉利人云"武夷茶色紅如瑪瑙，質之佳過印度、錫蘭遠甚，凡以武夷茶待客者，客必起立致敬"，其爲外人所重視如此，可不思所以改良製造而保持固有之榮譽歟？

武夷茶原屬野生，非人力所種植，相傳最初發現者爲一老人，邑人立廟祀之。釋超全《茶歌》云："相傳老人初獻茶，死爲山神享廟祀。"唐末，鑿源之茶名天下，實爲武夷所移植。烏龍產於安溪，清季由詹姓者移植建甌。水仙母樹在水吉縣大湖桃子崗祝仙洞下，道光時由農人蘇姓者發現，繁殖漸廣，因名其茶爲祝仙。水吉方言"祝""水"同音，遂訛爲水仙。清末始與烏龍移植於武夷。

論曰：武夷茶之著名於世，則丁謂、蔡襄、高興之力也，然操是業而專其利者，以客籍爲多，而崇人無與焉。蓋宋時理學之風太盛，崇安尤爲名賢薈萃之地，士夫重性理而薄功利，因而戒治產，恥營生，浸成爲風氣。蔡襄猶以製茶得謗，歐陽修曰："君謨，士人也，何亦爲此？"則丁謂、高興之受惡名，可無論矣。竊謂史公傳貨殖，而推本於本富，蓋指地方出產物而言，意凡蕃衍於自然界者，皆當因其勢而整齊之、利導之，於以利民用而厚民生。此良史之識，所以亙千古而不可及者也。夫所惡乎利者，以其壟斷獨登，罔市利而賤之耳。若夫相其土宜，時其豐歉，開樂利之源，闢繁榮之路，則國民生胥賴之矣，又何惡之有！然以劉晏理財之善，而邑賢胡致堂氏猶斥爲言利之臣，君子所弗道，則崇人之拙於謀生，又何怪乎？按：有明中葉[十三]，建寧太守錢氏以茶枯，奏罷貢額，自是御園荒蕪，產量日絀，茶業至此受一打擊。然古今觀點不同，昔人且以茶枯園廢爲息民也，今政府有見及此，設學置廠，大事提倡，岩茶之興，基於此矣，故特申言之，以爲崇人勸。

【校勘記】

[一]"然考武夷茶"以下諸句，中國國家圖書館藏衷仲孺《武夷山志》

（善本書號：19525）作"而茶户之困如故，蓋有司取以薦新，胥役每賄嘗是差以飽其欲耳。嘗見唐子畏戲爲虎丘僧題云：'皂隸官差去取茶，只要紋銀不要賒。縣裏捉來三十板，方盤捧出大西瓜。'使子畏而在，不知當更作何語也"。按：據對比前後"茶"字的字體，本條輯録所據底本（中國國家圖書館藏，善本書號：16528）中的"然考武夷茶"以下諸句當爲後來剜改重刻。

［二］"爲"字原闕，據〔清〕陸廷燦《續茶經》引文補。

［三］"據"，原作"處"，今據文理改。

［四］見《文學篇》校勘記第［三十四］條。

［五］"歐"，原作"甌"，今徑改。下同。

［六］見《文學篇》校勘記第［三十四］條。

［七］"草"字原闕，今徑補。

［八］"全"，原作"然"，今徑改。

［九］"賡"，原作"賽"，今據〔清〕蔣薫《雲寥山人文鈔·許秋史別傳》改。

［十］《武夷岩茶》，應指《武夷茶葉之生産製造及運銷》。

［十一］"竹"字原闕，據林馥泉《武夷茶葉之生産製造及運銷》補。

［十二］"倍"，原作"培"，今徑改。

［十三］"葉"，原作"業"，今徑改。

石刻篇

整理説明

武夷山現存 400 多方摩崖石刻，它們是武夷山世界文化與自然
遺産的重要組成部分。中共武夷山市委黨史和地方志研究室對武夷
山摩崖石刻有先期的搜集與整理，出版有《武夷山摩崖石刻》一
書。除了摩崖石刻，相關石刻另有"北苑御茶園鑿字岩""紫雲坪
植茗靈園記"等，記述建茶的種植、進貢與傳播歷史。位於福建省
武夷山市星村鎮朝陽村的兩方石碑，則反映了彼時茶山管理之情。
本篇整理依石刻原貌，保留异體字、俗體字。凡石刻行文中的空字
位，一個字位標識一個△；漫漶不清、殘缺者，以□標識。

金石史料選輯

宋鳳凰山乘風堂記　柯適撰并書　慶曆　年
宋御茶園詩刻　危徹孫撰
宋御泉亭碑　丘荷撰
宋茶録十詠碑　蔡襄撰
宋北苑五詠碑　麗藉撰

〔明〕于奕正《天下金石志》卷十一，明崇禎五年（1632）刻本。

孛羅等題名在題詩岩

至元後庚辰春浦城達魯花赤孛羅同崇安邑史林錫翁奉上司命造
茶題
　案：世祖至元十七年爲庚辰，順帝至元六年亦爲庚辰，爲順帝
時事，故加後字以别之。造茶者，元設御茶園於四曲，歲造龍團數

千餅，以達魯花赤蒞之，字羅時蓋司其事也。〔清〕陳棨仁《閩中金石略》卷十一，《菽莊叢書》本。

苔泉

雍正《通志》云：蔡襄守福州日，試茶必於北郊龍腰取水烹茗，無沙石氣，手書"苔泉"二字立泉側。又"義井"二字，在社稷壇東里許，相傳亦襄所書。葉記云：苔泉，今稱爲蔡公井。福建通志局《福建金石志》卷七，清刻本。

茶竈

葉記云：朱子書。案：《武夷精舍雜咏詩序》：釣磯、茶竈皆在大隱屛西。磯石上平，在溪北岸，竈在溪中流，巨石屹然，可環坐八九人。四面皆水，當中科臼，自然如竈，可爨以瀹茗。《福建金石志》卷十一。

蔡忠惠公茶録

《劉後村集》云：余所見《茶録》凡數本，豈非自喜此作，如右軍之於《禊帖》耶？《鐵函齋書跋》云：君謨《茶録》石，聞在三山陳湖州家，余求之而不可得，有市於書肆者，遂以微直得之。

陳略云：《荔譜》《茶録》原刻均佚，今惟宋珏所刻者尙存。《福建金石志》卷二十五。

茶録皇祐三年

蔡襄著，上下篇論并書，嵌甌甯縣學壁間。《福州府志》作"皇祐三年蔡襄書，懷安令樊紀刊行"。

按：紀，寶慶初任懷安縣。

《劉後村集》：余所見《茶録》凡數本，暮年乃見絹本，豈非自喜此作，亦如右軍之於《禊帖》，屢書不一書乎？公吏事尤高，發奸摘伏如神，而掌書吏輒竊公藏稿，不加罪，亦不窮治。意此吏有蕭翼之癖，與其他作奸犯科者不同耶？可發千古一笑。淳祐壬子十月望日，克莊書，時年六十有六。

陳鑑集《名碑藪》：宋人無工楷法者。忠惠《茶録》出入晋、唐間，絕構也。此本刻於宋大内[一]，彼時已稱不易得。余又於友人處見一本，結構稍懈，大不及此。此本後有黃文獻手跋云：蔡君謨小楷《茶録》，結體似顏平原，張景隆刻之。汴京又有墨本，入紹興焕章閣，模勒禁中，無八分題序，字勢飄逸，頗具晋人風軌，此拓是也。今皆不傳，恐當日所書不止一二，或別有真迹，旦暮遇之，亦未可知耳。至正三年佛日，黃潛記。

徐燉《跋》：蔡君謨《茶録》石刻小楷，爲平生得意書。劉後村去君謨未遠，家有數本，而其一爲方氏得之，不啻重寶。當時[二]珍貴如此，況五百載之後乎？斯刻自君謨時，置之建州治，爲土掩瘞，不知年歲。近重修府藏，掘地[三]得之，守識其古物，洗刷仍置庫舍。後附刻茶詩六首，字稍大於《茶録》，亦稍缺蝕。燉聞其石在公署，無從印拓。萬曆丁酉，屠田叔爲閩轉運副使，乃托田叔移書建州守索之，才得此本。守[四]去，今復弃置，無有貴重之者，惜哉！〔清〕馮登府《閩中金石志》卷七，民國吳興劉氏希古樓刻本。

北苑御茶園鑿字岩

建州東鳳皇山，厥植宜茶，惟北苑。太平興國初，始爲御焙，歲貢龍鳳上，東東宮、西幽湖、南新會、北溪，屬三十二焙。有署暨亭榭，中曰御茶堂。後坎泉甘，宇之曰御泉。前引二泉，曰龍、鳳池。慶曆戊子仲春朔，柯適記。

注：宋慶曆八年（1048）刻，位於福建省建甌市東峰鎮裴橋村。

紫雲平植茗靈薗記

竊以豐登勝槩，埡窪号古社之平。從始開荒，昔曰"大黄舍宅"。時在元符二載，月應夾鍾，當万卉萌芽之盛，陽和煦氣已臨。前代府君王雅与令男王敏，得建溪綠茗，於此種植，可復一紀，仍喜靈根轉增欝茂。敏思前代作如斯活計，示後世之季子、元孫，彰万代之昌榮，覆茗物而繁盛。至于大觀中，求文於蓬萊釋，刻石以爲記，可傳躰而觀瞻，歷古今而不壞。後之覽者，亦將有感扵斯文也。詩曰：築成小圃疑蒙頂，分得靈根自建溪。昨夜風雷先早發，綠芽和露濯春畦。

大觀三年十月念三日，王敏記

弟王古

兄王俊

注：宋大觀三年（1109）刻，位於四川省萬源市石窩鄉古社坪村。

兩院司道批允免茶租告示

建寧府爲荷蒙天恩，力申免税，懇賜一示刊布，將來以保餘生事。據武夷居民、各處岩庵道人應元、魏甲荅連僉具呈投稱：元、

甲寒民，居住名山，岩棲石隱，鹿豕爲群，日出而作，日入而息，
劉削栽植，辛苦備嘗，獨賴些湏茶利，少延殘喘，除縣派薦新、官
價票取不敢推諉外，突有包△總甲劉曁富指官行詐，違制臧旨，暴
增稅，以致衆等如孩失乳，似樹絕根，彷徨四出，求生無路，不已
再祷按院，願送△青天幸△爺宰官現身，菩提發念，深□租甚毒蛇
與政苛猛虎，不俟崇朝，新稅悉蠲。得蒙批允之後，合山懽若更
生。今衆等沐此鴻庥，無可爲報，既已彩畫金身，晨夕頂祝，願
△△△爺祿位恒升、子孫千億外，但慮奸宄覬後，日久釁生，有辜
盛德，深用惕然，不憚崎嶇，匍匐偕下，懇求一示，刊布九曲，庶
合後來眷屬，戴恩知本等情到府。據此案照，先蒙巡按御史徐△爺
批：據武夷山當官茶户應元狀告，爲萬民倒懸事，内稱：劉曁富充
總甲，謀茶牙，出入衙門，詐官噬民，歲橫起稅千斤，勒剥民膏百
兩，無例突起，苛斂難堪等情，蒙批到府。隨蒙本府太爺△羅隨吊
各□列官糸看得：武夷天下名山，而所産茶素有聲於宇内。盖山靈
鬱浡，發爲草木之精英，薦紳士類至，相餽遺以爲奇贈，種茶者以
此規利，雖稍權稅，以佐縣官之急，亦似非過，但若□胼手胝足，
冒犯霜露，攀陟懸崖絕壁，拮据將茶以趨樹□之役，彼皆清净之
侣，不知有生人室家之樂，而一旦迫於什一之征，見謂不勝苦矣，
以故利率而控訴，并力以攻一首事之劉曁富，不遺餘力，無非覬覦
於蠲免。即該縣近議，此四十兩金之稅加增裴村公館贍馬一疋、贍
夫五名，以少舒肩蹄之困，豈不亦寬該館之物力，而□之得其宜？
顧職以爲裴村公館係邇年新設，不過接濟長平、興田兩驛云耳。而
見在之贍夫一百二十名、贍馬十九匹，不爲少矣！夫馬不增不見其
苦，而徵稅事雖朝廷尚三分減一，烏有一劉曁富所起之稅必當存之
者？又何必懷狐疑之心，持不斷之意，瞻前慮後，難於□□，而不

亦惠此一方氓乎？似應藉△本院之寵靈免之者也。劉暨富假公濟私，偕之爲厲，應行杖警。具招呈詳本院蒙批各稅今方□免，何獨於茶而必設增之？茶租自後蠲免勿征。劉暨富依□杖納發落，如貝田、長平日後議增，并裴村公館革之可也。餘如照實收繳。依蒙遵照外，隨經欽差提督軍門袁△爺奉批：該縣茶稅如議豁免繳。巡兩道各批到府，併行該縣豁免外，今據前情合就給示。爲此，示仰武夷山庵九曲各處道人并附近庵僯人等知悉：今後茶租悉照△本府通詳院道批允事理，各宜遵守豁免。向後勢宦豪强不得倚勢欺占，擅起山租，及無賴道士混利開墾，妄生興端，變亂成案。如有故違，許即指名陳告，以憑拿究，重治不貸。湏至示者。

右仰知悉。

萬曆肆拾叁年叁月十七日給

注：明萬曆四十三年（1615）鐫於武夷山九曲溪七曲溪北金雞社岩壁。

福建分巡延建邵道按察使司告示

福建分巡延建邵道按察使司僉事白△爲嚴禁蠹棍藉名官價買茶，以杜擾害事。照得：崇邑武夷乃自古名山，閩中勝跡，向有高人棲隱，現今僧衆焚修，樵賴産茶，以資清供，自宜官民無擾。近訪有衙門蠹役、勢惡土豪，勾通本地奸牙，每遇清明節，棍藉稱採買芽茶，百般刁指，擾害僧人，合行出示嚴禁。爲此，示仰本山住持、僧人及一切居民知悉：如有前項蠹棍，不遵示禁，仍前藉稱官買芽茶，不依民價，虧短勒索者，本道查訪得實，即行拏究，定將蠹役拗□，以索詐例從重治罪，決不寬容，毋貽噬臍。特示。

康熙叁拾伍年貳月　日給

霑恩僧遑勒石

　　注：清康熙三十五年（1696）鐫於武夷山九曲溪四曲溪北金谷岩麓。

崇安縣告示

　　崇安縣正堂孔△爲嚴禁蠹棍買茶短價以蘇積累事。照得：崇邑山川，武巘爲勝。昔係仙真棲隱，今爲緇羽焚修。地産茗茶，藉資清供。即出之居民種植，辛勤終歲，亦爲薪水所資。時價交易，原無滋擾之事。本縣到任以來，間或需茶一二，悉照時價公買，不敢以口腹累人。即或上憲購買，原論茶之高下，照值平買，並無絲毫短少。無如地方蠹棍向有藉名官價買茶之獘，地方苦累不已。本縣深悉此害，久經飭諭，誠恐冥頑不法未得革心，合再示禁。爲此，示仰本山住持、僧道以及居民人等知悉：如有不法棍徒仍借官買名色，不依時值，虧短勒買，致累僧道、居民者，許即指名報縣，以憑拿究。即本縣亦決不出票買茶，以滋擾民。敢有牙行、書役等仍敢作獘者，定照律治罪，斷不少假，各宜改轍，毋貽後悔。特示。

康熙叁拾伍年貳月　日給

霑恩僧道勒石

　　注：清康熙三十五年（1696）鐫於武夷山九曲溪四曲溪北金谷岩麓。

龐公吃茶霧

　　龐公吃茶霧

麗公諱壋，任丘人，官建寧太守。

康熙辛巳，新寧林翰題。

注：清康熙四十年（1701）鑴於武夷山九曲溪四曲溪北金谷岩麓。

福建陸路提督告示

提督福建全省陸路等處地方軍務總兵官、左都督加八級楊△飭禁事。照得：武夷名山爲僧道焚修之地，一應寺觀庵院及附近居民向無□園可耕，專藉種茶以供香火衣糧，各官買茶自應赴牙行，照時價公平買賣。訪得：建協上下衙門、目兵人等，每於春末夏初，差役執票徑赴各巖採買，或短其價值，或需索供應，爲害滋甚，合行嚴禁。爲此，示仰建協各營大小弁目人等知悉：嗣後茶葉照時價赴牙行平買，不許仍前給票擅差衙役前往各巖採買，苦累僧道、居民。倘敢故違，一經察出，定行查究。特示。

康熙伍拾叁年肆月　日給

霑恩僧衆勒石

注：清康熙五十三年（1714）鑴於武夷山九曲溪四曲溪北金谷岩麓。

福建建寧府告示

福建建寧府正堂加五級紀錄十二次叚△爲籲轅乞示事。蒙署理福建等處承宣布政使司事、按察使司、按察使加三級曹憲牌，乾隆二十八年二月二十八日奉巡撫部院定△批。據該府申詳核，看淂：

崇安縣僧人一音、震庵道人鄧上士、□□十六岩等告前令柴△△短發茶價一案，先經集犯訊詳。嗣蒙憲批，據詳已悉。仰布政司會同按察司轉飭，將饒遇清等折責發落革役，並于各名下追出淂受茶礼給領。其原任崇安柴令，姑念已經丁憂離任，從寬免議等。找發銀兩作速照數追補，統給僧一音收領。至松製、小種二茶，據稱爲親友□，致短價勒派，應嚴行禁革，並飭該府立即出示曉諭。嗣後毋許私行短價派□擾累，仍將办理示禁，各緣由具文報查，此繳，等因。蒙此，除行崇安縣遵照外，□示嚴禁。爲此，示仰該地鄉練、丁胥、差役人等知悉：嗣後承办貢茶，務湏遵照久定章程，星村茶行辦理其松製、小種二項，毋許丁胥、差役人□勒買，致滋擾累，其各凜遵。特示。

右仰遵守。

沐恩：城高、鼓子、雲峯、内金井、集賢、虎嘯、白雲、沙坪、紫屏、天心、彌陀、天臺、土章堂、青獅、盤龍、玉華、瑞雲、霞賓、馬頭、盤珠、竹窠、止止菴、慧苑、磊石、玉女、茶洞、垚源、香水、山當、鉄欄、外金井、龍泉、龍吟、芦岫、和合、復古。仝□。

乾隆二十八年四月　日給

發武夷山勒石

注：清乾隆二十八年（1763）刻，立於武夷山九曲溪五曲溪北雲窩。

罰戲碑

奉縣主顧示，嚴禁茶子遞年白露日采摘。不許黃夜點火上山。

白露前不淂買茶子入禁，及不得山場私摘偷埋。如禁者罰戲一臺，慶賀鳴山大帝。道光元年夏月，周村合里全公立。

注：清道光元年（1821）刻，立於福建省武夷山市星村鎮朝陽村。

公禁碑

合坑公議：嚴禁各村茶山内竹子樹頭茶枝一概不許登山砍伐，如有不遵者，照依上例公罰。告白。咸豐二年十二月，合坑公禁。

注：清咸豐二年（1852）刻，立於福建省武夷山市星村鎮朝陽村。

【校勘記】

［一］"内"，原作"同"，今據〔清〕孫承澤《庚子銷夏記》改。

［二］"當時"二字原闕，今據〔明〕徐燉《紅雨樓題跋》清嘉慶三年（1798）刻本補。

［三］"地"，原作"圯"，今據《紅雨樓題跋》改。

［四］"守"字下原有"令"字，今據《紅雨樓題跋》删。

域外文獻篇

中國茶葉的種植和製作

An Account of the Cultivation and
Manufacture of Tea in China

整理説明

塞繆爾·鮑爾（Samuel Ball，1781—1874?）《中國茶葉的種植和製作》（*An Account of the Cultivation and Manufacture of Tea in China*），1848 年出版（London：Printed for Longman，Brown，Green，and Longmans，Paternoster-Row）。作者於晚清時期在廣東南部港口任職東印度公司檢查員。所輯資料爲該書的第 3 章（節選）、第 6 章、第 7 章内容，記載了武夷山地理環境以及岩茶、紅茶的加工工藝等内容，圖文并茂，頗具史料價值。

CHAPTER Ⅲ

BLACK TEA—DISTRICTS WHERE THE BEST KINDS ARE FOUND AND CULTIVATED—WHAT SITUATIONS ARE THE MOST FAVOURABLE—EXPOSURE AND NATURE OF THE SOIL—ACCOUNTS GIVEN IN CHINESE WORKS—BY EUROPEAN MISSIONARIES—THE VARIOUS OPINIONS AS TO THE MOST SUITABLE SOIL EXAMINED—ATTEMPT TO RECONCILE SOME OF THESE DIFFERENCES—SOIL THE MOST SUITABLE—ANALYSIS OF TEA SOILS FROM CHINA

THE teas generally known to foreigners may be divided into two classes, the black and the green; and as the manipulation of these differs essentially, it will be advisable to treat of each by itself. The black tea, which forms eight-tenths of the tea imported into England, is grown in the district of Kien-ning-fu, in the province of Fo-kien. The mountains of Vu-ye (or Bohea, as corrupted by Europeans) are situated in a particular division of that district, distant about two leagues from the little town of Tsong-gan-hien, lat. 27° 47'38", according to observations made on the spot by the Jesuit missionaries, between the years 1710 and 1718. [1]

A Chinese manuscript thus describes the teas of this district: — "Of all the mountains of Fo-kien, those of Vu-ye are the finest, and its water the best. They are awfully high and rugged, surrounded by water, and seem as if excavated by spirits: nothing more wonderful can be seen. From the dynasty of Csin and Han, down to the present time, a succession of hermits and priests of the sects of Tao-czu and Fo have here risen up like the clouds of the air and the grass of the fields, too numerous to enumerate. Its chief renown, however, is derived from its productions, and of these tea is the most celebrated.

"The town to the north of Csong Ngan is called Sing-csun. Here are many houses, as well as markets and fairs, where the merchants or factors (Ke) resort. To the north of Sing-csun is situ-

ated the Chung Ling Chy Ky (a range of mountains so denomina-
ted), the country the most renowned. It is surrounded by many
rocks and mountains, most extraordinary in their form, and irregu-
lar in their height, extending for more than 50 ly[2].

"In the middle of those designated the Vu-ye mountains there is
a rivulet which winds about them (called the Kieu Kio Kee, i. e.
the stream of the nine windings), and divides the range into two dis-
tricts. Those to the north are called the Northern Range, and the
others to the south the Southern Range. It is here that the priests of
the sects of Fo and Tao-czu select the level places upon which they
erect their temples and religious houses. Around these they plant
the tea shrubs, the leaves of which they gather every year. The
north range produces the best. "

It is these mountains only which are properly considered the Bo-
hea mountains. It is here that the Ming Yen tea and the finest Sou-
chongs are procured, teas which rarely find their way to Europe,
and perhaps never but in very small quantities as presents. This tea
is commonly known to Europeans under the denomination of Padre
Souchong, from its being cultivated by the bonzes or priests, or
Pao-chong tea, from being packed in small paper parcels; and to the
Chinese, in addition to these names, by the appellation of Yen or
Gam tea, from its growing on the Yen, or ledges and terraces of
mountains. Also Nei Shan tea, i. e. inner mountain tea, or inner
range tea.

It is here that the imperial enclosures are established for the supply of the court of Peking, and chains are said to be employed for the purpose of collecting the leaves of shrubs growing on the summits and ledges of inaccessible and precipitous rocks. But it may be suspected, without much detraction, that this is one of the many artifices and devices here employed by the priests to increase the interest of their secluded residences, and to attract strangers and devout benefactors to the spot, as well as to enhance the price of their tea.

Du Halde[3] thus speaks of these mountains: — "The priests, the better to compass their design of making this mountain pass for the abode of the immortal beings, have conveyed barks, chariots, and other things of the same kind, into the clefts of the steep rocks all along the sides of a rivulet that runs between; insomuch, that these fantastical ornaments are looked upon by the stupid vulgar as a real prodigy, believing it impossible that they could be raised to such inaccessible places, but by a power more than human. "

The annexed plate, engraved from a Chinese drawing, portrays some of the geological and picturesque features of these rocks; while the impress of gigantic hands exhibits some of the devices here alluded to.

The Chinese manuscript continues thus: — "In the surrounding country, extending twenty or thirty ly, there is a range of mountains which encompass and shelter those of Vu-ye. The names of the places are, Csao Tuon, Hoang Pe, Chy Yang, Kung Kuon, Sin Cheu, Tu Pa, Chy She, &c. In each of these, tea sheds or

roasting houses are erected, and shrubs planted. These mountains are also of the same nature as those of Vu-ye, and the tea is pre-pared in the best manner. It is fragrant in smell, and sweet in fla-vour. This tea is called Puon Shan tea, or Mid-hill tea, or Mid-range tea, and is gathered to be made into Souchong." Here, I imagine, most of the East India Company's best Souchong teas, as the chop, Lap Sing, &c. were made. The districts now about to be described are those where the Congou teas are produced. The manuscript proceeds thus: — "The towns, which extend about 70 ly from Vu-ye Shan are called Py Kung, Tien Czu Ty, Tong Moo Kuon, Nan-Ngan, Chang Ping, Shu-Fang, &c. The leaves are thin and small, and of no substance; and, whether green[4] or black, or made with much care, yet have no fragrance. [5] This tea, however, is that used for Congou in quarter chests, and is called Way Shan tea, i. e. outside-hill tea, or outer-range tea. Tea is also produced as far as Yen Ping, Shau-U, Keu-U, Geu Ning, Kien Yang, Heu Shan, and other places, but is unfit for use." There is reason to believe, however, that the tea from the latter places is constantly mixed with low Congou, and that many of the Congous technically termed faint, whether the leaf be green or black, come from these places, as will be seen by the following account received from another Chinese, where some of the above places are enumera-ted as producing tea forming a part of the tea imported as Congou.

"The district of Kien Yang, adjoining Csong Ngan, produces much tea. Some of the leaves are fleshy and large, others thin and small. This is coarse tea. At Geu Ning, adjoining Kien Yang, the leaf is thin and small. This is coarse tea. At Ta Ping Lu, and other adjacent places, the leaf is thin and large, and no labour can make it good. Among the infused leaves very few will be found red, and the dried leaves are open, yellow, and dull. But all these teas serve as coarse, or ordinary tea."

The Vu-ye Shan Chy, a statistical account of the black tea districts, enumerates several places in the neighbourhood which produce good tea, but observes that Vu-ye Shan is the best. In this work the qualities of the Vu-ye tea are divided into Yen and Cheu tea. "The rugged sides and terraces of the mountains are called Yen, and the low grounds Cheu. Yen tea is of superior, and Cheu tea of inferior quality. The mountains are divided into the northern and southern range. The tea from the northern division of these mountains is excellent; that from the southern is not so good. The mountains beyond Yen Shan are called Way Shan; and the tea produced there is of indifferent quality. The plantations require sun and wind; yet not too much wind, and if much sun, the tea loses its delicacy of flavour."

Thus the situation the most favourable for tea, agreeably to the foregoing accounts, is on the Yen, or terraces, of rocky hills or mountains; not, however, because the soil is stony, but most probably because the alluvial deposit formed during rain enriches the soil of these ledges. The hills whence the greater part of the tea connected with European consumption is procured, agreeably to information received from the tea merchants, are of gentle ascent, and in no way remarkable for their height; neither do they possess the rocky nature or singularity of form of the Bohea Mountains.

I shall now subjoin some extracts from accounts procured by me through the Roman Catholic missionaries resident in the province of Fo-kien in answer to questions proposed to them on the subject of soil, situation, and manipulation of tea.

1. One observes— " The soil should consist of a vegetable mould, sprinkled with sand, light and loose, and rather moist, exposed to the wind, and fronting the east. "

2. Another— "That tea may be planted either in a rich or a poor soil, sandy or garden soil; but that which is moist is the most suitable, and the eastern aspect the best; it need not be exposed to, or sheltered from the wind, neither does it require high hills or level ground; either will do, but garden ground, and the embankments of gardens or fields, are the most favourable. "

3. I shall here conclude these extracts with the opinions of the Spanish missionary first alluded to, whose account of the tea plant is so highly valuable. He observes: "In the province of Fo-kien there are many plantations, where the care and the method of preparing tea are nearly the same, whilst the tea is very different, whether we consider the leaves, the flavour, or the effects which it produces; consequently the nature of the soil cannot be the same. The Chinese themselves sufficiently prove this, by their frequent declaration that the Ty Tu, or soil, occasions the principal difference in the quality

of tea. "[6]

4. "With regard to the soil which is the most favourable, I shall explain first what I have seen myself, and then what I have heard related of the district of Kien Ning Fu. In the southern part of the province there are many plantations in low situations, some of which are sandy and stony, as may be seen by those which are near rivers; but they are rendered sufficiently moist in consequence of annual inundations. Others are placed in situations a little raised, yet level, like those which are seen at the foot of mountains; the soil of which (as the Chinese express it) is red or pale, rather cold and damp. The other plantations, and these are the most numerous, are situated amidst the declivities of mountains, on sloping ground, many of which are stony and sandy at the surface, but the soil is deep, moist, and, in consequence of the frequent winds, rather cold. Those that are on level ground, at the foot of mountains, are more bushy, but the quality of the tea is nearly the same.

5. "It therefore follows that the tea shrub delights in very high situations, a compact and rich soil, a temperature cold and humid, and the aspect the most favourable is that which fronts the east."

6. The Chinese speak thus of the soil of the innumerable plantations of Kien Ning Fu: — "There are some plantations on plains rather low, the soil of which is very compact, a little muddy, black neither very cold nor very hot, and rather damp. The tea of this place is worth two-thirds more than that of other parts of Fo-kien; but the best of all is procured from plants which are upon high

mountains, in steep places, sometimes like precipices; and on this account iron chains are used to ascend them, and to gather the leaves. These are the famous mountains of Vu-ye, in the district of Kien Ning Fu. It is in situations that front the East that the tea of the first quality is procured. It is there that the Imperial enclosures are found, and the greatest part of that tea commonly called Pekoe. As all the tea which is found upon the neighbouring mountains is of quite a different kind, although the temperature is the same, it necessarily follows that the soil must be different. "

CHAPTER VI

MANIPULATION PREVIOUSLY TO ROASTING—MODE DESCRIBED BY A CHINESE—EXPOSURE OR NON-EXPOSURE TO SUN—EXPEDIENTS ADOPTED IN RAINY WEATHER—DESCRIPTION OF THE SEVERAL PROCESSES—FRAGRANCE, NONE IN FRESH LEAVES—DEVELOPED BY MANIPULATION—PERSONAL OBSERVATION OF THE SEVERAL PROCESSES—REDNESS OF TIE LEAF

LOO LAN describes the method of preparing the Yen or Pao-chong tea as follows. This account is principally useful as containing most of the terms of art employed by the Chinese in the manipulation of tea. "After the leaves are gathered spread them upon flat trays, and expose them to the air: this is called Leang Ching. Toss them with both hands, sift them, and carefully examine them with a light to see if they be spotted with red, which is necessary: this is called To Ching. Carefully put them into small bamboo trays, and cover them up quite close with a cloth, until they emit a fragrant smell: this is called Oc Ching. Hand them to a roaster (Chao Ching Fu), to roast them in a red hot Kuo (an iron vessel). Throw about five ounces (four tales) of leaves into the Kuo, then with a bamboo brush sweep them out. Let them be well rolled, and afterwards sent to the poey or drying house to be completely dried. This tea is called Souchong and Paochong, and sells at from fifteen to thirty shillings the pound (four and eight dollars the catty) in the country where it is made. "

Another Chinese, in the manuscript previously quoted, thus describes the process of making the Yen and Puon Shan Souchong: "Spread the leaves about five or six inches thick on bamboo trays (Po Ky) in a proper place for the air to blow on them. Hire a workman, or Ching Fu (to watch them). Thus the leaves continue from noon until six o'clock, when they begin to give out a fragrant smell. They are then poured into large bamboo trays (Po Lam), in which they are tossed with the hands about three or four hundred times: this is called To Ching. It is this operation which gives the red edges and spots to the leaves. "

They are now carried to the Kuo and roasted; and afterwards poured on fat trays to be rolled.

"The rolling is performed with both hands in a circular direction about three or four hundred times; when the leaves are again carried to the Kuo; and thus roasted and rolled three times. If the rolling be performed by a good workman, the leaves will be close and well twisted; if by an inferior one, loose, open, straight, and ill-looking. They are then conveyed to the Poey Long, the fire fierce, and the leaves turned without intermission until they are nearly eight-tenths dried. They are afterwards spread on flat trays to dry until five o'clock, when the old, the yellow leaves, and the stalks are picked out. At eight o'clock they are 'poeyed' again over a slow fire. At noon they are turned once, and then left in this state to dry until three o'clock, when they are packed in chests. They are now fit for sale. "

By the preceding accounts it appears, that no exposure of the leaves to the sun takes place previously to their being roasted. This opinion is supported by many authorities, upon the ground that the slightest fermentation would injure them. Mr. Pigou, however, and many Chinese state, that the leaves may be placed in the sun if not too ardent; or, if necessary, that is, if they require it. One person says, "into each tray put five tales of leaves and place them in the sunshine. " Another, in speaking of the finest teas, observes, — "If the leaves require it, they must be placed in the sun to dry. For this purpose they are thinly spread in sieves, and whirled round. If then not sufficiently dry and flaccid, they must be exposed to the sun again. " (Chinese Manuscripts)

The teas which I have seen made, and have made myself after the manner of Souchong, have invariably been exposed to the sun;

and some teas are made altogether in the sun, though this is not esteemed a good method. [7]

It is also certain that the Congou teas are exposed to the sun in the tea country, where large stands are erected in the open air for this purpose. Some are made horizontally, but more frequently obliquely, and usually contain about three rows of trays (Po Ky), each about two and a half feet diameter. Mr. Bruce states that the inclination given to these stands is such as to form an angle of 25°. They are raised two feet from the ground, and incline outwards, towards the sun, as here figured.

The apparent discrepancy, therefore, in these accounts, like many other contradictions which appear in the different relations concerning tea, will be found to arise in most cases from a difference of manipulation dependent upon the state of the leaves, or on the kind or quality of tea required to be made.

The Chinese seem to agree that the finest Souchongs, the Yen or Padre Souchongs, or Paochongs, when made under favourable circumstances, would be injured by any exposure of the leaves to the sun. But it must be remembered that these teas are made from the finest shrubs, the young leaves of which are described as being large, and of great succulency, as well as extreme delicacy. They are also gathered after a succession of bright weather; and the best kinds during the greatest heat of the day. That change, therefore, which is necessary to be produced previously to the process of Leang Ching, by exposing the leaves to the sun, during which they "wither and give,"[8] and become soft and flaccid, may so far take place before and after the gathering as to render a simple exposure to the air sufficient. Indeed this exposure to the shade and air may be necessary to check or prevent fermentation, or some unfavourable change which they might otherwise undergo.

On the other hand, leaves which are gathered from shrubs of inferior delicacy, and are somewhat harsh and fibrous in their texture, may be greatly improved by exposure to the sun, especially if any chemical change be sought. At any rate that state of flaccidity which is desirable must be greatly accelerated by such means; and whether adopted from motives of utility or economy, it may be sufficient for all purposes of the present inquiry to state the fact, as gathered from the testimony of the Chinese, that the finest teas are not exposed to the sun, but that many Souchongs of excellent quality commonly are, and the Congous invariably.

Leaves gathered after rains more particularly require exposure to the sun. I have seen the Ho Nan leaves collected under such circumstances so treated, and then kept twenty-four hours in a cool place, and afterwards exposed to the sun again with advantage. Indeed leaves which are gathered during rains, or in cloudy weather after much rain, must be dried before or over a fire previously to their being roasted. "To carry such leaves thus turgid and full of juices to the Kuo," said an excellent workman, "would be boiling them instead of roasting them."

The houses and stoves erected for this last purpose appear similar to those employed in the process denominated Poey, under which article a description of these houses will be found.

The manner of drying the leaves in this process is differently described by different persons; and I imagine there may be many modes of performing it. Some Chinese say that the stoves are built in the centre, and the leaves placed on stands erected on either side, as for the common Bohea; others, that the stands are placed over the fire, and not apart from it, and some that stoves are not used at all, but that the fire is wheeled about under a kind of stand, or framework, fitted to the walls of the building. Perhaps all these methods are used, since this exposure to the fire is simply to produce an evaporation of the exuberant juices acquired during rain; for in proportion as the leaves are full of juices, so is the pain and difficulty, and even expense, of manipulation increased.

The following plate exhibits a room fitted up for this purpose, having a framework to receive the sieves, with earthen chafing dishes or stoves, containing charcoal placed underneath, taken from a Chinese drawing: —

The manipulation now may be divided into—firstly, the process previously to roasting; and secondly, the process of roasting. The process previously to roasting consists of Leang Ching, To Ching, and Oc Ching.

The process of Leang Ching is literally that of cooling the leaves, or keeping the leaves cool to prevent or check fermentation. For this purpose they are placed either in shady situations in the open air, exposed to the wind, or in open buildings which admit a draft through them. Easterly winds are said to be unfavourable to this process. Tall stands (Kia Czu), about six feet high, consisting of many stages, are employed to receive the different bamboo trays (Po Ky), in which the leaves are placed in quantities agreeably to their qualities, and the care intended to be bestowed on their manipulation. The finest description of Yen or Padre Souchong teas are thinly strewed over the trays; but inferior kinds of Yen and Puon Shan teas are placed five or six inches thick. In this state they are kept, until they begin to emit a slight degree of fragrance, when they are sifted, to rid them of any sand or dirt which may adhere to them, preparatory to the operation of To Ching.

To Ching signifies the tossing about the leaves with the hands.[9] The manner in which I have seen this process performed was thus: a man collected together as many leaves as his hands and arms could compass; these he turned over and over, then raised them a considerable height, and shook them on his hands: he then collected them together again, tossed and turned them as before. In the manuscript already quoted, it is stated that this operation is continued about three or four hundred times; and that it is this part of the process which produces the red edges and spots on the dried leaves.

Another man whom I saw make tea, after having completed the operation of To Ching, pressed the leaves of each parcel together with a slight degree of force into a heap or ball, which seems to agree with what some Chinese call Tuon Ching. In both cases they were kept until they emitted what the workmen deemed the necessary degree of fragrance, when they were roasted. With respect to the quantity tossed at one time, the Chinese differ considerably. Some say that the Siao Poey, Ta Poey, with other Souchong teas, and Congou teas, are made in large quantities. The leaves of six or seven small trays are mixed, they say, together, and placed in large trays (Po Lam), and two, three, four, or more men, are em-

ployed to toss them. Some say that six or seven pounds (five cat-
ties), and others eleven or thirteen pounds (eight or ten catties),
are thus formed into one heap even for fine Souchong.

The finest kinds of Yen or Paochong teas are said to be placed in
sieves in a long narrow close room. Open shelves, made of bam-
boo, pass along the walls, eighteen or twenty in height, upon
which sieves, or small trays, are placed. The leaves of this tea be-
ing thinly strewed in the sieves, as already described in the process
of Leang Ching, require no tossing, but are simply whirled round
and shaken to and fro, as in the act of sifting and winnowing, which
obviously would produce the same effect. Thus the workman begins
at one end of the room, and proceeds in the manner already de-
scribed, until each sieve has passed through his hands. He then re-
turns to the first sieve, and continues the process until the leaves
give out the requisite degree of fragrance. [10]

These teas, agreeably to the accounts of some Chinese, then undergo another process previously to their being roasted, denominated Oc Ching. This consists in collecting the leaves of each sieve into a heap, and covering them with a cloth. They are then watched with the utmost care, and, as this part of the process is continued during the night, the workmen are described as constantly proceeding round to the different sieves, with a lamp in the hand, gently and carefully lifting up so much of the cloth of each sieve as will permit them to discern whether the leaves have become spotted and tinged with red. So soon as they begin to assume this appearance they also increase in fragrance, and must be instantly roasted or the tea would be injured. [11]

It may here be observed that the leaves of tea have no kind of fragrance in their unmanipulated state, but have a rank vegetable flavour both in taste and smell. Nor is the fragrance which is evolved previously to roasting in any degree correspondent with that, at least in my opinion, which constitutes the flavour of tea after complete desiccation.

Thus the manipulation previously to roasting seems to be for the purpose of evaporating as much of the fluids as possible without injury to the odorous principle, or aroma; or rather, perhaps to induce a slight degree of incipient fermentation or analogous change, which partakes of the saccharine fermentation of hay, during which the requisite degree of fragrance is evolved. But whatever that change may be to which the fragrance of smell, and the red or brown appearance of the leaves, which constitute the peculiarity of black tea, may be due, it is on the management of this change that the quality of the Yen, or Padre Souchong teas, greatly depends. To produce it slowly, to know when to retard it, when to accelerate it, and in what degree, requires some experience; and the Chinese universally consider the management of the leaves of this fine tea previously to roasting, as the most important and difficult part of the whole manipulation.

We also find that the leaves of these teas, which are of great delicacy and succulency, and gathered during a succession of bright weather, are kept in small parcels; and the highest degree of fragrance and incipient chemical change, of which they are susceptible without injury, is induced, besides being exposed to more than ordinary heat in the first process of roasting, denominated Ta Ching; they consequently receive much care and attention throughout every stage of the manipulation.

On the other hand, teas which are made from inferior shrubs, whose leaves are of a harsher and more fibrous texture, and, consequently, less disposed to chemical change or to heat, require less care. Thus we find that Congou teas in particular, which form the bulk of those imported into England, are gathered in all weathers, and exposed to the sun or fire, as circumstances permit, to hasten evaporation. They are also kept in large parcels throughout the whole process of manipulation, and less attention is paid to change of colour and fragrance of smell. They nevertheless must undergo the processes of To Ching and Leang Ching, during which they "wither and give," and partially become spotted and tinged with red; for this state of withering is no less necessary to Congou than Souchong tea, and on the skilful management of this process the excellence of quality of all black tea depends.

Having now related what I have been enabled to collect from the Chinese upon the subject of the manipulation of the leaves previously to roasting, it may also be satisfactory to point out what has come under my own personal observation. I shall therefore now describe the mode in which I have seen this part of the process performed, on two occasions, by men from the Bohea and Ankoy countries. The leaves employed for this purpose were collected from Honan, in the southern suburbs of Canton, and Pack Yuen Shan, north of the city. Nor did I perceive any material difference in the mode of manipulation as performed by these men.

The newly gathered leaves were first spread about an inch thick on small sieves, and suffered to remain in the sun about twenty minutes. The leaves of each sieve were then taken in succession, and turned and tossed with the hands for a considerable time, as already described in the process of To Ching, when they were again spread out and exposed to the sun. When the leaves began to "wither and give," and become soft and flaccid, the leaves of two or three sieves were then mixed together, and the tossing of the leaves and exposure to the sun again repeated until they began to emit a slight degree of fragrance. They were then removed into the shade, formed into still larger parcels, turned and tossed as before, and finally placed on stands in a room exposed to a free current of air, as in the process of Leang Ching. In a short time they gave out what the workmen deemed the requisite degree of fragrance, when each parcel was again tossed in the shade, and roasted in succession.

No attention was paid to any change of colour in the leaves, nor did any appear red or brown previously to roasting, though some few had a reddish purple appearance afterwards. The tea, when completely dried, resembled a black leaf Congou; but, while the Honan tea was agreeable, and drew a red infusion, the Pack Yuen Shan tea was not drinkable, and the infusion was almost colourless. To what this difference is to be ascribed I am unable to explain, but I am disposed to think it arose from the high temperature employed in roasting the latter tea, it being too great for the then condition of the leaves. Subsequent experiments seem to sanction this opinion.

The reddish-purple appearance of the leaves, however, previously to roasting, is not absolutely necessary to the redness of the leaves afterwards. I once rolled a small parcel of leaves previously to roasting them, in the same manner as it is performed after roasting, and, upon holding them up to the light, many appeared translucent in parts, but not red. When completely roasted, they had a rich reddish-purple appearance, and were more fragrant in smell than other parcels of the same tea roasted in the common manner. Nor did this translucency appear to be occasioned by the leaves having been bruised in the act of rolling, for the same appearance was produced by placing a few leaves under a wine glass exposed to the sun; and, by a still further exposure, the leaves became spotted with red, particularly round the edges.

This experiment gave rise to others, which will more fully develop the cause of the change of colour, and the peculiar effects which accompanied that change. Let it here suffice to say that this state of withering is indispensably necessary to black tea; but whether it be necessary to wait till the leaves begin to be spotted with red for black leaf Congous may require further investigation. Mr. Jacobson deems it necessary for all black tea. For Souchong I believe it is; that is, as soon as some few of the leaves begin to show that disposition, it is time to prepare them for roasting. There is an art in the management of this process.

CHAPTER VII

ROASTING AND FINAL DRYING OF THE LEAVES— TWO PROCESSES—ROASTING VESSELS AND STOVES DESCRIBED—MODE OF ROASTING—MODE OF ROLLING— PROCESS OF TA-CHING—FINAL DRYING—STOVES AND INSTRUMENTS USED—MODE OF DRYING—MARKETS ESTABLISHED—PACKING OF THE TEA AT THE VILLAGE OF SING-CSUN—REMARKS ON THE PROCESSES OF MANIPULATION—VARIATIONS IN THE MODE OF MANIPULATION—OBSERVATIONS ON THE MODES DESCRIBED BY MR. FORTUNE—SOME TEAS WHOLLY MANIPULATED IN

THE SUN—EXPERIMENTS ON THIS MODE, AND DEDUCTIONS THEREFROM

THE roasting and drying of the leaves may be divided into the two processes of Chao or Tsao and Poey. The former takes place in a shallow iron vessel called a Kuo; and the latter in sieves over a charcoal fire—a description of which will be found under its proper article. The Kuo is a remarkably thin vessel of cast iron of a circular form, differing in no respect from those used in China for culinary purposes: except that it has no handles.

The size most employed is about 2 feet 4 inches in diameter, and $7\frac{3}{4}$ inches deep; but they vary in size according to the quantity of leaves intended to be roasted at one time. The stoves commonly in use are said to consist of oblong pieces of brick-work, resembling the Hyson stoves to be seen in the Hong merchants' roasting houses at Honan, in the district of Canton. The Kuo is fitted in horizontally with its rim even with the upper surface of the stove. The best constructed stoves have a small ledge at the back part, for the purpose of holding a lamp, as the roasting is generally continued until a late hour, and frequently through the night. The fire-places are at the back of the stove: so constructed as to leave an opening underneath for wood or charcoal. As much tea is made by the poor, and small farmers, it occasionally happens that both the stove and the Kuo are identical with those used for culinary purposes; and the vessel which in the morning is employed to boil rice for their breakfast, is in the evening used to roast tea. Generally, however, separate vessels are used exclusively for tea; for great care must be taken to keep the Kuo clean and free from every thing which might communicate an objectionable flavour. And as a yellowish viscid juice exudes from the tea in the process of roasting and rolling, forming when dry a whitish deposit which adheres to the sides of the Kuo, it becomes necessary during the several stages of the manipulation to wash the vessel and other instruments used, and also the hands. I did not observe any such deposit during the experiments which I witnessed; but I have no doubt of its existence when the leaves are thick and succulent.

In the first roasting of all black tea, the fire is prepared with dry wood, and kept exceedingly brisk. The vessel is heated to a high temperature, much above the boiling point; but any heat may suffice which produces the crackling of the leaves described by Kaempfer.

I shall now explain the mode in which I have seen the Honan tea leaves roasted after the manner of Souchong and Congou, by men from the Bohea and Ankoy districts, to exemplify this process to me.

The roaster stands on the side of the stove opposite the fireplace, and taking about half a pound of leaves between his hands, he throws them into the Kuo. He then places his hands upon the leaves, and with a slight degree of pressure, draws them from the opposite side of the vessel across the bottom to the side nearest himself. He then turns them over and throws them back again, repeating this action until the leaves are sufficiently roasted.

When the heat becomes excessive, and difficult to bear, the roaster then raises the leaves some height above the Kuo, and shaking them on his hands, he lets them gradually fall, which serves to dissipate the steam, and to cool them. There is one circumstance which it is necessary here to notice, as requiring the attention of the roaster. Care must be taken to observe that none of the leaves lodge

or remain about the middle part of the bottom of the Kuo, for this being the part most heated, they soon begin to burn, and if not attended to, might communicate a smoky or burnt flavour to the tea; though in this early stage of the process there is not much danger of producing that evil. This defect is easily perceived and obviated; for the smoke which arises from the burnt leaves can readily be distinguished from the steam produced by evaporation; then by increasing the pressure of the leaves against the heated part of the vessel as they are drawn across, the roaster is enabled to sweep away or remove such leaves as may have lodged in the bottom; and if he quicken the motion at the same time, the smoke and burnt smell will speedily disappear.

With respect to the degree of roasting which is requisite, it may suffice to say, that the roasting must be continued until the leaves give out a fragrant smell, and become quite soft and flaccid. when they are in a fit state to be rolled.

And here it may be important to observe, philosophically as well as practically, that though the leaves are fragrant when brought to the roasting vessel, yet that fragrance is dispersed so soon as the fluids are rapidly set in action, and they again acquire their vegetable smell. The fragrance, however, returns after the loss of a certain amount of moisture; and its return, together with the flaccidity of the leaves, marks, as before observed, the period when the leaves are in a fit state for rolling. The same observation holds during the process of rolling. Here, again, the fluids are discharged, but by pressure, not heat, and the vegetable smell returns. Thus, during the whole process of roasting and rolling, these alterations of smell occur, till the leaves are deprived of all moisture in their final desiccation in the drying tubes, when the fragrance becomes fixed.

In my own experiments, when I found the heat more than I

could bear, I removed the leaves from the Kuo, and allowed them to cool a little; as also the Kuo from the fire. This I have repeated two or three times during the first process of roasting before the leaves were sufficiently roasted, without any apparent injury to the tea. It is surprising how great a degree of heat the men habitually employed in this occupation can bear; and in my few trials with these people, I always found they could continue the roasting a considerable time after the heat of the steam had obliged me to relinquish it, even with the aid of a pair of thick cotton gloves. After this first roasting (Chao), the leaves are immediately rolled. Each roller is provided with a circular tray of bamboo work, upon which he places as many

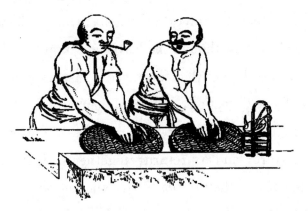

leaves as the two hands held together in a concave position can cover. They then all fall to work, immediately rolling the leaves round from left to right, using a slight degree of pressure, and attentively keeping them in the form of a ball. Some skill is required to preserve the leaves in this form: and it is the test of a good workman to keep the leaves well collected together under the hand, and not allow them to stray and spread themselves over the tray; for on this de-

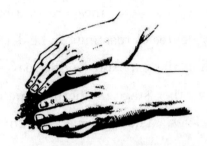

pends the leaves being well or ill twisted. [12] When sufficiently rolled the ball is shaken to pieces, the leaves are then found twisted; and the viscous juices expressed in the process of rolling are sufficient to keep the leaves in the twisted form. They are now spread out on clean trays, and placed on stands several tiers in height, until the whole of the fresh leaves have been roasted, when they again undergo the process of Chao. [13] In the second roasting of all tea, the heat of the fire is considerably diminished, and charcoal used instead of wood. The heat of the vessel, however, is considerable, and not supportable to the touch. The fire requires no particular attention. The leaves having now been deprived of a considerable quantity of moisture, their bulk is consequently much diminished. As much therefore may now be put into the Kuo at one time as was roasted in three or four times during the first roasting. The mode of roasting is precisely similar to the first process, except that the leaves are frequently shaken and strewed round the less heated sides of the vessel to accelerate the evaporation of the steam by the admission of air, and thus to cool them. When sufficiently roasted, they are then rolled as before; and the roasting and rolling repeated a third time; which is applicable to all teas, when the substance and good quality of the leaves admit of it. [14] No measure of time can be given by which the necessary degree of roasting can be determined. The same may be said regarding the exposure of the leaves to the sun. Both depend, as in every other stage of the preparation, upon the state and quality of the leaves. Thus, as we are informed, the Yen teas, whose leaves are large and fleshy, are roasted and rolled three or four times; whereas the best Congous are roasted and rolled but twice, and the inferior ones only once; for, say the Chinese, "these leaves being very thin, they would be broken and burnt if roasted more." This simple rule may suffice: when no longer any juices can be freely expressed in the process of rolling, the leaves are then in a fit state to undergo the final desiccation denominated Poey.

Before closing this chapter, it must be observed, that the finest kinds of Yen or Padre Souchong teas are said to undergo in their first roasting a modification of the process of Chao Ching, denominated by the Chinese Ta Ching and Pao Ching from the particular mode of handling the leaves. In this particular part of the process, the roasting vessel is heated to red heat.

In the operation of Ta Ching, a man standing on the right of the roaster throws about two ounces of leaves smartly against the Kuo; the roaster then seizes them with his hands, gives them a brisk turn round the Kuo, and sweeps them into a tray, which another man holds in readiness to receive them. In the operation of Pao Ching, the roasting is continued three or four seconds, and about three or four ounces (Tales) of leaves are roasted at one time. In this process, the instant the leaves fall down to the brickwork, the roaster receives them on his hands, and tosses them back against the heated part of the vessel: which operation is repeated for a few seconds. They are then collected together, and, having been turned briskly two or three times round the less heated part of the Kuo, they are swept out as before. The leaves are now put aside to cool, and then roasted (Chao) and rolled three times, as already described.

Some of the Chinese say that the process of Ta Ching is not used in the present day; but that Pao Ching is substituted in lieu of it. Others say that these teas first undergo the process of Ta Ching, and then are roasted and rolled three times, after the manner of Pao Ching instead of Chao. These modes do not seem to vary essentially from the simple process of Chao, since they depend principally upon the quantity of leaves roasted at one time, and the greater heat of the vessel. It is obvious that the smaller the quantity of leaves used, and the greater the heat employed, the greater must be the risk of burning, which is sufficient to account for the inclination given to the Kuo. It must, however, produce a quicker evaporation of the fluids; and hence, perhaps, it may be inferred here, as in the early parts of the process, that the Chinese deem a quick evaporation of the fluids desirable.

But as this mode requires much care, attention, expertness, and labour, it is not practised, so far as my information extends, except with the finest teas, such as rarely or never form a part of the teas of foreign commerce.

It has already been observed that the process of Poey is considered by the Chinese as a very important part of the manipulation of black tea. This, however, does not arise from any particular nicety of art or difficulty in this process; but simply from this circumstance, that, as the leaves are roasted in open sieves over a bright charcoal fire, a certain degree of watchfulness is requisite, to see that none of them accidentally fall through the interstices of the sieves, which would occasion smoke, and thereby injure the tea.

The instrument used for this purpose is a kind of basket, called a Poey Long, about two and a half feet in height, and one and a half in diameter, open at both ends: or rather a tubular piece of basketwork of those dimensions covered with paper which we may here de-

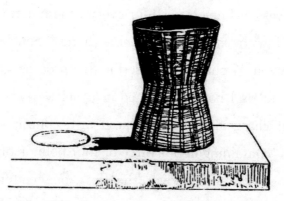

nominate a "Drying Tube", having a slight inclination from the ends to the centre, thus making the centre the smallest circumference. In the inner part, a little above the centre, are placed two cross wires for the purpose of receiving the sieve which contains the tea, and which is placed about fourteen inches above the fire. When the tea is sufficiently prepared for this process, the drying-tube is then placed over a low stove built upon the ground to contain a small quantity of charcoal. The stoves, consisting of circular receptacles for charcoal, are constructed within a continuous piece of brickwork coated with plaster, extended round three sides of a long narrow room. The brickwork is about $5\frac{1}{2}$ inches in height and 2 or 3 feet in depth, from the front to the wall. The receptacle for the charcoal must be in proportion to the diameter of the drying-tube. Mr. Jacobson gives the following as the dimensions of the tube used at Java: height 2 ft. $10\frac{4}{8}$ in. ; diameter 2 ft. $4\frac{7}{8}$ in. ; diameter of centre, 1 ft. $11\frac{6}{8}$ in.

The process of Poey is used for every denomination of black tea, manufactured with care, whether Paochong, Souchong, Sonchy, Pekoe or Congou. I shall now describe this process as I have seen it performed, and as I have performed it myself.

A bright charcoal fire is prepared in a common Fu-Gong, or chafing-dish, containing about three or four pounds of charcoal: the drying-tube is then placed over the fire, one end resting on the ground. The roaster then takes a quantity of leaves and sifts them, to prevent any dust or small leaves from falling into the fire. When properly sifted, he first spreads them equally in the sieve, and then makes a small aperture in the centre of the heap with the finger, about an inch and a half in diameter, in order to afford a free vent to any smoke which may accidentally be formed. The sieve is then placed in the Poey Long, upon the cross wires before described. A circular flat bamboo tray is placed over its mouth, about one third of which is left open to admit a free evaporation of the steam which arises from the leaves, for a considerable degree of moisture still remains, though no more can be expressed by the process of rolling.

The leaves also retain their green and vegetable appearance. The leaves are thus suffered to remain about half an hour, when the drying-tube is removed from the fire, the sieve taken out, and the leaves turned. The turning is performed by the following simple and effectual method. Another sieve of equal size is placed over the one containing the leaves; and both held horizontally between the hands. Then by a sudden turn, the two sieves are reversed, the bottom one being brought to the top in the action of turning. It is then removed, and the leaves are found in the lower sieve completely turned, without being mixed or scarcely deranged. They are then placed over the fire, and suffered to as before. [15]

At the expiration of this time, they are again taken out of the drying-tube, and rubbed and twisted between the hands. [16] A great change has now taken place in the colour of the leaves. They have already begun to assume their black appearance. A considerable quantity of moisture having also been dissipated by this mode of drying, the fire is now covered with the ash of charcoal or burnt paddy husk, which not only serves to moderate its heat, but prevents smoke in the event of any leaves falling accidentally through the sieves.

The leaves are then sifted, and again undergo the process of drying, twisting, and turning, as before; which is repeated once or twice more, until they become quite black, well twisted, and perfectly dry and crisp. As the leaves dry, they obviously must occupy less space in the sieves: the quantity is consequently increased from time to time, in order that each sieve may be full. In this part of the process, as the leaves give out little moisture, the mouth of the drying-tube is nearly closed.

The drying-tube is always removed from the fire, and placed on a tray on the ground, before the sieve is taken out, when the tea requires turning; and in the act of replacing it over the fire, it is necessary to give it a smart tap on the side, to get rid of any dust or leaf which may be in a situation to fall.

When the leaves appear sufficiently dry, which is ascertained by their crispness, they are then taken from the fire and sifted; and the old, the yellow, and the chaffy leaves are winnowed off by means of a large circular bamboo tray.

The coarse leaves which remain are then, if necessary, picked out by hand, which is seldom, or perhaps never, the case with any black teas forming a part of the foreign investments. They certainly are not hand-picked with the same care as green teas, which is evident from the quantity of stalks they contain, while none are found in either Twankay or Hyson tea. The residue, which is the tea for sale, is again placed over the remaining embers, or over a very slow fire, but in still larger quantities, for about two hours. In some cases they remain throughout the night, the embers being left to die away. In this part of the process the drying-tube is completely closed with the tray.

The tea is then packed in chests or baskets according to its quality, and the practice of the planter or farmer. In this state they are carried to the public markets for sale, and sold from two to one hundred chests at a time, according to the size of the farm or plantation. These markets have their regular and appointed times; —as, for example, at Ly Yuen there is a tea market every tenth day during the season; on the 2d, 12th, and 22d days of one month, and on the 7th, 17th, and 27th days of the following month; and so on at other places.

As the teas are packed and collected at these country markets, they are sent to the village of Sing-csun. Here the Canton Hong merchants and tea factors have large packing establishments, where the teas are finally packed suitably to the foreign markets. Here, also, the Shan-see merchants or factors procure and pack their teas for the Russian markets. I believe it to be altogether an error to suppose that any other part of China furnishes the Congou and superior teas; or that any other than the Hyson districts of Moo-yuen and Yu-ning supply the Hyson tea, and the districts in the immediate vicinity, the Twankay tea. The rumours recently spread, that some of these teas are now procured, or ever were procured, from other parts of China, I believe to be wholly undeserving of credit. It is not easy in China to obtain accurate information concerning remote districts. Some Congou teas are also packed at the villages where the teas are collected, as at To-pa, and some few other places. These may generally be distinguished by the dark green colour of the chests. The Sing-csun chests are of a lighter colour, and somewhat yellow. The Pekoe kind of teas, formerly imported into England as

Congou, came from To-pa.

The Congous are packed in parcels, chops or breaks, of about 600 chests, each chest containing about 80 lbs. of tea. Each parcel is divided into two packings, consisting generally of 300 chests each, sometimes 500 or 600 chests, according to the size of the packing-house. The teas which are to constitute one uniform quality of 600 or even 1000 chests consist of certain proportions of the three gatherings, collected from the produce of various farms and different localities. These teas having been previously arranged and classed agreeably to quality, and noted in a book, a sufficient quantity to constitute a packing of 300 chests is now started into a heap or pile, and so placed in different layers, that, when raked down with a wooden rake for the purpose of packing, their several and various qualities may all mix and blend together, so as to form one uniform quality suited to a fixed and settled price. The quantity put into each chest is previously weighed, and the packing is performed by men with their bare feet. I do not understand that the black tea is packed hot; or that it is submitted to any further process of heating or drying at the packing houses: it, nevertheless, must be perfectly dry. In the event of damage or injury to the tea, or the teas not having been sufficiently dried, then they doubtless undergo a somewhat similar process of drying in sieves in Poey Longs, or on stands in drying-houses, as is practised at Canton, to restore tea which has been slightly damaged on its passage down the country.

Having now explained the manner in which the Paochong, Souchong, and Congou teas are made when manufactured with care, I feel I may have impressed on the mind of the reader an exaggerated sense of the difficulty of manipulating tea for the European markets. Nor do I see how this was to be avoided. It is surely desirable that the superior methods should be known and fully described; and more especially since even the inferior modes are regulated and governed by the same principles; the main difference being the more or less skill and care bestowed on the several stages of the process. It has been my aim so to describe every part of this curious, and to us novel, art, that it may be rendered useful and acceptable to the experimentalist and cultivator, even at the risk of its being tedious to the general reader. But it must be confessed that minuteness of description, and long dwelling on the superior modes of manipulation, may have the effect of discouraging even the experimentalist. This however, seems to me a difficulty inherent in all minute descriptions of art, even that of making beer or cider. Nothing is more simple than to sketch a general outline of the art of making wine; yet Chaptal devoted no less than ninety octavo pages to the theory of fermentation. Agreeably to this able author, if we seek a wine of high quality and of good age, nature must first be bountiful in her season, and the fermentation so regulated that the saccharine matter and the ferment may be both destroyed, so that no second fermentation shall take place. But here enters the nicety of the art: a certain practical knowledge is required, which though every operator does not possess, and some never, yet is this art neither difficult to acquire, nor are skilful workmen rare or expensive to obtain. The same may be said of the first and highest flavoured teas. But if we simply speak of the art of making wine, in what does it consist? Press a quantity of grapes in a vat with the feet or otherwise; strain off the juice into a cask; allow it to ferment, and you have very good Vin de Pays. Thus with tea: place the leaves in a sieve, expose them to the sun and air; toss them and turn them as hay; then place them in the shade till they give out a certain degree of fragrance; then roast them in an iron vessel, roll them with the hands or feet, and finally dry them over a charcoal fire, and you have fair Congou tea. The cost of Congou tea at its place of growth will show, when we come to treat of that part of our subject, that not much skill, labour, or expense are bestowed on its cultivation and manipulation. At the same time it must be obvious, that this art is not to be learned from description: and that our only teachers are the Chinese, such namely as belong to the Bohea and, failing these, the Ankoy districts. Let us beware of giving too ready credence to assertions that the art is easily taught. Simple as it may be, like other arts, it requires an apprenticeship.

There are also many inferior methods which are adopted with coarse teas. The best of these is, by continuing the final process of drying in the roasting pan, as in the final drying of green tea, in lieu of the drying-tube employed for black. It is remarkable that all the Chinese factors, whom I have questioned upon this subject, have invariably denied the existence of this method. It nevertheless unquestionably exists; and I shall now describe the manner in which I have seen this process performed by a man from the Bohea country.

The vessel and other circumstances were the same as in the final process of roasting black tea, the heat of the fire being reduced. The leaves were then sprinkled round the sides and less heated parts of the vessel, occasionally collected together, and then stirred about with the hands. This was repeated until the leaves became well twisted, and the colour black; the fire being still further diminished as the leaves dried. They were then winnowed and packed as before.

Some Congou teas are rolled indifferently with the hands or bare feet after roasting; and are then, it is said, dried in the sun, without any further exposure to the fire. This, however, is only done with the second and third gatherings of inferior shrubs. But some teas are said to be wholly dried in the sun: some in a coarse and careless manner doubtless for the use of the peasantry and others; and some by a laborious and expensive method.

There is also a mode of manipulating black tea in cloths, as described by Mr. Bruce for the manufacture of green tea. But the Chinese all agree that this mode is never adopted except with very coarse and inferior leaves, and for the purpose of fraudulent adulteration of good tea.

It may, perhaps, be expected that I should make a few observations on the modes of manipulating tea, as seen by Mr. Fortune in the provinces of Fokien and Chekiang; and this appears to be a suitable place. It may be succinctly stated, that the difference in the modes of roasting and drying black and green tea arises from the black tea being finally dried in sieves over a charcoal fire, and the green tea in an iron vessel: and this is an essential difference. The modes seen by Mr. Fortune in Chekiang correspond with this rule, with the exception that a flat basket was used in lieu of a sieve, but there, green teas were produced by both methods. Now if we refer to Fokien, where the same modes were employed, we there find that they produced black teas. Thus it would appear a matter of indifference which of the two methods be adopted, which seems to me to strike the mind at once as a fallacy. It is partly true with respect to black tea, but wholly false as regarding green; and indeed that the results should be so different where the means employed are the same, presents a discrepancy which we find it embarrassing to reconcile. The only mode of doing this, is, by supposing that some of the teas so manipulated were not truly what we understand by black and green tea, but were peculiarities, such as Lin-czu-sin or others, made exclusively for Chinese consumption. Indeed, Mr. Fortune speaks only of one tea in each province, which seemed to correspond with the teas of European consumption. It is true that black tea may be produced in an iron pan, as we have already seen; but the Chinese all agree that this is an inferior method, of which the tea-men from the Bohea district deny the usage. It therefore seems probable, that Mr. Fortune was misinformed, when he was told that this was the mode employed for the manufacture of "our common black teas[17]," if by that term be meant the black teas commonly in use.

It has been shown that the mode adopted in the Bohea district for the final drying of black tea is in sieves over a charcoal fire.

And with respect to green tea, it would be impossible to produce the peculiar and characteristic colour of green tea, by any process of drying the leaves in a sieve or basket. When Mr. Fortune states, that the green teas which he saw manufactured in Chekiang were not the painted bloom-like teas seen in our shops, which he so justly ridicules, the reader must nevertheless not imagine that there is no natural foundation for this colour. The expression of Mr. Fortune is "the leaf has little or none of what we call 'the beautiful bloom' upon it;[18]" but then it has some, and be it ever so little, it is naturally produced in the course of manufacture, as I shall show under the article green tea. It is evident that Europeans could never have suggested to the Chinese to dye their teas blue, if there had not been some foundation for it in the natural process of manipulation.

I believe also that Mr. Fortune was misinformed, when he was told that the districts in which he was, formerly furnished a portion of the tea intended for foreign consumption. But it is no disparagement to Mr. Fortune even if he was misinformed. He states what he saw and collected. In a paper on the expediency of opening a second port in China, printed in 1816 and published in 1840, I computed that the black tea districts were about 240 miles from the city of Foochew-foo, and about 270 from the sea. [19] Mr. Fortune states that he penetrated into the interior about thirty or forty miles north of that city; consequently he must have been at least 150 or 200 miles from the district which supplies the foreign markets with black tea.

With respect to the exposure of the leaves for "two or three days on screens after they have been roasted and rolled," and "while yet moist,"[20] this assuredly is a mode not to be imitated. It has been shown that in the Bohea district, so important is it considered to complete the roasting and drying of the leaves on the day they are gathered, that the work is often continued to a late hour, and sometimes through the night. Under the long exposure to air as seen by Mr. Fortune, there must be a danger of the leaves turning sour; but at all events red, as the name of the tea "hongcha" (red tea) indicates, a species often made, as already stated, for the Su-chao market.

I think the account already given of the manipulation of black tea in the Bohea country, must be sufficient to prove, that the dark colour of the leaf and infusion of black tea, does not necessarily depend on a long exposure of the leaves to the air, while yet "in a soft and moist state," after they have been roasted and rolled; though I have little doubt an increased redness of the leaf and infusion may be produced, under proper management, by such means, and may be employed for some teas. Nor does it depend, as I think I shall be enabled to prove, "on the leaves being subjected to a greater degree of fire heat.[21] "

I have seen a sample of black tea, and another of green tea, which Mr. Fortune very handsomely showed to me. Unhappily they were not marked with the name of the province whence they were procured; but on comparison with the preceding accounts, I should imagine that the green tea was brought from the province of Chekiang and the black from Fokien. The green tea had been much injured by damp, and was somewhat mouldy; but the bluish or greyish colour of the leaf was sufficiently indicated to prove the class to which the tea belonged. It was a coarsely made tea, not very suitable to our market. The black tea, however, seemed a sufficiently well-made tea. Thus there is every reason to believe that Mr. Fortune saw black and green tea made from the same species or variety, that variety being the Thea viridis, as stated by him.

But the fact of black and green tea being made from the same leaves is not a novel discovery. Mr. Bruce states, in his report on the cultivation of tea at Assam,[22] "I am now plucking leaves for both black and green tea from the same tract and from the same plants; the difference lies in the manufacture and nothing else." There are still more early authorities on the same point, and so far back as Dr. Abel's journey in China, 1818.

In conclusion I may say, that the tubs containing charcoal used in the final drying of black tea or green tea, and the shifting of the iron pan and employing the stove for the same purpose, though in principle the same as the mode adopted in the black tea district for drying black tea, yet obviously indicate the employment of makeshifts and rough methods, fit only for peasants and small plantations. It will also be seen, when we come to examine into the mode of manipulating green tea, that the forms of the stoves and vessels, used in the Hyson district, differ essentially from those seen by Mr. Fortune in the parts of China which he visited.

I shall now explain the manner in which I have seen black tea manipulated in the sun by a man from the village of Puck-Uen-Hiang, in the district of Sy-Chu-Shan, about a day's journey from Canton.

1. I first made him divide the leaves into three parcels, with a view of trying some experiments. The leaves of the first parcel were then placed in sieves in the sun for three quarters of an hour. They were afterwards rolled in the manner already described under the article on "Rolling"; and upon the ball being shaken to pieces, the leaves were equally well twisted as if they had been previously roasted. In the district where the man resided a square stone channelled in a regular manner is used for this purpose. The one I saw was a piece of granite measuring eighteen inches by fourteen, and two inches thick. The surface was channelled and made rough. It was hollowed out on two sides to afford a place for the hands to lift it.

The leaves were then placed in the sun again, and thus rolled and exposed to the sun twice. The leaves were afterwards divided into smaller parcels in each sieve, and rolled up into small balls about the size of a duck's egg, considerable pressure being used for that purpose. They were then placed in the sun again, and turned once during the exposure. The balls were now partly broken to pieces with the hands, spread out, and placed in the sun again. During this process the leaves gradually became black. They were then removed from the sun, and rolled into balls the size of an orange, and exposed to the sun again for a quarter of an hour. The balls were then shaken to pieces, the leaves spread out loosely in the sieves, and thus left to dry. When completely and properly dried, they were exposed to the air to cool, when they were packed. This tea was fragrant in smell, and had a rich reddish appearance, resembling in colour the Hong-Moey pekoe: the infusion was a deepish red; and the flavour fragrant, but somewhat sweet, as if mixed with sugar; nor did I think that tea so made would keep. I have seen samples of tea, which this man affirmed were made precisely in the manner here described, which would have sold at the East India Company's sales at 3s. 10d. the pound. This want of success in my presence he ascribed to the unfitness of the Honan leaves for the preparation of tea.

2. The leaves of the second parcel, after exposure to sun, were roasted once in the usual manner, at my suggestion, and the process completed as above described by rolling and exposure to the sun. This tea was less mixed with red leaves, and better suited to the taste of Europeans; and I thought more likely to keep than the former parcel.

3. The leaves of the third parcel having been exposed to the sun were by my desire, roasted twice, and the desiccation completed by the process of Poey. But these leaves were of a paler colour; much mixed with green and yellow leaves, and wholly without fragrance. The infusion also was as light as green tea, and almost tasteless. This inferiority of quality the workman ascribed to the leaves having undergone the process of Chao twice instead of once.

4. On a subsequent occasion, I saw the same man, after having placed the leaves in the sun for half an hour, roll and sun-dry them twice as already described, forming them into a ball, &c. When completely dried in the sun, a Kuo was slightly heated, more to warm than to roast the tea. It must here be remembered that the leaves were deprived of much of their moisture, and consequently the roasting now corresponded with the final process of drying in the drying-tube, when a very moderate temperature is employed. The leaves were put into the Kuo, and kept constantly stirred, until the vessel became too hot, though of a very moderate temperature. It was then taken off the fire; but the leaves were gently stirred about until sufficiently dry. These leaves previously to roasting had a vegetable smell, as if not sufficiently dried; which, however, the roasting entirely dissipated, and made fragrant like tea. They were then packed warm; and a piece of charcoal wrapped up in paper was placed in the canister, to absorb any remaining moisture in the leaves, or any humidity which might penetrate. This tea, like the first parcel, resembled a "Hong-Moey" pekoe, and was agreeable in fla-

vour. The manipulator informed me that he could afford to sell tea of this description, though of superior quality, for about 18 tales the pecul, which at 6s. 8d. the tale, or 5s. 6d. the ounce of silver, would cost $10\frac{1}{2}$d. the pound.

5. Now these experiments, though they do not afford examples of the best mode of manipulating tea, seem nevertheless to me not devoid of interest, nor without their utility. In fact I am disposed to think, that they point to the true direction, in which we must seek to discover the real cause of the distinctive character and quality of black tea.

6. The first experiment shows, that, by exposure to sun and the rolling or kneading of the leaves, a sweet principle was either elaborated or preserved; and that the reddish-purple appearance of the leaves, and the red infusion co-exist with and may depend on this principle. And this experiment serves to strengthen the opinion already expressed, that the manipulation previously to roasting may be to produce some slight chemical change analogous to hay when stacked, or to the germination of barley in the process of malting, on which the sweetness and delicacy of flavour, the red infusion, and the rich reddish-purple colour of the leaves may depend. It also proves that the colouring matter of black tea in leaf and infusion is not necessarily due to the agency of heat; and still less to high temperature.

7. The second experiment shows that by the application of heat the saccharine matter was diminished, and the leaves became less

red; but the tea was improved thereby, and more likely to keep; thus indicating that a completely sun-drying process is an inferior method; also that the excellence of black tea depends on the combined and skilful management of the leaves previously to, and during the process of roasting. Whereas green tea will be found to depend solely on a peculiar management of the leaves during the final process of drying.

8. The third experiment shows that by an application of heat too great for the then condition of the leaves, though at a moderate temperature, the saccharine matter was altogether destroyed, and with it those elements on which excellence of quality depends. The dried leaves also became pallid and yellow, the infusion as light-coloured as green tea, and almost flavourless. This experiment further proves, what has already been explained, that no measure of time or degree of heat can be given for the roasting and drying of tea: they both depend on the state of the leaves, as regarding their succulency and aqueous condition, the mode of manipulation, and the kind of tea required to be made.

9. This example, moreover, shows that what was here effected by excess of temperature, as connected with the state of humidity of the leaves, though at a low degree of heat, was not very dissimilar to that which takes place in nature under the ordinary conditions of decay. Thus in autumn the leaves of deciduous trees having performed the several functions for which they were destined in the production of flowers, fruit, and wood, are no longer required:

assimilation is impeded, they begin to absorb oxygen from the air, decay and dryness follow, the leaves change colour and fall, and nothing remains but red, or brown, or yellow cellular tissue, and woody fibre. We will here leave these experiments for the present, though we shall have occasion to recur to them, when we come to treat specifically of the degree of heat employed in the manipulation of tea, and of its chemical constituents after desiccation.

Notes:

[1] Translation of Du Halde, vol. i. p. 10.

[2] The ly is about the third part of an English mile.

[3] Vol. i. page10, translation.

[4] By green is meant the green leaves found in black tea, termed by the English dealers yellow leaf.

[5] Another Chinese observes that "the flavour is bitter, the leaf is yellow, and the tea will not keep long".

[6] This observation is confirmed by my own inquiries. Ask a Chinese what causes the difference of quality in tea, and his reply invariably is, the Ty Tu, i. e. the soil.

[7] When I say that I have "seen made", I mean simply made to explain the process to me. I wish the reader particularly to understand that I have never seen tea made for sale, or which was fit for sale. The tea districts are distant eight hundred or more miles from Canton.

[8] Pigou, Oriental Repertory, vol. ii. p. 288.

[9] In composition the Chinese frequently add another word to the word To, which appears to be referable to some modification of this part of the process. Some use To Pa, the tossing and patting of the leaves; others To

Tuon, the tossing and collecting them into a heap or parcel; others To Nao, the tossing and rubbing them; and again, To Lung, which means simply tossing, or literally tossing and tumbling about the leaves. Now the tossing, patting, rubbing, collecting the leaves in a heap and covering them up as in the process of Oc Ching, are doubtless different methods used for the purpose of checking or hastening fermentation, as the leaves may require. The finest descriptions of Yen or Paochong tea are not handled at all, but are simply whirled round in sieves.

[10] Mr. Jacobson describes this process very accurately. It is employed at Java for all descriptions of black tea, as well as tossing the leaves with the hands. He states, the leaves are strewed about two inches thick on circular trays, measuring about $30\frac{1}{2}$ inches in diameter. An undulatory motion is given to the tray from right to left, by a slight action of the arms and hands. The leaves thus kept in constant motion, and whirled round, turn as it were on a common axis, and rise in a conelike shape to the height of eight inches, occupying little more than one half of the tray. He also observes, that one man may work eighty trays containing 60 lbs. of leaves in this manner in one hour. The leaves are first whirled from thirty to forty times, then tossed from thirty-five to forty times, and so as long as necessary; but the last motion must be the whirling. They are then covered with a tray, and put aside for about an hour; but this must depend on the state of the leaves. (Handboek v. d. Kultuur en Fabrikatie v. Thee, § 333.)

[11] Lap Sing says, "It is only a common kind of tea that undergoes the process of Oc Ching, and which is consumed principally at Su-chao, in Kiang Nan." It is true, there is a particular kind of common tea called Hong Cha, or Red Tea, which I have seen, and which is said to be made by a longer continuance of the process of Oc Ching, which is the tea he alludes to. But many

Chinese affirm that the Paochong tea is covered with a cloth, as already described, and others with a tray. Nor does Lap Sing's own account differ very materially; for he admits that, after the process of To Ching, the leaves are collected together and suffered to remain in a heap, which he denominates Tuon Ching, during which the leaves become fragrant, and spotted with red. The difference seems only in degree.

[12] Mr. Bruce describes the process of rolling very minutely and well. "The art," as he observes, "lies in giving the heap, or ball, a circular motion, permitting it to turn under and in the hand two or three whole revolutions before the arms are extended to their full length, and drawing the leaves quickly back without leaving a leaf behind." (Parliamentary Papers, Feb. 1839. Tea Cultivation, p. 109.) Mr. Fortune, also very aptly compares this action to that of a baker kneading his dough. (Wanderings in China, 2d edit. p. 196.)

[13] It may here be observed that the form of a ball is not a condition to which the Chinese attach any importance; and that may explain why they frequently make no mention of it. The thing sought by them is the expression of the juices of the leaves to save expense and labour in the process of roasting, the form of a ball is simply an accident, and the twisting of the leaves also; both arising out of the peculiar mode adopted by the Chinese in the process of rolling the leaves, and which after all may turn out to be not the best method, although a natural one, and such as in a rude state of society is likely to be adopted. But if the mode of expressing the juices is to be by hand, it must be evident that no better mode could be adopted than that of collecting the leaves into such a heap or parcel as the hands can cover, pressing, rolling, and keeping them in as compact a form as possible under the hand: the rest follows as a necessary consequence, arising out of the glutinous quality of the leaves, as experiment will show. These remarks may also serve to prove the

fallacy which has so long existed, even to the present day, viz. that each separate leaf undergoes a process of rolling between the fingers and thumb of a female: an operose method which no cheapness of labour, when compared with the known cost of manufacturing tea, would serve to explain. It must be admitted, however, that the twisted form of the leaf is now considered as a test of quality; for experience has shown, that the closely twisted leaves generally make the best tea. The reason is, that good teas consist of the young leaves and it is only the young, tender, and succulent leaves that can be made to assume that form.

[14] Mr. Jacobson states that at Java $1\frac{1}{2}$ or 2 lbs. of leaves are roasted at a time, and that this quantity is divided, afterwards, between two men to roll them. He also observes, that after rolling, the leaves are covered with a tray, which encourages their heating, and that this heating improves the colour of the leaf and infusion; besides giving a fuller flavour to the tea. It may here be remarked, that the Chinese differ much as to the quantity roasted at one time. The accounts vary from three or four tales, or ounces, to two, three, or even four pounds, for fine teas. I should deem two pounds a full quantity even for Congou tea.

[15] Mr. Jacobson ridicules this mode of turning the leaves; to me, however, it seemed a simple and an effectual method. A large quantity being contained in the sieve does not increase the difficulty of turning it. Indeed I thought at the time it appeared a preferable mode to the one very accurately described by him, which I also saw practised by a man from the Ankoy country. But I must defer to his opinion, because he has great practical experience to guide him. The method here alluded to is described by Mr. Jacobson (§ 400) as follows: When the second roasting is completed the leaves must no longer be spread out, but be pressed closely together into small heaps, a

little flattened at the top. In placing them on the drying sieves, each heap is taken up between the hands, and the leaves are allowed to fall loosely and gently down on the sieve. An aperture of about an inch in diameter is made in the centre of each parcel, and the heaps or half balls are thus placed round the extreme edge of the sieve; about fourteen of such parcels thus occupying that space. Then a second row is placed within, consisting of about ten heaps, which further admits of about four or five more, forming a third circle; and finally, an open space is left in the centre of about four inches in diameter. When the drying-tube is removed from the fire, it must be placed on a tray. In turning the parcels the dryer turns the drying-tube round, bringing each parcel in succession before him, that they may all be turned in due order, but the sieve is not removed from the drying-tube. As the leaves dry, it becomes desirable to mix the leaves of two of the drying tubes together: this is done by pouring the contents of one drying-tube on to those of another, and not by taking the leaves out with the hand. The charcoal is well covered with ash throughout the entire process of drying.

[16] The mode of rubbing and twisting the leaves between the hands is rather difficult to explain. About a handful of leaves should be taken up at one time, and placed between the hands held side-ways, with the thumbs uppermost; the left hand is kept stationary, while the right is brought back, drawing back the leaves at the same time, until the palm is brought on a line with the fingers of the left hand. The pressure is then relieved, and the leaves brought back as before. This is done with much celerity, and continued until no more leaves remain in the hands, for the leaves are projected forward by this movement. The pressure being all in one direction, the twist of the leaf becomes so likewise.

[17] Wanderings in China, p. 210.

[18] Wanderings in China, 2d edit. p. 200.

[19] Journal of the Royal Asiatic Society, May, 1840, p. 38.

[20] Journal of the Royal Asiatic Society, May, 1840, p. 212.

[21] Wanderings in China, 2d edit. p. 213.

[22] Asiatic Journal, January, 1840, p. 26.

兩訪中國茶鄉和喜馬拉雅山麓上的英國茶園

Two Visits to the Tea Countries of China and the British Tea Plantations in the Himalaya

整理説明

羅伯特·福瓊（Robert Fortune，1812—1880），英國植物學家。1848 年，福瓊接受英國東印度公司派遣，深入中國内陸茶鄉，將中國茶樹品種與製茶工藝"引進"東印度公司設在喜馬拉雅山麓的茶園，以試圖擺脱中國茶對世界茶葉市場的壟斷。1853 年出版的《兩訪中國茶鄉和喜馬拉雅山麓上的英國茶園》（*Two Visits to the Tea Countries of China and the British Tea Plantations in the Himalaya*）（John Murray，Albemarle Street，London）是他的考察日志。本次整理擇録是書下篇第 12 章—14 章内容，記録了福瓊於武夷山考察時的所見所聞，包括關於武夷茶的相關情況。此書有中譯本，見《兩訪中國茶鄉》（江蘇人民出版社 2016 年版）。

CHAPTER XII

WOO-E-SHAN—ASCENT OF THE HILL—ARRIVE AT A BUDDHIST TEMPLE—DESCRIPTION OF THE TEMPLE AND THE SCENERY—STRANGE ROCKS—MY RECEPTION—OUR DINNER AND ITS CEREMONIES—AN INTERESTING CONVERSATION—AN EVENING STROLL—FORMATION OF

THE ROCKS—SOIL—VIEW FROM THE TOP OF WOO-E-SHAN—A PRIEST'S GRAVE—A VIEW BY MOONLIGHT—CHINESE WINE—CULTIVATION OF THE TEA-SHRUB—CHAINS AND MONKEYS USED IN GATHERING IT—TEA-MERCHANTS—HAPPINESS AND CONTENTMENT OF THE PEASANTRY

AS soon as I was fairly out of the suburbs of Tsong-gan-hien I had my first glimpse of the far-famed Woo-e-shan. It stands in the midst of the plain which I have noticed in the previous chapter, and is a collection of little hills, none of which appear to be more than a thousand feet high. They have a singular appearance. Their faces are nearly all perpendicular rock. It appears as if they had been thrown up by some great convulsion of nature to a certain height, and as if some other force had then drawn the tops of the whole mass slightly backwards, breaking it up into a thousand hills. By some agency of this kind it might have assumed the strange forms which were now before me.

Woo-e-shan is considered by the Chinese to be one of the most wonderful, as well as one of the most sacred, spots in the empire. One of their manuscripts, quoted by Mr. Ball, thus describes it: "Of all the mountains of Fokien those of Woo-e are the finest, and its water the best. They are awfully high and rugged, surrounded by water, and seem as if excavated by spirits; nothing more wonderful can be seen. From the dynasty of Csin and Han, down to the present time, a succession of hermits and priests, of the sects of

Tao-cze and Fo，have here risen up like the clouds of the air and the grass of the field，too numerous to enumerate．Its chief renown，however，is derived from its productions，and of these tea is the most celebrated．"

I stood for sometime on a point of rising ground midway between Tsong-gan-hien and Woo-e-shan，and surveyed the strange scene which lay before me．I had expected to see a wonderful sight when I reached this place，but I must confess the scene far surpassed any ideas I had formed respecting it．There had been no exaggeration in the description given by the Jesuits，or in the writings of the Chinese，excepting as to the height of the hills．They are not "awfully high；" indeed，they are lower than most of the hills in this part of the country，and far below the height of the mountain ranges which I had just crossed．The men who were with me pointed to the spot with great pride，and said， "Look，that is Woo-e-shan！Have you anything in your country to be compared with it?"

The day was fine，and the sun's rays being very powerful I had taken up my position under the spreading branches of a large camphor tree which grew by the road side．Here I could willingly have remained until night had shut out the scene from my view，but my chair bearers，who were now near the end of their journey，intimated that they were ready to proceed，so we went onwards．

The distance from Tsong-gan-hien to Woo-e-shan is only about 40 or 50 le．This is，however，only to the bottom of the hills，and we intended to take up our quarters in one of the principal temples near the top. The distance we had to travel was therefore much greater than this. When we arrived at the foot of the hill we inquired our way to the temple. "Which temple do you wish to go to?" was the answer; "there are nearly a thousand temples on Woo-e-shan." Sing-Hoo explained that we were unacquainted with the names of the different temples, but our object was to reach one of the largest. We were directed, at last, to the foot of some perpendicular rocks. When we reached the spot I expected to get a glimpse of the temple we were in search of somewhere on the hillside above us, but there was nothing of the kind. A small foot path, cut out of the rock, and leading over almost inaccessible places, was all I could see. It was now necessary for me to get out of my chair, and to scramble up the pathway—often on my hands and knees. Several times the coolies stopped, and declared that it was impossible to get the chair any farther. I pressed on, however, and they were obliged to scramble after me with it.

It was now about two o'clock in the afternoon; there was scarcely a cloud in the sky, and the day was fearfully hot. As I climbed up the rugged steep, the perspiration streaming from every pore, I began to think of fever and ague, and all those ills which the traveller is subject to in this unhealthy climate. We reached the top of the hill at last, and our eyes were gladdened with the sight of a rich luxuriant spot, which I knew at once to be near a Buddhist temple. Being a considerable way in advance of my chair-bearers and coolies, I sat down under the shade of a tree to rest and get cool before I entered its sacred precincts. In a few minutes my people arrived with smiling countenances, for they had got a glimpse of the temple through the trees, and knew that rest and refreshment awaited them.

The Buddhist priesthood seem always to have selected the most beautiful spots for the erection of their temples and dwellings. Many of these places owe their chief beauty to the protection and cultivation of trees. The wood near a Buddhist temple in China is carefully protected, and hence a traveller can always distinguish their situation, even when some miles distant. In this respect these priests resemble the enlightened monks and abbots of the olden time, to whose taste and care we owe some of the richest and most beautiful sylvan scenery in Europe.

The temple, or collection of temples, which we now approached, was situated on the sloping side of a small valley, or basin, on the top of Woo-e-shan, which seemed as if it had been scooped out for the purpose. At the bottom of this basin a small lake was seen glistening through the trees, and covered with the famous lien-wha, or Nelumbium—a plant held in high esteem and veneration by the Chinese, and always met with in the vicinity of Buddhist temples. All the ground from the lake to the temples was covered with the tea shrub, which was evidently cultivated with great care, while on the opposite banks, facing the buildings, was a dense forest of trees and brushwood.

On one side—that on which the temples were built—there were

some strange rocks standing like huge monuments, which had a peculiar and striking appearance. They stood near each other, and were each from 80 to 100 feet in height. These no doubt had attracted, by their strange appearance, the priests who first selected this place as a site for their temples. The high-priest had his house built at the base of one of these huge rocks, and to it we bent our steps. Ascending a flight of steps, and passing through a doorway, we found ourselves in front of the building. A little boy, who was amusing himself under the porch, ran off immediately and informed the priest that strangers had come to pay him a visit. Being very tired, I entered the reception hall, and sat down to wait his arrival. In a very short time the priest came in and received me with great politeness. Sing-Hoo now explained to him that I had determined to spend a day or two on Woo-e-shan, whose fame had reached even the far-distant country to which I belonged; and begged that we might be accommodated with food and lodgings during our stay.

While the high-priest was listening to Sing-Hoo he drew out of his tobacco-pouch a small quantity of Chinese tobacco, rolled it for a moment between his finger and thumb, and then presented it to me to fill my pipe with. This practice is a common one amongst the inhabitants of these hills, and indicates, I suppose, that the person to whom it is presented is welcome. It was evidently kindly meant, so, taking it in the same kind spirit, I lighted my pipe and began to smoke.

In the meantime our host led me into his best room, and, desiring me to take a seat, he called the boy and ordered him to bring us some tea. And now I drank the fragrant herb, pure and unadulterated, on its native hills. It had never been half so grateful before, or I had never been so much in need of it; for I was hot, thirsty, and weary, after ascending the hill under a burning sun. The tea soon quenched my thirst and revived my spirits, and called to my mind the words of a Chinese author, who says, "Tea is exceedingly useful; cultivate it, and the benefit will be widely spread; drink it, and the animal spirits will be lively and clear."

Although I can speak enough of the Chinese language to make myself understood in several districts of the country, I judged it prudent not to enter into a lengthened conversation with the priests at this temple. I left the talking part of the business to be done by my servant, who was quite competent to speak for us both. They were therefore told that I could not speak the language of the district, and that I came from a far country "beyond the great wall".

The little boy whom I have already noticed now presented himself, and announced that dinner was on the table. The old priest bowed to me, and asked me to walk into the room in which the dinner was served. I did not fail to ask him to precede me, which of course he "couldn't think of doing", but followed me, and placed me at his left hand in the "seat of honour". Three other priests took their seats at the same table. One of them had a most unprepossessing appearance; his forehead was low, he had a bold and impudent-looking eye, and was badly marked with the smallpox. In short, he was one of those men that one would rather avoid than have anything to do with. The old high-priest was quite a different-looking man from his subordinates. He was about sixty years of age, and appeared to be very intelligent. His countenance was such as one likes to look upon; meekness, honesty, and truth were stamped unmistakably upon it.

Having seated ourselves at table, a cup of wine was poured out to each of us, and the old priest said, "Che-sue, che-sue" —Drink wine, drink wine. Each lifted up his cup, and brought it in contact with those of the others. As the cups touched we bowed to each other, and said, "Drink wine, drink wine." The chopsticks which were before each of us were now taken up, and dinner commenced. Our table was crowded with small basins, each containing a different article of food. I was surprised to see in one of them some small fish, for I had always understood that the Buddhist priesthood were prohibited from eating any kind of animal food. The other dishes were all composed of vegetables. There were young bamboo shoots, cabbages of various kinds both fresh and pickled, turnips, beans, peas, and various other articles, served up in a manner which made them very palatable. Besides these there was a fungus of the mushroom tribe, which was really excellent. Some of these vegetables were prepared in such a manner as made it difficult to believe that they were really vegetables. All the dishes, however, were of this description, except the fish already noticed. Rice was also set before each of us, and formed the principal part of our dinner.

While the meal was going on the priests continually pressed me to eat. They praised the different dishes, and as they pointed them out, said, "Eat fish, eat cabbage," or "eat rice," as the case might be. Not unfrequently their politeness, in my humble opinion, was carried rather too far; for they not only pointed out the dishes which they recommended, but plunged their own chopsticks into them, and drew to the surface such delicate morsels as they thought I should prefer, saying, "Eat this, eat this." This was far from agreeable, but I took it all as it was intended, and we were the best of friends.

An interesting conversation was carried on during dinner between Sing-Hoo and the priests. Sing-Hoo had been a great traveller in his time, and gave them a good deal of information concerning many of the provinces both in the north and in the south, of which they knew little or nothing themselves. He told them of his visit to Peking, described the Emperor, and proudly pointed to the livery he wore. This immediately stamped him, in their opinions, as a person of great importance. They expressed their opinions freely upon the natives of different provinces, and spoke of them as if they belonged to different nations, just as we would do of the natives of France, Holland, or Denmark. The Canton men they did not like; the Tartars were good—the Emperor was a Tartar. All the outside nations were bad, particularly the Kwei-tszes, a name signifying Devil's children, which they charitably apply to the nations of the Western world.

Having finished dinner, we rose from the table and returned to the hall. Warm water and a wet cloth were now set before each of us, to wash with after our meal. The Chinese always wash with warm water, both in summer and winter, and rarely use soap or any substance of a similar nature. Having washed my face and hands in the true Chinese style, I intimated my wish to go out and inspect the hills and temples in the neighbourhood.

Calling Sing-Hoo to accompany me, we descended the flight of steps and took the path which led down to the lake at the bottom of the basin. On our way we visited several temples; none of them, however, seemed of any note, nor were they to be compared with those at Koo-shan, near Foo-chow-foo. In truth the good priests seemed to pay more attention to the cultivation and manufacture of tea than to the rites of their peculiar faith. Everywhere in front of their dwellings, I observed bamboo framework erected to support the sieves, which, when filled with leaves, are exposed to the sun and air. The priests and their servants were all busily employed in the manipulation of this valuable leaf.

When we arrived at the lake it presented a fine appearance. The noble leaves of the nelumbium were seen rising above its surface, and gold and silver fish were sporting in the water below, while all around the scenery was grand and imposing. Leaving the lake we followed the path which seemed to lead us to some perpendicular rocks. In the distance we could see no egress from the basin, but as we got nearer a chasm was visible by which the huge rock was parted, and through which flowed a little stream with a pathway by its side. It seemed, indeed, as if the stream had gradually worn down the rock and formed this passage for itself, which was not more than six or eight feet in width.

These rocks consist of clay slate, in which occur, embedded in the form of beds or dykes, great masses of quartz rock, while granite of a deep black colour, owing to the mica, which is of a fine deep bluish-black, cuts through them in all directions. This granite forms the summit of most of the principal mountains in this part of the country.

Resting on this clay slate are sandstone conglomerates, formed principally of angular masses of quartz held together by a calcareous basis; and alternating with these conglomerates there is a fine calcareous granular sandstone, in which beds of dolomitic limestone occur. The geologist will thus see what a strange mixture forms part of these huge rocks of Woo-e-shan, and will be able to draw his own conclusions. Specimens of these rocks were brought away by me and submitted both to Dr. Falconer, of Calcutta, and Dr. Jameson, of Saharunpore, who are well-known as excellent geologists.

The soil of these tea-lands consists of a brownish-yellow adhesive clay. This clay, when minutely examined, is found to consist of particles of the rocks and of vegetable matter. It has always a very considerable portion of the latter in its composition in those lands which are very productive and where the tea-shrub thrives best.

Threading our way onward through the chasm, with the rocks

standing high on each side and dripping with water, we soon got into the open country again. After having examined the rocks and soil, my object was to get a good view of the surrounding country, and I therefore made my way to the heights above the temples. When I reached the summit the view I obtained was well worth all my toil. Around and below me on every side were the rugged rocks of Woo-e-shan, while numerous fertile spots in glens and on hill-sides were seen dotted over with the tea-shrub. Being on one of the highest points I had a good view of the rich valleys in which the towns of Tsong-gan-hien and Tsin-tsun stand. Far away to the northward the chain of the Bohea mountains were seen stretching from east to west as far as the eye could reach, and apparently forming an impenetrable barrier between Fokien and the rich and populous province of Ki-ang-see.

The sun was now setting behind the Bohea hills, and, as twilight is short in these regions, the last rays warned me that it would be prudent to get back to the vicinity of the temples near which I had taken up my quarters. On my way back I came upon a tomb in which nine priests had been interred. It was on the hill-side, and seemed a fit resting-place for the remains of such men. It had evidently been a kind of natural cavern under the rock, with an opening in front. The bodies were placed in it, the arched rock was above them, and the front was built up with the same material. Thus entombed amongst their favourite hills, these bodies will remain until "the rock shall be rent," at that day when the trumpet of the archangel shall sound, and the grave shall give up its dead.

On a kind of flat terrace in front of this tomb I observed the names of each of its occupants, and the remains of incense-sticks which had been burning but a short time before, when the periodical visit to the tombs was paid. I was afterwards told by the high priest that there was still room for one more within the rocky cave. That one, he said, was himself; and the old man seemed to look forward to the time when he must be laid in his grave as not far distant.

As I was now in the vicinity of the temples, and there was no longer any danger of my losing my way, I was in no hurry to go in-doors. The shades of evening gradually closed in, and it was night on Woo-e-shan. A solemn stillness reigned around, which was bro-ken only by the occasional sound of a gong or bell in the temple, where some priest was engaged in his evening devotions. In the meantime the moon had risen, and the scene appeared, if possible, more striking than it had been in daylight. The strange rocks, as they reared their rugged forms high above the temples, partly in bright light and partly in deep shade, had a curious and unnatural appearance. On the opposite side the wood assumed a dark and dense appearance, and down in the bottom of the dell the little lake sparkled as if covered with germs.

I sat down on a ledge of rock, and my eyes wandered over these remarkable objects. Was it a reality or a dream, or was I in some fairy-land? The longer I looked the more indistinct the objects be-came, and fancy seemed inclined to convert the rocks and trees into strange living forms. In circumstances of this kind I like to let imagination roam uncontrolled, and if now and then I built a few castles in the air they were not very expensive, and easily pulled down again.

Sing-Hoo now came out to seek me, and to say that our evening meal was ready, and that the priests were waiting. When I went in I found the viands already served. We seated ourselves at the table, pledged each other in a cup of wine, and the meal went on in the same manner as the former one. Like most of my countrymen, I have a great dislike to the Chinese sam-shoo, a spirit somewhat like the Indian arrack, but distilled from rice. Indeed the kind commonly sold in the shops is little else than rank poison. The Woo-e-shan wine, however, was quite a different affair: it resembled some of the lighter French wines; was slightly acid, agreeable, and in no way intoxicating, unless when taken in immoderate quantities. I had no means of ascertaining whether it was made from the grape, or whether it was a kind of sam-shoo which had been prepared in a particular way, and greatly diluted with water. At all events it was a very agreeable accompaniment to a Chinese dinner.

During our meal the conversation between Sing-Hoo and the priests turned upon the strange scenery of these hills, and the numerous temples which were scattered over them, many of which are built in the most inaccessible places. He informed them how delighted I had been with my walk during the afternoon, and how much I was struck with the strange scenery I had witnessed. Anything said in praise of these hills seemed to please the good priests greatly, and rendered them very communicative. They informed us that there were temples erected to Buddha on every hill and peak, and that in all they numbered no less than nine hundred and ninety-nine.

The whole of the land on these hills seems to belong to the priests of the two sects already mentioned, but by far the largest portion belongs to the Buddhists. There are also some farms established for the supply of the court of Peking. They are called the imperial enclosures; but I suspect that they too are, to a certain extent, under the management and control of the priests. The tea-shrub is cultivated everywhere, and often in the most inaccessible situations, such as on the summits and ledges of precipitous rocks. Mr. Ball states[1] that chains are said to be used in collecting the leaves of the shrubs growing in such places; and I have even heard it asserted (I forget whether by the Chinese or by others) that monkeys are employed for the same purpose, and in the following manner: —These animals, it seems, do not like work, and would not gather the leaves willingly; but when they are seen up amongst the rocks where the tea-bushes are growing, the Chinese throw stones at them; the monkeys get very angry, and commence breaking off the branches of the tea-shrubs, which they throw down at their assailants!

I should not like to assert that no tea is gathered on these hills by the agency of chains and monkeys, but I think it may be safely affirmed that the quantity procured in such ways is exceedingly small. The greatest quantity is grown on level spots on the hillsides, which have become enriched, to a certain extent, by the vegetable matter and other deposits which have been washed down by the rains from a higher elevation. Very little tea appeared to be cultivated on the more barren spots amongst the hills, and such ground is very plentiful on Woo-e-shan.

Having been all day toiling amongst the hills, I retired to rest at an early hour. Sing-Hoo told me afterwards that he never closed his eyes during the night. It seems he did not like the appearance of the ill-looking priest; and having a strong prejudice against the Fok-ien men, he imagined an attempt might be made to rob or perhaps murder us during the night. No such fears disturbed my rest. I slept soundly until morning dawned, and when I awoke felt quite refreshed, and equal to the fatigues of another day. Calling for some water to be brought me, I indulged in a good wash, a luxury which I could only enjoy once in twenty-four hours.

During my stay here I met a number of tea-merchants from Tsong-gan-hien, who had come up to buy tea from the priest. These men took up their quarters in the temples, or rather in the priests' houses adjoining, until they had completed their purchases. Coolies were then sent for, and the tea was conveyed to Tsong-gan-hien, there to be prepared and packed for the foreign markets.

On the morning of the third day, having seen all that was most interesting in this part of the hills, I determined to change my quarters. As soon as breakfast was over I gave the old priest a present for his kindness, which, although small, seemed to raise me not a little in his esteem. The chair-bearers were then summoned, and we left the hospitable roof of the Buddhist priests to explore more distant parts of the hills. What roof was next to shelter me I had not the most remote idea.

Our host followed me to the gateway, and made his adieusin Chinese style. As we threaded our way amongst the hills, I observed tea-gatherers busily employed on all the hill-sides where the plantations were. They seemed a happy and contented race; the joke and merry laugh were going round, and some of them were singing as gaily as the birds in the old trees about the temples.

A Chinese Tomb

CHAPTER XIII

STREAM OF " NINE WINDINGS " —A TAOUIST
PRIEST—HIS HOUSE AND TEMPLE—DU HALDE'S DESCRIP-
TION OF THESE HILLS—STRANGE IMPRESSIONS OF GI-
GANTIC HANDS ON THE ROCKS—TEA PLANTS PUR-
CHASED—ADVENTURE DURING THE NIGHT—MY VISI-
TORS—PLANTS PACKED FOR A JOURNEY—TOWN OF
TSIN-TSUN AND ITS TRADE—LEAVE THE WOO-E HILLS—
MOUNTAIN SCENERY—THE LANCE-LEAVED PINE—
ROCKS, RAVINES, AND WATERFALLS—A LONELY
ROAD—TREES—BIRDS AND OTHER ANIMALS—TOWN OF
SHE-PA-KY—PRODUCTIONS OF THE COUNTRY—USES OF
THE NELUMBIUM—POUCHING TEAS—CITY OF POUCH-
ING-HIEN

WE now proceeded across the hills in the direction of the small
town of Tsin-tsun, another great mart for black tea. Our road was
very rough one. It was merely a footpath, and sometimes merely
narrow steps cut out of the rock. When we had gone about two mi-
les we came to a solitary temple on the banks of a small river, which
here winds amongst the hills. This stream is called by the Chinese
the river or stream of Nine Windings, from the circuitous turns
which it takes amongst the hills of Woo-e-shan. It divides the range
into two districts—the north and south: the north range is said to

A Chinese Bird's-eye View of the Stream of
"Nine Windings" and Strange Rocks

produce the best teas. Here the finest souchongs and pekoes are produced, but I believe these rarely find their way to Europe, or only in very small quantities.

The temple we had now reached was small and insignificant-looking building. It seemed a sort of halfway resting place for people on the road from Tsin-tsun to the hills; and when we arrived several travellers and coolies were sitting in the porch drinking tea. The temple belonged to the Taouists, and was inhabited by an old priest and his wife. The priests of this sect do not shave their heads like the Buddhists, and I believe are allowed to marry.

The old priest received us with great politeness, and, according to custom, gave me a piece of tobacco and set a cup of tea before me. Sing-Hoo now asked him whether he had a spare room in his house, and whether he would allow us to remain with him for a day or two. He seemed to be very glad of the chance of making a little money, and immediately led us up-stairs to a room which, as we were not very particular, we agreed to hire during our stay.

This house and temple, like some which have already described, were built against perpendicular rock, which formed an excellent and substantial back wall to the building. The top of the rock overhung the little building, and the water from it continually dripping on the roof of the house gave the impression that it was raining.

The stream of "nine windings" flowed past the front of the temple. Numerous boats were plying up and down, many of which, I was told, contained parties of pleasure, who had come to see the strange scenery amongst these hills. The river was very rapid, and these boats seemed to fly when going with the current, and were soon lost to view. On all sides the strangest rocks and hills were observed, having generally a temple and tea-manufactory near their summits. Sometimes they seemed so steep that the buildings could only be approached by a ladder; but generally the road was cut out of the rock in steps, and by this means the top was reached.

Du Halde, in describing these hills, says, "The priests, the better to compass their design of making this mountain pass for the abode of the immortal beings, have conveyed barks, chariots, and other things of the same kind, into the clefts of the steep rocks, all along the sides of a rivulet that runs between, insomuch that these fantastical ornaments are looked upon by the stupid vulgar as real prodigies, believing it impossible that they could be raised to such inaccessible places but by power more than human."

I did not observe any of these chariots; and if they exist at all, they must either have been made for the express purpose, or brought from some distant country, as none are in use in these parts. Boats are common enough on the river; and if they are drawn up into such places, the circumstance would not be so wonderful.

Some curious marks were observed on the sides of some of these perpendicular rocks. At a distance they seemed as if they were the impress of some gigantic hands. I did not get very near these marks, but I believe that many of them have been formed by the water oozing out and trickling down the surface. They did not seem artificial; but a strange appearance is given to these rocks by artificial means. Emperors and other great and rich men, when visiting these hills, have had stones, with large letters carved upon them, let in or built into the face of these rocks. These, at a distance, have a most curious appearance.

The old priest with whom I had taken up my quarters seemed miserably poor; the piece of ground attached to the temple for his support was very small. Now and then one of his own sect, who came to worship at the temples amongst these hills, left him a small present, but such visits were "few and far between." And there was nothing grand or imposing about his temple to attract the rich and great, except indeed the scenery which surrounded it.

Having given the old man some money to purchase a dinner for myself and my men, I made a hasty meal and went out to explore the hills. I visited many of the tea-farms, and was successful in procuring about four hundred young plants. These were taken to Shanghae in good order, and many of them are now growing vigorously in the Government tea plantations in the Himalayas.

The old priest and his wife could not afford to burn either candle or oil, and were therefore in the habit of retiring very early to rest. As the night was wet and my quarters far from comfortable, I soon followed their example. Sing-Hoo, who was in the room with me, said he had no confidence in these Fokien men, as he called them, and that he would let down the trap-door of our garret and make all fast for the night before we went to sleep. However soundly I sleep, the least noise of an unusual kind is sure to awake me. Somewhere about midnight I awoke, and for a second or two I heard nothing except the heavy rain pattering on the roof of our room. Shortly afterwards, however, a slight noise below attracted my attention, and my eye naturally turned to the trap-door. What was my surprise to see it slowly open and the head of a man make its appearance in the room where we were! I scarcely knew how to act, but at last determined to lie still and watch his motions, and to be ready if necessary to defend myself as well as I could. Gradually a man's figure appeared, and entering the room he began to grope about, muttering some indistinct words. This awoke Sing-Hoo, who jumped out of bed in great fright and called out to me to get up. "The rain is coming through the roof of the house into our bed," said the man, whom we immediately recognised to be the poor old priest. We now breathed freely and had a good laugh at our being so alarmed. The old man, after putting some mats above the place through which the rain was coming in, descended the stairs to his own room. "Shut down the door," said Sing-Hoo to him as he went out. "It is much better up," said the old priest, "it is much cooler: don't be afraid, there is nothing to harm you amongst these mountains." Sing-Hoo did not contradict him, but, when he was gone, got up and quietly shut down the door. Nothing else disturbed our slumbers during the night.

These old people had not the slightest idea that I was foreigner; but I was subjected to some inconvenience through my servant informing them that was a mandarin from Tartary. Sometimes, when I was in my room, the country people who were passing, and who had just laid down their burdens to take a cup of tea, expressed great anxiety to see a traveller who had come so far. On several occasions some of them walked up stairs without any ceremony. I believe I always received them with the utmost politeness and sustained my character tolerably well. On one occasion, however, I nearly lost my gravity. An old priest, apparently in his second childhood, came in to see me, and the moment he entered my room he fell upon his knees and kow-towed or prostrated himself several times before me in the most abject manner. I raised him gently from this humiliating posture, and intimated that I did not wish to be so highly honored. Another priest came and expressed a desire for me to go and visit his temple, which was on an adjoining hill, and which he told me had been honored with a visit from a former emperor.

I remained two days under the roof of the hospitable Taouist, and saw a great part of the Woo-e hills and their productions. On the evening of the second day, having entered into a fresh agreement with my chairbearers and coolies, I intimated to the old priest that I intended to proceed on my journey early next morning. He kindly pressed me to stay a little longer, but, when he saw I was in earnest, he went out to his tea plantations and brought me some young plants which he begged me to accept. I felt highly pleased with his gratitude for the small present I had given him, and gladly accepted the plants, which increased my store very considerably; these with the other plants were carefully packed with their roots in damp moss, and the whole package was then covered with oil-paper. The latter precaution was taken to screen them from the sun, and also from the prying eyes of the Chinese, who although they did not seem to show any great jealousy on the point, yet might have annoyed us with impertinent questions. Early in the morning, our arrangements being completed, we bade adieu to our kind host and hostess, and set off across the hills in the direction of Tsin-tsun.

Tsin-tsun is a small town built on the banks of one of the branches of the river Min. This stream divides the northern ranges of Woo-e-shan from the southern. The town is built on both banks of the river, and is connected by a bridge. Here are great numbers of inns, eating-houses, and tea-shops for the accommodation of the tea-merchants and coolies. A great quantity of tea, produced in the surrounding hills, is brought here for sale, before it finds its way to Tsong-gan-hien, and thence across the Bohea mountains to Hokow.

When I arrived at Tsin-tsun I felt strongly inclined to go down the river Min to Foo-chow-foo. This could have been accomplished in about four days without trouble or inconvenience, as the whole journey could be performed in one boat. There were two objections, however, to this route; one was that I should not have seen much more new ground, and the other was the difficulty of getting away from Foo-chow when once there.

After weighing the matter in my mind I determined neither to go down to Foo-chow-foo, nor to return by the way I came, but to take another route, which led eastward to the town of Pouching-hien, then across the Bohea mountains and down their northern sides into the province of Chekiang. I ascertained that the distance from Woo-e-shan to Pouching-hien was 280 le, and that, as the road was mountainous, the journey would occupy from three to four days.

We halted in Tsin-tsun only long enough to procure refreshment, and then pursued our way. Turning our faces eastward we crossed one of the branches of the river, which here flows round the foot of the hills.

I now bade adieu to the far-famed Woo-e-shan, certainly the most wonderful collection of hills I had ever beheld. In a few years hence, when China shall have been really opened to foreigners, and when the naturalist can roam unmolested amongst these hills, with no fear of fines and imprisonments to haunt his imagination, he will experience a rich treat indeed. To the geologist, in particular, this place will furnish attractions of no ordinary kind. A Murchison may yet visit them who will give us some idea how these strange hills were formed, and at what period of the world's existence they assumed those strange shapes which are now presented to the traveller's wondering gaze.

The direct road from Woo-e-shan to Pouching-hien led through the city of Tsong-gan; but there was another road which kept more to the southward, and joined the Tsong-gan road about a day's journey from Pouching-hien; this road I determined to take. Our course was in an easterly direction. A small stream, another of the tributaries of the Min, had its source amongst the mountains in this direction, and for a great part of the way our road led us along its banks.

This river had many rapids, its bed was full of large rocks and stones, and it was not navigable even for small boats. On the morning of the third day after leaving the Woo-e hills, we arrived at the foot of a very high range of mountains, and at the source of the river along whose banks we had been travelling. This was a little beyond a small town named Shemun, where we had passed the night.

The scenery which presented itself as we ascended the gigantic mountain surpassed anything I had seen in China. It had quite a different character from that of Woo-e-shan. The sides of the mountains here were clothed with dense woods of the lance-leaved pine (Cunninghamia lanceolata). This was the first time I had seen this fir-tree of sufficient size to render it of value for its timber. Many of the specimens were at least eighty feet in height, and perfectly straight. There was a richness too in the appearance of its foliage which I had never seen before; sometimes it was of a deep green colour, while at others it was of a bluish tint. There are, doubtless, many varieties of this tree amongst these hills. It must be of great value as a timber-tree in this part of China.

An excellent paved road led us up through a deep ravine. Frequently the branches of the trees met above our heads and darkened the way. Everything had a wild appearance. Streams were gushing from the mountain sides and fell over rocky precipices, when they were lost to the eye amidst the rich and tropical-looking foliage of the pines. Uniting at the bottom of the mountains, they form a river and flow onward to swell the waters of the Min.

When we had got some distance from the base of the mountain the road became so steep that I was obliged to get out of my chair and walk. Once or twice, when I found myself a considerable way in advance of my men, the road seemed so wild and lonely that I felt almost afraid. It seemed a fit place for tigers and other ferocious animals to spring upon one out of the dense brushwood. We reached the top of the pass in about an hour from the time we commenced the ascent. As the day was close and hot, I was glad to find there a small inn, where I procured some tea, which was most acceptable and refreshing.

Resting awhile on the top of the mountain I enjoyed one of those glorious prospects which well-reward the traveller for all his toil, and then pursued my journey.

The most beautiful bird seen during our progress was the red-billed pie. This bird is scarcely so large as the English species, is of a beautiful light-blue colour, and has several long feathers in the tail tipped with white. It is generally met with in flocks of ten or a dozen, and as they fly across the ravines with their tails spread out they look very beautiful. Several species of jay were also observed, apparently new. Pheasants, partridges, and woodcocks were plentiful and very tame. They did not seem to be molested by the Chinese sportsman. Many other small birds, which I had never seen in other parts of the country, were continually showing themselves, and making me regret that I had no means at hand of adding them to my collections. A small species of deer—the one formerly noticed—was most abundant, and I was told by the Chinese that wild boars and tigers are not unfrequently seen here.

On the third evening after leaving Woo-e-shan we arrived at a bustling little town named She-pa-ky, which was on the main road between Tsong-gan-hien and Pouching-hien. Here we spent the night. Up to this point our road had in many places been very bad, but now we were told it was an excellent one all the way to Pouching-hien, which was only about a day's journey farther on. She-pa-ky is situated in the midst of a fine valley, which is extremely fertile. Rice is the staple production, but I also observed large quantities of nelumbium cultivated in the low irrigated lands. The rhizoma, or underground stem, of this plant is largely used by the Chinese as an article of food, and at the proper season of the year is exposed for sale in all the markets. It is cut into small pieces and boiled, and, like the young shoots of the bamboo, is served up in one of the small dishes which crowd a Chinese dinner-table. An excellent kind of arrowroot is also made from the same part of this useful plant. Tobacco is also grown extensively in this part of the country, as it is in all parts of the province of Fokien. The hills around this plain were in some parts prettily covered with trees, while in others they seemed uncultivated and barren.

As we approached Pouching-hien we again entered a tea-country, and the shrub was observed growing on many of the lower hills. Whether it be owing to the poorness of the soil, or to an inferior mode of manipulation, cannot say; but Pouching teas are not valued so highly in the market as those of Woo-e-shan. There is no doubt that the plant is the same variety in both districts.

Our road, which had wound amongst hills during the whole of the day, after we left the little town of She-pa-ky, now led us into a wide and beautiful valley, in the centre of which appeared the town of Pouching-hien. A pretty river, one of the tributaries of the Min, passes by its walls; a bridge is thrown over it at this point. The suburbs were rather poor in appearance, and indeed the whole place did not strike me as being one of very great importance. It is more like a country market town than anything else. I believe it is supposed to contain about a hundred and fifty thousand inhabitants. The walls and ramparts are apparently of a very ancient date; they are completely overgrown with weeds and straggling bushes, and are surrounded by a canal or moat, as is the case with many other Chinese towns.

A considerable trade in tea is carried on here. It is packed in baskets and sent across the mountains into Chekiang, from whence it finds its way down the rivers to Hang-chow-foo, Soo-chow-foo, and Ning-po; but believe little, if any, is exported. A considerable portion is also sent down the river Min to Foo-chow-foo.

As I had left behind me the great black-tea countries of China, which have been long famed for the production of the best black teas of commerce, this seems a fit opportunity, before proceeding with the narrative of my "adventures," to condense into the next few pages all the information connected with tea which I have gleaned during my journey.

CHAPTER XIV

SOIL OF WOO-E-SHAN—SITES OF TEA-FARMS—CULTIVATION AND MANAGEMENT OF TEA-PLANTATIONS—SIZE OF FARMS—MODE OF PACKING—CHOP NAMES—ROUTE FROM THE TEA-COUNTRY TO THE COAST—METHOD OF TRANSPORT—DISTANCES—TIME OCCUPIED—ORIGINAL COST OF TEA IN THE TEA-COUNTRY—EXPENSES OF CARRIAGE TO THE COAST—SUMS PAID BY THE FOREIGN MERCHANT—PROFITS OF THE CHINESE—PROSPECT OF GOOD TEA BECOMING CHEAPER—TUNG-PO'S DIRECTIONS FOR MAKING TEA—HIS OPINION ON ITS PROPERTIES AND USES

THE soil of the tea-lands about Woo-e-shan seemed to vary considerably. The most common kind was a brownish yellow adhesive clay. This clay, when minutely examined, is found to contain a considerable portion of vegetable matter mixed with particles of the rocks above enumerated.

In the gardens on the plains at the foot of the hills the soil is of a darker colour, and contains a greater portion of vegetable matter, but generally it is either brownish yellow or reddish yellow. As a general rule the Chinese always prefer land which is moderately rich, provided other circumstances are favourable. For example, some parts of Woo-e-shan are exceedingly sterile, and produce tea of a very inferior quality. On the other hand, a hill in the same group, called Pa-ta-shan produces the finest teas about Tsong-gan-hien. The earth on this hill-side is moderately rich, that is, it contains a considerable portion of vegetable matter mixed with the clay, sand, and particles of rock.

By far the greatest portion of the tea in this part of the country is cultivated on the sloping sides of the hills. I observed a considerable quantity also in gardens on the level land in a more luxuriant state even than that on the hill-sides; but these gardens were always a considerable height above the level of the river, and were consequently well drained. It will be observed, therefore, that the tea-plants on Woo-e-shan and the surrounding country were growing under the following circumstances: —

1. The soil was moderately rich, of a reddish colour, well mixed with particles of the rocks of the district.

2. It was kept moist by the peculiar formation of the rocks and the water which was constantly oozing from their sides.

3. It was well drained, owing to the natural declivities of the hills, or, if on the plains, by being a considerable height above the watercourses.

These seem to be the essential requisites, as regards soil, situation, and moisture.

In the black-tea districts, as in the green, large quantities of young plants are yearly raised from seeds. These seeds are gathered in the month of October, and kept mixed up with sand and earth during the winter months. In this manner they are kept fresh until spring, when they are sown thickly in some corner of the farm, from which they are afterwards transplanted. [2] When about a year old they are from nine inches to a foot in height, and ready for transplanting. They are planted in rows about four feet apart. Five or six plants are put together in each hole, and these little patches are generally about three or four feet from each other in the rows. Sometimes, however, when the soil is poor, as in many parts of Woo-e-shan, they are planted very close in the rows, and have a hedge-like appearance when they are full grown.

The young plantations are always made in spring, and are well watered by the rains which fall at the change of the monsoon in April and May. The damp, moist weather at this season enables the young plants to establish themselves in their new quarters, where they require little labour afterwards, except in keeping the ground free from weeds.

A plantation of tea, when seen at a distance, looks like a little shrubbery of evergreens. As the traveller threads his way amongst the rocky scenery of Woo-e-shan, he is continually coming upon these plantations, which are dotted upon the sides of all the hills.

The leaves are of a rich dark green, and afford a pleasing contrast to the strange and often barren scenery which is everywhere around.

The natives are perfectly aware that the practice of plucking the leaves is very prejudicial to the health of the tea-shrubs, and always take care to have the plants in a strong and vigorous condition before they commence gathering. The young plantations are generally allowed to grow unmolested for two or three years, or until they are well established and are producing strong and vigorous shoots: it would be considered very bad management to begin to pluck the leaves until this is the case. Even when the plantations were in full bearing, I observed that the natives never took many leaves from the weaker plants, and sometimes passed them altogether, in order that their growth might not be checked.

But, under the best mode of treatment, and with the most congenial soil, the plants ultimately become stunted and unhealthy, and are never profitable when they are old: hence in the best-managed tea-districts the natives yearly remove old plantations and supply their places with fresh ones. The length of time which a plantation will remain in full bearing depends of course on a variety of circumstances, but with the most careful treatment, consistent with profit, the plants will not do much good after they are ten or twelve years old: they are often dug up and the space replanted before that time.

The tea-farms about Tsong-gan, Tsin-tsun, and Woo-e-shan are generally small in extent. No single farm which came under my observation could have produced a chop of 600 chests. But what are called chops are not made up by the growers or small farmers, but in the following manner: —A tea-merchant from Tsong-gan or Tsin-tsun goes himself or sends his agents to all the small towns, villages, and temples in the district, to purchase teas from the priests and small farmers. When the teas so purchased are taken to his house, they are then mixed together, of course keeping the different qualities as much apart as possible. By this means a chop of 620 or 630 chests is made, and all the tea of this chop is of the same description or class. [3] If it was not managed in this way there would be several different kinds of tea in one chop. The large merchant in whose hands it is now has to refire it and pack it for the foreign market.

When the chests are packed the name of the chop is written upon each. Year after year the same chops, or rather chops having the same names, find their way into the hands of the foreign merchant. Some have consequently a higher name and command a higher price than others. It does not follow, however, that the chop of this year, bought from the same man, and bearing the same name as a good one of last year, will be of equal quality. Mr. Shaw informed me that it was by no means unusual for the merchant who prepares and packs the tea to leave his chests unmarked until they are bought by the man who takes them to the port of exportation. This man, knowing the chop-names most in request, can probably find a good one to put upon his boxes; at all events he will take good care not to put upon them a name that is not in good repute.

My principal object in collecting the information that follows was to ascertain, if possible, the precise amount of charges upon each chest or picul of tea when it arrives at the port whence it is to be exported. If I am able to give this information with any degree of accuracy, we shall then see what amount of profits the Chinese have been in the habit of making by this trade, and whether there is any probability of their being able to lower their prices, and so, with a reduction of our own import duties, to place a healthful and agreeable beverage—

"The cup

That cheers but not inebriates," —

within the reach of the whole of our population.

I shall, therefore, endeavour to give a description of the route by which the black teas are brought from the country where they are made to the ports of exportation—Canton or Shanghae. We have already seen that nearly all the teas grown in the fine districts about Woo-e-shan are brought to the city of Tsong-gan-hien by the merchants who buy them from the small tea-farmers, and that they are there made into chops and sold to the dealers connected with the foreign tea-trade, the chief part of whom are Canton men.

A chop of tea having been purchased by one of these merchants, a number of coolies are engaged to carry the chests northward, across the Bohea mountains, to Hokow, or rather to the small town of Yuen-shan, a few miles from Hokow, to which it is sent by boat. If the teas are of the common kind, each coolie carries two chests slung over his shoulders on his favourite bamboo. These chests are often much knocked about during the journey over the steep and rugged mountains, as it is frequently necessary to rest them on the ground, which is often wet and dirty. The finest teas, however, as I have already stated, are never allowed to touch the ground, but are carried on the shoulders of the coolies.

The distance from Tsong-gan-hien to Huen-shan is 220 le, or to Hokow 280 le. A merchant can perform it in his chair in three or four days, but coolies heavily laden with tea-chests require at least five or six days.

In the country about Yuen-shan and Hokow—that is, on the northern side of the great mountain-range—a large quantity of tea is cultivated and manufactured for the foreign market. Thousands of acres were observed under tea-cultivation, but apparently the greater part of this land had been cleared and planted within the last few years. The teas made here, as well as those on the southern side of the Bohea mountains, are brought to Hokow on their way to one of the ports of exportation. What are called Moning or Ning-chow teas, made in a country further to the westward, near to the Poyang lake, are also brought up the river, and pass Hokow on their way to Shanghae.

The town of Hokow—or Hohow, as it is commonly called by Canton men—is situated in latitude 29°54′ north, and longitude 116° 18′ east. It stands on the banks of the river Kin-keang[4], which rises amongst the hills to the north-east of Yuk-shan, and, flowing westward, empties its waters into the Poyang lake. Hokow is a large and flourishing town, abounding in tea-hongs, which are resorted to by merchants from all parts of China. Many of these men make their purchases here, without going further, while others cross the Bohea mountains to Tsong-gan-hien. When China is really opened to foreigners, and when our merchants are able to go into the country to make their own purchases of black teas, Hokow will probably be chosen by them as a central place of residence, from which they can radiate to Woo-e-shan and Ning-chow, as well as to the green-tea country of Mo-yuen, in Hwuy-chow.

The teas, having arrived at Hokow, are put into large flat-bottomed boats, and proceed on their journey either to Canton or to Shanghae. If intended for the Canton market, they proceed down the river in a westerly direction towards the Poyang lake. Ball says that they are "conducted to the towns of Nan-chang-foo and Kan-chew-foo, and then suffer many transshipments on their way to the pass of Ta-moey-ling, in that part of the same chain of mountains which divides Kiang-see from Quan-tung. At this pass the teas are again carried by porters; the journey occupies one day, when they are re-shipped in large vessels, which convey them to Canton. The time occupied in the entire transport from the Bohea country to Canton is about six weeks or two months."[5]

If intended for the Shanghae market, the tea-boats proceed up the river, in an easterly direction, to the town of Yuk-shan. This place is in latitude 28°45′ north, in longitude 118°28′ east, and distant from Hokow 180 le. The stream runs very rapidly, and, upon an average, at least four days are required for this part of the journey. In coming down the river the same distance is easily accomplished in one day.

When the tea-chests arrive at Yuk-shan they are taken from the boats to a warehouse. An engagement is then entered into with coolies, who carry them across the country, in an easterly direction, to Chang-shan, in the same manner as they were brought from Tsong-gan to Hokow. The town of Yuk-shan is at the head of a river which flows west to the Poyang lake, while that of Chang-shan is situated on an important river which falls into the bay of Hang-chow on the east. The distance across the country from one town to the other is about 100 le. Travellers in chairs accomplish it easily in one day, but coolies laden with tea-chests require two or three days.

When the teas arrive at Chang-shan they are put into boats and conveyed down the river. The distance from Chang-shan to Hang-chow is about 800 le, and, as it is all down-stream, it may be performed in five or six days with perfect ease. At Hang-chow the chests are transshipped from the river-boats to those which ply upon the canals, and in the latter are taken on to Shanghae. The distance from Hang-chow-foo to Shanghae is 500 le, and occupies about five days.

We have traced in this manner the route which the black teas travel on their way from Woo-e-shan to Shanghae. The distance travelled and time occupied will stand thus: —

	Le	Days
Tsong-gan-hien to Hokow ··················	280	6
Hokow to Yuk-shan ··················	180	4
Yuk-shan to Chang-shan ··················	100	3
Chang-shan to Hang-chow-foo ··················	800	6
Hang-chow-foo to Shanghae ··················	500	5
Total ··················	1860	24

Three le are generally supposed to be equal to one English mile, and in that case the exact distance would be, of course, 620 miles. I am inclined, however, to think that there are more than three le to a mile, perhaps four, or in some parts of the country even five. If this is the case we may be possibly nearer the mark if we estimate the whole distance at 400 miles. In calculating the time it will be necessary to allow about four days for time consumed in changing boats, for bad weather, &c. This will make the whole journey occupy 28 days, which is about the average time.

With regard to the next item in my account, —namely, the cost and expenses upon these teas, —I must confess that I cannot speak with the same confidence of accuracy as I have done on the previous items. Having myself travelled up and down their rivers, and over their mountains, I was in no necessity of depending at all upon Chinese statements having reference to distance or time. Their statements upon all subjects, and especially upon those relating to the interior of their country must be received with a great degree of caution. I have, however, been favoured with the assistance of Mr. Shaw, of Shanghae, who adds to his abilities as a merchant a knowledge of the Chinese language, which enabled him to give me valuable aid in the item of expense.

In the first place let us examine the expenses upon what is called good common Congou. By this is meant such tea as was selling in England in December, 1848, at about 8d. per pound. This tea was sold in Shanghae at about 12 taels per picul in 1846, 11 taels in 1847, from 9 to 10 taels in 1848, and 11 taels in July, 1849. These prices included the export duty.

I will suppose this tea to be brought from the town of Tsong-gan-hien by the route which I have already described. The expenses for coolie and boat hire upon it will be nearly as follows: —

	Cash	
Tsong-gan-hien to Hokow (by land) ············	800	per chest.
Hokow to Yuk-shan (by water) ·················	150	,,
Yuk-shan to Chang-shan (by land) ·············	400	,,
Chang-shan to Hang-chow-foo (by water) ······	200	,,
Expenses for coolies at Hang-chow-foo ·········	10	,,
Hang-chow-foo to Shanghae (by water) ······	180	,,
Total for carriage ····································	1740	,,

1740 cash per chest would amount to 2718 cash per picul, which, converted into silver, would be about 1 dollar 80 cents, or 1. 359 taels. To this sum must be added the cost of tea in the tea-country, the expenses of the wholesale dealers for inspection, charcoal, and labour in extra firing, the cost of the chest and packing, and custom-house and export duties.

Such tea as that above referred to is sold by the cultivators and small farmers at about 80 cash a catty, which is equal to 4 taels per picul. The following table will show the total amount of these expenses: —

Cost of tea at 80 cash per catty ··············	4 taels per picul.
Do. of chest and packing ····················	0. 847 ,,
Wholesale dealer's extra expenses ············	1 ,,
Carriage, as above ··························	1. 359 ,,
Hang-chow-foo custom-house ·················	0. 037 ,,
Export duty at Shanghae ····················	2. 530 ,,
	9. 773 ,,

If these different items are as correct as I believe them to be, it would appear that the profit upon common teas is very small, so small indeed as to make it a matter of doubt whether they will ever be produced at a reduced rate.

It must be borne in mind, however, that all the expenses just enumerated, excepting the original cost of tea, are as heavy upon the common kinds as upon those of a finer quality, for which much higher prices are paid. Take for example the good and middling Ohows, and finest teas, which sold in Shanghae, December, 1846, at from 20 to 28 taels, long price[6]; in 1847 at 18 to 26 taels; in 1848 at 14 to 22 taels; and in July, 1849, at 16 to 25 taels per picul. Such tea in November, 1847, was worth from 1s. to

1s. 4d. per lb. in England.

These fine teas are said to be sold by the small farmers to the dealers, at, on an average, 160 cash a catty, a sum probably higher than that which is actually paid. But suppose 160 cash per catty is the original cost, the matter would stand thus: —

Cost of tea at 160 cash per catty ·············· 8 taels per picul.

Total charges, as before, less the cost of tea 5. 773　　　　,,
$$\overline{13.\ 773}$$

In round numbers, the whole cost of bringing these fine teas to the port of Shanghae is 14 taels. The average price received from the English merchant during these four years appears, from the above prices, to have been about 22 taels, thus showing a clear profit of 8 taels per picul.

Before drawing our conclusions, however, it may be proper to mention that in the years 1846 and 1847 the trade in Shanghae was chiefly carried on by barter, which was managed through some Canton brokers then resident in Shanghae. Under these circumstances, it was difficult for any one not in the brokers' secret to say what was the exact sum paid to the Tsong-gan tea-dealer. It was probably, however, something considerably less than what it appears to have been by the above statements. Again, it is to be remarked that in 1848, when the prices were from 14 to 22 taels, the Chinese complained that they were ruinously low. But the average of even these prices would be 18 taels, thus showing an average profit of 4 taels per picul. Considering that this large trade is in comparatively few hands, even this, the lowest class of profits, must amount to a very large sum. It seems even a question whether the Chinese dealers and brokers could not be amply remunerated by a lower price than any yet quoted.

The above statements would seem to show that it is greatly to the interest of the Chinese merchant to encourage the production of the finer classes of tea, those being the kinds upon which he gets the largest profits.

I have now shown in detail the cost of the different classes of tea in the tea country, the distance which it has to travel before it reaches the seaport towns, and the total expenses upon it when it reaches the hands of the foreign merchant. It forms no part of my plan to say what ought to be a sufficient remuneration for the Chinese tea-dealer or broker;[7] but if the above calculations are near the truth, we may still hope to drink our favourite beverage, at least the middling and finer qualities of it, at a price much below that which we now pay.

While I encourage such hopes, let me confer a boon upon my countrywomen, who never look so charming as at the breakfast-table, by a quotation or two from a Chinese author's advice to a nation of tea-drinkers how best to make tea. "Whenever the tea is to be infused for use," says Tung-po, "take water from a running stream, and boil it over a lively fire. It is an old custom to use running water boiled over a lively fire; that from springs in the hills is said to be the best, and river-water the next, while well-water is the worst. A lively fire is a clear and bright charcoal fire.

"When making an infusion, and do not boil the water too hastily, as first it begins to sparkle like crabs' eyes, then somewhat like fish's eyes, and lastly it boils up like pearls innumerable, springing and waving about. This is the way to boil the water."

The same author gives the names of six different kinds of tea, all of which are in high repute. As their names are rather flowery, I quote them for the reader's amusement. They are these: the "first spring tea," the "white dew," the "coral dew," the "dewy dew," the "money shoots," and the "rivulet garden tea."

"Tea," says he, "is of a cooling nature, and, if drunk too freely, will produce exhaustion and lassitude; country people before drinking it add ginger and salt to counteract this cooling property. It is an exceedingly useful plant; cultivate it, and the benefit will be widely spread; drink it, and the animal spirits will be lively and clear. The chief rulers, dukes, and nobility esteem it; the lower people, the poor and beggarly, will not be destitute of it; all use it daily, and like it." Another author upon tea says that "drinking it tends to clear away all impurities, drives off drowsiness, removes or prevents headache, and it is universally in high esteem."

Notes:

[1] Cultivation and Manufacture of Tea.

[2] Sometimes the seeds are sown in the rows where they are destined to grow, and, of course, are in that case not transplanted.

[3] Sometimes a chop or parcel is divided into two packings, consisting

generally of 300 chests each. —— BALL's "Cultivation and Manufacture of Tea".

[4] This is the name the river bears near its mouth. Further up it is called in the map Long-shia-tong-ho.

[5] Cultivation and Manufacture of Tea.

[6] Long price (l. p.) means that the export-duty is included.

[7] I do not think the small farmer and manipulator is overpaid; the great profits are received by the middlemen.

附録

敦利號"循環簿"——絲茶到貨、出口記録（選録）

　　循環簿，爲輪流掌管按月登記之簿册，可作爲官府稽核税收的一種方式。《敦利號"循環簿"——絲茶到貨、出口記録》，清道光二十三年（1843）十一月初一日起記，二十四年（1844）十月十八日止。本次輯録，擇録其中福建崇安、建陽、同安等地茶商的茶葉到貨、出口記録等内容。

道光二十三年

十一月初八日到

福建崇安縣茶商李元順運來茶 64 箱

現貯敦利棧

前茶於道光二十四年四月十二日售與英商第 16 號船，計 55 箱

前茶除售與英商 55 箱外，尚剩 9 箱，因受水濕難銷，於四月十八日該商售與上海李裕昌茶號訖

道光二十四年

正月初九日到

福建建陽縣茶商劉集泰運來茶 189 箱

現貯敦利棧

正月十四日到

福建建陽縣茶商劉鼎由玉山縣運來茶 140 箱

正月二十二日到

福建建陽縣茶商劉集泰運來茶 209 箱

現貯敦利棧

正月二十九日到

福建建陽縣茶商劉集泰運來茶 204 箱

三月二十一日到

福建建陽縣茶商張森盛運來茶 50 箱

現貯敦利棧

前茶於四月十二日售與英商第 16 號船

八月十二日到

福建崇安縣茶商萬瑞茂運來茶 35 箱

現貯敦利棧

八月十三日到

福建崇安縣茶商萬瑞年運來茶 580 箱

現貯敦利棧

八月十四日到

福建崇安縣茶商萬瑞年運來茶 400 箱

現貯敦利棧

九月初三日到

福建崇安縣茶商朱豫洪運來茶 4 箱
現貯敦利棧

九月初五日到
福建崇安縣茶商源順號運來茶 21 箱
現貯敦利棧

九月初五日到
福建同安縣茶商劉星記運來茶 60 箱
現貯敦利棧

九月初七日到
福建同安縣茶商劉星記運來茶 400 箱
現貯敦利棧

九月初七日到
福建崇安縣茶商廣興號運來茶 289 箱
現貯敦利棧

九月二十四日到
福建崇安縣茶商美豐號運來茶 200 中箱
現貯敦利棧

九月二十六日到
福建崇安縣茶商萬瑞茂運來茶 13 箱

現貯敦利棧

九月二十六日到
福建崇安縣茶商同興號運來茶 119 箱
現貯敦利棧

九月二十六日到
福建同安縣茶商怡泰號運來茶 4 箱
現貯敦利棧

九月二十六日到
福建崇安縣茶商萬瑞茂運來茶 22 箱
現貯敦利棧

九月二十七日到
福建崇安縣茶商萬瑞茂運來茶 102 箱
現貯敦利棧

九月二十八日到
福建崇安縣茶商萬瑞茂運來茶 72 箱
現貯敦利棧

九月二十八日到
福建崇安縣茶商美豐號運來茶 106 箱
現貯敦利棧

九月二十八日到
福建崇安縣茶商美豐號運來茶 6 箱
現貯敦利棧

九月二十八日到
福建崇安縣茶商美豐號運來茶 32 箱
現貯敦利棧

九月二十八日到
福建崇安縣茶商萬瑞茂運來茶 1 箱
現貯敦利棧

十月十二日到
福建崇安縣茶商萬瑞茂運來茶 40 箱
現貯敦利棧

十月十五日到
福建崇安縣茶商萬瑞茂運來茶 3 箱
現貯敦利棧

十月十五日到
福建崇安縣茶商和豐號運來茶 4 箱
現貯敦利棧

十月十五日到

福建崇安縣茶商美豐號運來茶 16 箱
現貯敦利棧

十月十六日到
福建崇安縣茶商萬瑞茂運來茶 17 箱
現貯敦利棧

十月十六日到
福建崇安縣茶商美豐號運來茶 26 箱
現貯敦利棧

十月十六日到
福建同安縣茶商怡泰號運來茶 84 箱
現貯敦利棧

十月十六日到
福建同安縣茶商朱豫洪運來茶 24 箱
現貯敦利棧

十月十八日到
福建同安縣茶商施怡順運來茶 8 箱
現貯敦利棧

十月十八日到
福建崇安縣茶商萬瑞茂運來茶 7 箱

現貯敦利棧

十月十八日到
福建崇安縣茶商美豐號運來茶 18 箱
現貯敦利棧

十月十八日到
福建崇安縣茶商和豐號運來茶 24 箱
現貯敦利棧
以上資料轉引自王慶成《稀見清世史料并考釋》，武漢出版社 1998 年版。

福建其他地區茶文獻選輯

在《武夷茶文獻輯校》的編纂過程中，時見福建其他地區的茶葉歷史資料。而今隨着茶樹品種的培育與改良、製茶技術的發展，福建茶品衆多，閩茶之韵尤爲悠長。現將所搜集的部分資料作爲《附錄》，以供參考。在文末標注作品出處、卷次與版本信息，多次引用只標注書名與卷次。

福州 方山/鼓山/茉莉花茶

茶。《舊記》：舊閩縣尉廳，名茶山館。又縣東十五里，有茶園山，亦云石鼈山，出茶。《毬場山亭記》：有芳茗原，今甌冶山，唐憲宗元和間，詔方山院僧懷惲麟德殿説法，賜之茶。懷惲奏曰：“此茶不及方山茶佳。”則方山茶得名久矣。《唐·地理志》亦載“福州貢蠟面茶”，蓋建茶未盛前也，今古田、長溪近建寧界，亦能采造，然氣味不及。〔宋〕梁克家《三山志》卷四十一，文淵閣《四庫全書》本。

茶亭，昔有僧以暑月釀煮茗飲行者，因名。〔明〕王應山《閩都記》卷十四，清道光十一年（1831）求放心齋刻本。

徐㷆《試鼓山寺僧惠新茶》：偃卧山窗日正長，老僧分贈茗盈筐。燒殘竹火偏多味，沸出松濤更覺香。火候已周開鼎器，病魔初伏有旗槍。隔林况聽鶯聲好，移向茶蘼架下嘗。〔明〕喻政《茶書》信部，明萬曆四十一年（1613）刻本。

徐𤊹《茗譚》：《茶經》所載，閩方山產茶，今間有之，不如鼓山者佳。侯官有九峰、壽山，福清有靈石，永福有名山室，皆與鼓山伯仲，然製焙有巧拙，聲價因之低昂。〔明〕喻政《茶書》智部。

徐𤊹《茗譚》：吳中顧元慶《茶譜》：取諸花和茶藏之，殊奪真味，閩人多以茉莉之屬浸水瀹茶。〔明〕喻政《茶書》智部。

鼓山細茶：鼓山靈源洞之後，居民數家種茶為業，地名茶園，產不甚多，而味清冽。王敬美督學在閩評鼓山茶為閩第一，武夷、清源不及也。同時僚屬陳玉叔、顧道行諸公大加稱賞，時價茶一兩，索價一分，敬美諸公嘆其極廉。邇日兩臺藩臬府縣科取一斤，給官價一分，種茶村民逃竄。鼓山寺僧重施箠撻，一歲所產輸官不足，民間俱不得食矣。《竹窗雜錄》。〔明〕徐𤊹《榕陰新檢》卷十四，明萬曆三十四年（1606）刻本。

徐𤊹《鼓山賦》：翳石鼓之崔嵬，作海邦之巨鎮。周迴百里，壁立千仞。地軸盤峙乎坤，山勢障屏於震。并華頂之穹窿，齊嵩高之極峻。下臨滄海，遠望扶桑。邈哉渺渺，鬱乎蒼蒼。眇瀛涯而點綴，眺島嶼之微茫。盱琉球之國而隱見，矚天吳之首以昂驤。隘群峰於下界，空萬頃於八荒。觀曜靈於昧谷，接羲馭於東暘。若乃嶜岈岣嶁，崒嵂幽邃。萃川岳之鬱葱，鍾岩壑之靈秘。寒雲際曉而鎖青，古木當春而積翠。靈水澄源，甘泉涌地。緇衲聚僧，精藍創寺。開山則祖師神晏，檀施則閩王忠懿。標佛土以莊嚴，表禪宮而壯麗。祇園寶殿，紺宇珠林。臺鋪碧瓦，地布黃金。馴鴿紛飛，現半空之影；頻伽解語，送靜夜之音。旃檀有香而馥馥，檐卜有氣而蕭森。至於國師登壇，高座説法，澗底泉聲，奔流聒聒。雜梵唄以喧豗，混摩訶而活潑。立運神通，放聲一喝。迴別寶而倒流，涸空潭而停歇。望石壁兮徒存，聽澗漸兮永絶。洞門蛸蒨，磴道岩嶤。石封苔而棱漸損，藤抱樹而葉微凋。亭跨丹鳳之尾，橋礎巨鰲之腰。摩名賢之篆刻，辨姓氏於前朝。法嗣曾兹以卓錫，高人昔此而挂瓢。懷古迹而心悸，感往事而魂消。爾其异草奇花，珍禽怪獸，妖艷蒙茸，高飛遠走。彌布於叠嶂嵁岩，吟嘯於窮崖廣岫。嶺旋別徑，路轉人家。錯村落其如繡，開場圃以種茶。植先春之粟粒，采未雨之靈芽。老翁負笪而向火，稚子持筐而踏霞。笑北苑龍團之莫匹，渺陽羡紫笋以難誇。極林巒幽翳之足賞，何陵谷變幻之堪嗟。樵火夜遺，琳宮瓦礫。佛國榛蕪，禪房荆棘。風吹蔓草兮芊綿，水漾寒花兮寂歷。山魈哭雨以啼霜，行客撫今而追昔。痛頹廢兮六十餘秋，悟殘灰兮百千萬劫。寶銷佛面已多年，金舍給孤於何日？登臨自美，吊古空勞。歌以咏志，賦必憑高。等滄溟於一勺，睇天風之海濤。躡應真而飛渡，挾子喬以游遨。身陟雲山兮渺渺，眼空塵海兮滔滔。優哉游哉，以翔以翱。〔清〕黄任《鼓山志》卷九，清乾隆二十六年（1761）刻本。

　　徐槻《鼓山寺施茶疏》：竊以隨緣應物，無非回向菩提；指事傳心，總是行深般若。欲破人間之大夢，須憑劫外之先春。伏惟鼓山某禪師，寶集正宗，轉輪真子。學冠於竺乾華夏，智本圓通。神游於教海義天，理無罣碍。笑辟支獨醒於一己，擬菩薩普悟於群生。借水澄心，即茶演法，滌隨眠於九結，破昏滯於十纏。於是待蟄雷於鹿苑野中，聲消北苑。采靈芽於鷲峰頂上，氣靡蒙山。依馬鳴龍樹製造之方，得地藏清凉烹煎之旨。焙之以三昧火，碾之以無碍輪。煮之以方便鐺，貯之以甘露碗。玉雪飛時，香遍閻浮國土。

白雲生處，光搖紫極樓臺。非關陸羽之家風，壓倒趙州之手段。以故居人共啜，過客爭嘗。使業障、報障、煩惱障即日消除，資戒心、定心、智慧心一時灑落。今者法筵大啓，海棠齊臻，法是茶，茶是法，盡十方世界是個真心。醒即夢，夢即醒，轉八識眾生即成正覺。如斯煎點，利益何窮？更欲稱揚，聽末後句：龍團施滿恒沙界，永祝龍團億萬春。〔清〕黃任《鼓山志》卷九。

陳仲溱《過茶園》：峰勢臨江嶺路斜，危檐挂壁幾人家。嵐深霧遠不相見，僧過松林喚采茶。〔清〕黃任《鼓山志》卷十三。

陳仲溱《茶园即景二首（浪淘沙）》：絶壁翠苔封，屴崱危峰。半山雲氣織芙蓉。怪鳥啼春聲不斷，躑躅花紅。茅屋挂籠葼，十里青松，茶園深處挂孤箏。知得清明今欲到，茗緑東風。鳥道界岧嶤，日暖烟消。鷦鵠啼過蹩鼇橋。望到海門山斷處，練束春潮。收拾舊茶寮，筐筥輕挑，旗槍新采白雲苗。竹火焙來聊一歠，仙路非遙。〔清〕黃任《鼓山志》卷十三。

徐熥《靈源雨茗》：寒食纔過穀雨前，鼓山風送焙茶烟。旗槍乍試甘泉脉，竹火磁瓶手自煎。〔清〕黃任《鼓山志》卷十三。

茶：茶園，一名舍利窟，語訛爲笊籬窟，在涌泉寺之左。僧席盛時，道人有不守戒者謫居於此，使之種茶，以供香積。今居民二十餘家皆其子孫，猶以種茶爲業云。〔明〕徐熥、謝肇淛《鼓山志》卷一，明萬曆刻本。

箕畣張於梨栗，藿山童於黄芽，靈源荈茗，甲於東南而譽不甚振，蓋有幸不幸矣。至於肖翹葳蕤，得氣之先，壤有豐确，品物殊焉。作《物産志》。

茶産於舍利窟，其香味清遠，异於諸方，居人十餘家，種茶爲業。歲以清明前後三日采其芽，而清明日采者尤佳，清明而遇雷愈佳。隨采隨以微火炒之，取起，揉於竹器，揉竟復炒，貯以新罌。此爲上品，每兩價銀一分。至穀雨采者次之，其價亦減。此後則爲老茗，揉竟而焙之，不復炒。國初，與武夷茶皆入貢。今山下十里許，尚有茶焙村云。宣德間，建安楊文敏公當國奏罷之。其後，以歲時獻於監司，郡縣亦皆售以善價。自萬曆庚子，邑大夫聞其佳，取至百斤，遂以爲常值，且不時給。始而取之僧，既而取之茶户，僧與茶户俱困，幾不聊生。丁未歲，閩令王君世德爲之請於當事，罷其徵，給券存寺。〔明〕徐𤊹、謝肇淛《鼓山志》卷四。

安國賢《茶園》：緑樹陰中磴道斜，數聲雞犬幾人家。山翁年老無他事，管領兒孫日種茶。〔清〕黄任《鼓山志》卷十三。

謝肇淛《鼓山采茶曲》：半山別路出茶園，雞犬桑麻自一村。石屋竹樓三百口，行人錯認武陵源。布穀春山處處聞，雷聲二月過春分。閩南氣候由來早，采盡靈源一片雲。郎采新茶去未迴，妻兒相伴户長開。深林夜半無驚怕，曾請禪師伏虎來。緊炒寬烘次第殊，葉粗如桂嫩如珠。痴兒不識人生事，環繞薰床弄雉雛。雨前初出半岩香，十萬人家未敢嘗。一自尚方停進貢，年年先納縣官堂。兩角斜封翠欲浮，蘭風吹動緑雲鈎。乳泉未瀉香先到，不數松蘿與虎丘。〔明〕喻政《茶書》信部。

徐𤊹《茶園》：嶺半斜通路，山家歷幾環。誰知岩穴裏，宛若武陵間。地僻村難辨，林深户不關。小樓攢竹翠，幽石繡苔斑。卜

448

歲全看曆，謀生盡采山。扶犁籽麥熟，負筥焙茶閑。田嫗多椎髻，村氓自古顏。門前江渺渺，屋後澗潺潺。塞墐茅茨厚，編籬槿木彎。小厖驚客吠，乳犢趁人還。樸野元堪羨，真淳似可攀。徵徭吾欲避，從此離區寰。〔清〕黃任《鼓山志》卷十一。

吳兆《茶園》：千迴源壑裏，人有避秦風。汲井垂鬟女，耘田帶索翁。葉紅收柏子，花白老茶叢。豕笠深篁隔，雞塒鄰壁通。雲光搖樹杪，海氣結窗中。因失尋山路，要余更向東。〔清〕黃任《鼓山志》卷十一。

曹學佺《茶園》：地驚能最勝，迹喜下曾經。是處雲分白，偏秋樹損青。江於斜閣散，石受短墻扃。好茗隨多乞，流泉試一聽。翔雞知客异，防虎托神靈。野老相邀看，輿人不共停。冥搜非舊路，空殺半山亭。〔清〕黃任《鼓山志》卷十一。

鼓山茶：鼓山半岩茶，色、香、風味當爲閩中第一，不讓虎丘、龍井也。雨前者，每兩僅十錢，其價廉甚。鄧原嶽詩云：“雨後新茶及早收，山泉石鼎試磁甌。誰知屴崱峰頭產，勝却天池與虎丘。”一云：“國朝，每歲進貢，至楊文敏當國，始奏罷之，然近來官取其擾甚於進貢矣。”〔清〕周亮工《閩小紀》卷四，清康熙周氏賴古堂刻本。

山下有居民采茶，久不還，相傳墜岩死，其妻傷之，爲作歌，聲甚凄楚。舊志。〔清〕黃任《鼓山志》卷十四。

鼓山半岩茶，色、香、風味當爲閩中第一，不讓虎丘、龍井也。鄧原嶽詩云："雨後新茶及早收，山泉石鼎試磁甌。誰知圬峴峰頭產，勝却天池與虎丘。"國初，每歲進貢，至楊文敏當國，始奏罷，今栽培不足以供樵采者。《小草齋詩話》。〔清〕黃任《鼓山志》卷十四。

福州連江縣產茶，細如針，烹之色白，輕清可味，兼能除煩去瘴。胸腹不快，飲一盞輒霍然，惜久貯便有藥氣。〔清〕彭光斗《閩瑣紀》，《福建文獻集成初編》影福建省圖書館藏鈔本。

福州、福寧及閩縣之鼓山皆產半山茶。《閩小紀》："鼓山半岩茶，色、香、風味當為閩中第一，不讓虎丘、龍井也。雨前者，每兩僅十錢，其價甚廉。"鄧原嶽詩云："雨後新茶及早收，山泉石鼎試磁甌。誰知圬峴峰頭產，勝却天池與虎丘。"一云："國朝，每歲進貢，至楊文敏當國，始奏罷之。然近來官取，甚於進貢矣。"侯官之水西、鳳岡、九峰山、林洋即林洋寺、華峰、長箕嶺，長樂之蟹谷，福清之靈石，永福之名山室、方廣岩，連江之美肇、石門，皆產佳茗。以上所載各種，皆以其山水泉甘潔，特異他處，故云。今荒山土阜，種以貨夷，不得稱"產"。道光甲辰冬，嘆國始由城外入，居烏石山之積翠寺以後，各郡伐木為茶坪，且廢磺田，種茶取利。閩中自此米薪倍貴，即木料、雜植亦因之而缺。自"北苑"等而下之，皆市於夷，獨武夷價翔，夷人恐耗氣侵精，不敢緗載。武夷片石以此獨全，寧、福兩郡所產皆呼"土茶"，以別武夷、建安也。昔年閩茶運粵，粵之十三行逐春收貯，次第出洋。以此諸番皆缺，茶價常貴。今閩商貲薄不能居貨，茶賈反以急售蕩產。〔清〕郭柏蒼《閩產錄异》卷一，清光緒十二年（1886）刻本。

《三山志》：舊閩縣尉廳名"茶山館"。即今舊閩縣。又縣東十五里有茶園山，亦名"石鱉山"，出茶。按：在永南里，枕大江，三石形如鱉，故名。《毬場山亭記》有"芳茗原"，按：《芳茗原》，唐刺史裴次元《閩毬場二十咏》之一。今甌冶山。按：冶山在城隍廟後，道光間入民居。將軍山亦古甌冶山地，毬場在焉。唐憲宗元和間，詔方山院僧懷惲麟德殿說法，賜之茶。懷惲奏曰："此茶不及方山茶佳。"則方山茶得名久矣。陸羽《茶經》："方山露芽。"按：方山在清廉里，一名"五虎"，閩藩第四案也。《唐書·地理志》載："福州，貢蠟面茶。"蓋建安未盛以前也。據《三山志》引《唐書·地理志》，則福州，唐時先貢蠟面茶。今古田、長溪近建寧界，亦能采造，然氣味不及。《三山志》所云，皆古製，今統入焙，古法廢矣。《閩產錄异》卷一。

福州小家女多揀茶爲業，朝去暮歸，三五成群，素足簪花，風韵饒然。《閩小記》云："閩素足女多簪全枝蘭，烟鬟掩映，衆蕊爭芳，響屧一鳴，全莖振媚。繼在京師，見唐人美人圖，亦簪全蘭，乃知閩女正堪入畫。"郭白陽輯撰，福州市地方志編纂委員會整理《竹間續話》卷三，海風出版社 2001 年版。

謝在杭《小草齋詩話》云：鼓山半岩茶，色、香、風味，舊人評爲閩中第一，不讓虎丘、龍井也。鄧原嶽詩云："雨後新茶及早收，山泉石鼎試磁甌。誰知圽屶峰頭產，勝却天池與虎丘。"按：鼓山茶園久廢，今僧尚有以支提茶相餉者，而味尚清冽，未審是半岩茶種否。《竹間續話》卷三。

茉莉花，亦吾鄉之特產，或稱抹麗，謂能掩衆花也。洪塘過江一帶產最盛。花時，商人以供窨茶，專輪采運，謂之花船。《墨莊漫録》稱，閩人以陶盎種之，以供清玩。顔持約詩云："竹梢脱青錦，榕葉隨黃雲。嶺頭暑正煩，見此蕚綠君。欲言嬌不吐，藏意久未分。最憐月初上，濃香夢中聞。蕭然六曲屏，西施帶凝醺。叢深珊瑚帳，枝轉翡翠裙。譬如返風騎，一抹萬馬群。銅瓶汲清泚，聊復爲子勤。願言少須臾，對此鬚參軍。"觀此詩，則花之清淑柔婉風味，不言可知矣。按：《因樹屋書影》謂閩中獨有紅茉莉，余未之見。《竹間續話》卷三。

寧德 太姥山/支提山/綠雪芽

謝肇淛《芝山日新上人自長溪歸惠太姥霍童二茗賦謝四首》：三十二峰高插天，石壇丹竈霍林烟。春深夜半茗新發，僧在懸崖雷雨邊。錫杖斜挑雲半肩，開籠五色起秋烟。芝山寺裏多塵土，須取龍腰第一泉。白絹斜封各品題，嫩知太姥大支提。沙彌剝啄客驚起，兩陣香風撲馬蹄。瓦鼎生濤火候譜，旗槍傾出綠仍甘。蒙山路斷松蘿遠，風味如今屬建南。〔明〕喻政《茶書》信部。

宮鴻歷《閩中紀事四十韵寄姜西溟楊崑木查荆州聲山嚴寶成吳元朗王赤抒宋堅齋團雲蔚湯西崖史蕉飲汪文升安公》：……品茶知太姥。太姥峰茶品極貴。……〔清〕陶樑《國朝畿輔詩傳》卷二十八，清道光十九年（1839）刻本。

蕭如玉《摩霄庵二首》（其一）：杖屨來仙館，晴空景物饒。白雲常在户，紫氣欲摩霄。壁裂窺天綫，藤牽鎖石橋。山僧供茗碗，詩態轉成驕。〔明〕謝肇淛《太姥山志》卷下，明萬曆間刻本。

中峰寺。在六都香林寺之上，其峰高接雲霄，産茶甚美。寺建於前修邑志之後，今廢，基存。〔清〕盧建其、張君賓《寧德縣志》卷二，清乾隆四十六年（1781）刻本。

葉開樹《采茶曲》：松蘿叠翠梢雲嶠，穀雨將零群鳥叫。離離茅舍野人家，春田耕罷群采茶。紫簀青笠穿林薄，柔筐盛來香滿屋。石火新敲一縷烟，銅鎗競起千層綠。飛甘灑潤露華淼，南原北原采未了。翠竹壓廬殘月明，松花落地無人掃。我來暫憩楊柳岸，三五行歌聲嘹亂。欲問千古盤鬱層雲隈，藍溪一色走天碧。洪山對面青成堆，蠻烟障雨自朝暮。秋風歲歲芙蓉開，巨靈詔我提壺來。芙蓉笑臉如發酺，翠衿紅袖舞茵席。玉顏微醉雲鬟頹栽花，人往幾年代長留。芙蓉篆刻封蒼苔，振衣臺前一長嘯。天風爲我清浮埃，如何不飲空徘徊。《寧德縣志》卷九。

林士愚《讀支提志支提在寧德，明謝肇淛修葺有志》：尺幅嶙峋無數山，宛然身在翠微間。峰迴十里松杉路，岩向千尋瀑布潺。看竹人從青嶂去，采茶僧帶白雲還。此中應有天台路，知是何年得叩關。〔清〕朱珪、李拔《福寧府志》卷四十一，清光緒重刊本。

七夕，以桃仁和炒豆啜茶。剪端午所繫綫擲屋上，謂雀含此布橋，以度牛女。〔清〕譚掄《福鼎縣志》卷二，清嘉慶十一年（1806）刊本。

太姥洋，在太姥山下，西接長蛇嶺，居民數十家，皆以種茶、樵蘇爲生。《福鼎縣志》卷二。

靈應泉，在江夫人廟後，四時不竭，其水甘甜，味勝中泠，夏秋汲無寧日，環村多取以烹茶。〔清〕沈鐘《屏南縣志》卷三，清內府本。

茶之屬，各山皆有，或似武彝，或似松蘿，惟產於岩頭雲霧中者佳。《屏南縣志》卷七。

上轎，新人袖藏茶、米、鎖鑰，茶、米進轎即拋出，鎖鑰交付兄弟。過門三日，女家備辦糕餅，送到婿家，名曰下厨茶。《屏南縣志》卷七。

桂香山，在坦洋，產茶甚美，由山麓登桂岩，香聞數里，岩下有井泉，清且冽。國朝邑人郭尚賓《記》：邑九都有桂香山，山下爲坦洋。由縣治西北行四十里至社溪，望山腰諸峰羅如屏列。緣溪行十里漸近，蒼松環繞，疑無路然。有溪流發源龍井，匯蟾川，迸夾溪而跨以龍鳳橋，過橋折行百餘武，又跨以真武橋，豁然開朗。至坦洋，四山排闥，一水中流，鷄犬相聞，閭閻茂盛，產茶美且多，有武夷之風，外邦稱爲"小武夷"是也。〔清〕張景祁、黄錦燦《福安縣志》卷四，清光緒十年（1884）刊本。

觀後井。在城內北真慶觀後，明崇禎年鑿，泉香味甘，爲諸井冠，邑人烹茶多汲於此。《福安縣志》卷四。

七夕乞巧。是日俗以桃仁、米糕點茶。《福安縣志》卷十五。

《閩小紀》："太姥有綠雪芽。"今福寧府各縣溥種之，名綠頭春，味苦。福寧白琳、福安松蘿，以寧德支提爲最。"《閩產錄异》卷一。

吴振臣《闽游偶記》：太姥山亦産茶，名緑雲[一] 芽者最佳。
〔清〕王錫祺《小方壺齋輿地叢鈔補編》第九帙，清光緒二十年（1894）著易堂鉛印本。

太姥山産茶，名緑雪芽，周亮工《閩茶曲》有云："太姥聲高緑雪芽，洞山新泛海天槎。茗禪過嶺全平等，義酒應教伴義茶。"注云："閩酒數郡如一，茶亦類是。今年得茶甚夥，學坡公義酒事，盡合爲一，然與未合無异也。"《閩茶曲》十首，載在《賴古堂集》。
《竹間續話》卷三。

莆田 鄭宅茶/龜山/石梯

洪希文《煮土茶歌》：龜山、石梯、蟹井各有土産。龜山味香而淡，石梯味清而微苦。論茶自古稱鑿源，品水無出中泠泉。莆中苦茶出土産，閩鄉音，以茶爲茶，蓋有茶苦之義，其詳已見韓退之詩注。鄉味自汲井水煎。器新火活清味永，且從平地休登仙。王侯第宅門絶品，揣分不到山翁前。臨風一啜心自省，此意莫與他人傳。陸羽，字鴻漸，善煎茶，次第水品，以揚子江中泠爲第一，常州無錫縣惠山泉爲第二。揚州竹西寺上有井，其水味如蜀江，故其山號爲蜀岡。東坡嘗於此取水，號爲鄉味。李約嗜茶，曰："茶須緩火炙，活火煎。"活火，謂炭之有焰者。
〔元〕洪希文《續軒渠集》卷三，文淵閣《四庫全書》本。

曹庭樞《錢唐相國分餉上賜鄭宅茶，寄奉老母》：穀雨新晴後，頭綱驛遞初。綠挼雙掌細，香进一旗舒。玉盏梅花噴，銀瓶薤葉儲。賜先黄閣老，波及大君餘。竹裏泉聲沸，窗閑午睡徐。當筵思笋蕨，奉母憶籃輿。旅食經年別，平安數寄書。緘題將遠問，藉以慰門閭。徐世昌《晚晴簃詩匯》卷六十五，民國十八年（1929）退耕堂刻本。

王士禎《雪中試鄭宅茶莆産最佳，李質君中丞寄》：曉色凍啼鴉，柴門静不嘩。散齋逢小雪，病渴仰真茶。紅火開壚日，黄梅拂檻花。鳳團天上賜，無復夢東華。第四句用晋人帖語。〔清〕王士禎《帶經堂集》卷六十一，清康熙五十七年（1718）程哲七略書堂刻本。

王士禎《門人石福州寄鄭宅茶》：囊盛篛裹手封題，石鼎松風日又西。安得長河變酥酪，與君一試大刀圭。《帶經堂集》卷六十四。

愛新覺羅·弘曆《鄭宅茶》：榴枕桃笙午晝賒，紅蘭香細透窗紗。夢回石鼎松風沸，先試冰甌鄭宅茶。〔清〕愛新覺羅·弘曆《御製樂善堂全集定本》卷三十，文淵閣《四庫全書》本。

顧宗泰《試鄭宅茶歌》：梅花開遍空山裏，一榻春風睡初起。故人適自閩嶠來，貽我蠟囊手自開。傾囊錯落茉萸片，料得雲深采碧潤。建州龍鳳故絶倫，方山露芽亦足珍。獨憐有宋鄭公宅，芳名占得園林春。春園自種清人樹，枝葉婆娑盛垂布。每從花外轉朱輪，好命傾筐摘珠露。銅駝到今幾百秋，君謨逸事隨波流。猶有一株擅奇絶，平章手澤清陰留。彷彿騎火貢天子，金鑾舊例賜者幾。四人一餅那足誇，碧水丹山却有此。何當遠餉清明前，汲水豈必中泠泉。紗帽籠頭便煎吃，颼颼響動松風寒。蒼頭絶勝青州酒，相嘲乃在酪漿後。不須笑設邾莒飧，雪碗冰甌落吾手。依然緑脚春垂雲，滎陽家種傳清芬。吾將添注陸羽譜，換骨一問黄山君。〔清〕顧宗泰《月滿樓詩集》卷五，清嘉慶八年（1803）瞻園刻本。

王昶《吳凌雲先生±功惠鄭宅茶》：鄭宅滋春茗，芳名重建茶。焙來風味雋，包致道途賒。退食開松竈，呼僮汲井華。相如乔著作，消渴藉雲芽。〔清〕王昶《春融堂集》卷七，清嘉慶十二年（1807）塾南書舍刻本。

吳省欽《賜鄭宅茶詩次韵》：新焙閩綱達禁林，囊囊分布綠槐陰。種連帶草名先貴，出伴闌櫻遇更深。玉露輕芽教落手，丹泥短銚試穿心。吳中作瓦銚，穴其中以透火，謂之穿心罐，煮茶最便。侍臣好解相如渴，絕勝堯羨百和斟。〔清〕吳省欽《白華後稿》卷三十，清嘉慶十五年（1810）刻本。

特賜國王五次。初次：玉如意、玉觀音、綠水晶、朝珠、水晶瓶、紅瓷瓶，各一；銀絲盒二；錦緞三疋；箋紙三卷。二次：蟒緞、閃緞、糚緞、錦緞，各二疋。三次：鄭宅茶四罐，普洱茶團七，茶膏二盒，鼻烟二瓶，佛手一盤……〔清〕托津等《欽定大清會典事例》卷五〇七，清嘉慶二十五年（1820）武英殿刻本。

沈叔埏《疏雨前輩齋飲鄭宅茶時敬觀御書首楞嚴、妙法蓮華二經》：那能香莝夜常供，禪悦參來味轉濃。應愧竹林老居士，也聞催取密雲龍。〔清〕沈叔埏《頤彩堂詩鈔》卷七，清道光二十八年（1848）沈維鐈刻本。

飯罷試鄭宅茶，香氣與武夷迥殊，又非蒸裏所染，意植茶正在甘林中，根株相爲附麗，遂得其覭味耶？當從閩中別茶人問之。余自甲子入都已三十餘年，大人先生坐中烹啜者，皆非真鄭家白，此日始獲嘗爾，因并記之。〔清〕何焯《義門先生集》卷十，清道光三十年（1850）姑蘇刻本。

鄭宅茶以別致推重騷壇，烹之，水色仍白，香氣四溢。當時古樹剩一二株而已。其傳送海內者，類取仙產茶，依鄭宅所製，然香色猶遠勝他處。采摘之煩，製造之功，勞費不少。〔清〕王椿修、葉和侃《仙游縣志》卷五十三，清同治重刊本。

國朝閩茶入貢者，以鄭宅茶爲最。葉宮詹《觀國端午恩賜鄭宅茶》詩："嫩芽來鄭宅，精品冠閩溪。便覺曾坑俗，按：建安北苑之曾坑，宋時貢茶爲正焙。應令顧渚低。溶溶雲液澹，刾刾雪槍齊。石鼎烹嘗罷，封緘手自題。"《閩產錄异》卷一。

泉州 安溪/清源

泉州市南安市豐州鎮蓮花峰摩崖石刻：蓮花茶襟。太元丙子。

徐𤊹《茗譚》：泉州清源山產茶絕佳，又同安有一種英茶，较清泉尤勝，實七閩之第一品也。然泉郡志獨不稱此邦有茶，何耶？〔明〕喻政《茶書》智部。

茶。晋江諸山皆有，南安者尤佳。嘉靖初，市舶取貢，巡按簡霄奏免。香茶，盛小礶相餽，晋江出。〔明〕陽思謙、黄鳳翔《泉州府志》卷三，明萬曆刻本。

茶。七縣皆有，而晋江清源洞及南安一片瓦產者尤佳。〔明〕黄仲昭

《八闽通志》卷二十六，明弘治四年（1491）刻本。

　　茶。清源山茶，舊著名，可與松蘿、虎丘、龍井、陽羨角勝，然所出不多，今更希矣。雙髻、玉葉亦有名茶，總屬無幾，城中所食來自安溪。〔清〕方鼎、朱升元《晋江縣志》卷一，清乾隆三十年（1765）刊本。

　　英山，《隆慶府志》作“英发山”。在二十七都，距縣西五十里，三峰隱隱聳立如屏，其旁一峰爲翁山，形如籧篨，又名駝背山，若老翁然，居其下者多壽考。背後復有三山并峙，削成競秀，曰三公山，安溪縣治之對山也，以山兩翼如鷹將舉，亦名鷹山，又名馨山。《閩書》：昔人得古木如佛像，有异香，因築岩供奉之，名馨山岩，産茶甚佳。《縣志》：山有石佛、滴水、古迹、翁山、獅子、雲從、湖内七岩，俱奇勝也。山下爲英洋溪。〔清〕懷蔭布、黃任、郭賡武《泉州府志》卷七，清光緒八年（1882）補刻本。

　　茶。晋江出者曰清源，南安出者曰英山，安溪出者曰清水、曰留山。《泉南雜志》：清源山茶超軼天池之上，南安縣英山茶精者可亞虎丘，惜所産不如清源之多也。閩地氣暖，桃李冬花，故茶較吴中差早。吾閩清源山茶可與松蘿、虎丘、龍井、陽羨角勝，而所産不多。○按：清源茶舊甚著名，今幾無有。南安英山及他處所産不多，唯安溪茶差盛，然亦非佳品也。國朝釋超全《安溪茶歌》：“安溪之山鬱嵯峨，其陰長濕生叢茶。居人清明采嫩葉，爲價甚賤供萬家。邇來武夷漳人製，紫白二毫粟粒芽。西洋番舶歲來買，王錢不論憑官牙。溪茶遂仿岩茶樣，先炒後焙不爭差。真偽混雜人瞶瞶，世道如此良可嗟。吾衰肺病日增加，蔗漿茗飲當餐霞。仙山道人久不至，井坑香澗路途賒。江天極目浮雲遮，且向閑園掃落花，無暇爲君辨正邪。”《泉州府志》卷十九。

蔡獻臣《談茶》（選錄）：近言茶者，歙之松蘿、長興之岕、南安之英，堪稱鼎足矣。英香冽，類松蘿；岕帶土氣息，另自一家。

西番以茶爲生命，吳越以茶爲雅致，閩南人冬湯夏水，非客至不煮茶，所需至少，然亦過於活净。今則漸於吳下之風，爭言茶矣，茶價亦遂騰踴。英之幾與松蘿等，清水岩、覺海、樂山，價亦不賤，士大夫家尤尚之。今吾家亦每飯設茶，口之於味何常之有？覺海、樂山皆南安地，清水則屬安溪矣。○見《清白堂筆記》。〔清〕陳國仕《豐州集稿》卷十一，清光緒三十四年（1907）稿本。（轉引自陳明光、侯真平主編《中國稀見史料第 2 輯·廈門大學圖書館藏稀見史料》，廈門大學出版社 2010 年版。）

安溪茶品以鐵觀音爲最著，産在嶢陽鄉之南山。山坡緩斜，形勢秀美，土層極淺，俗有“嶢陽一片石”之稱。故其茶香味特濃，非他山可比也。《竹間續話》卷三。

廈門 同安

俗好啜茶，器具精小，壺必曰孟公壺，杯必曰若深杯，茶葉重一兩，價有貴至四五番錢者，文火煎之，如啜酒然，以餉客，客必辨其色香味而細啜之，否則相爲嗤笑，名曰工夫茶。或曰君謨茶之訛。彼誇此競，遂有鬥茶之舉。有其癖者，不能自已，甚有士子終歲課讀所入不足以供茶費。亦嘗試之，殊覺悶人，雖無傷於雅尚，何忍以有用工夫而弃之於無益之茶也？〔清〕周凱《廈門志》卷十五，清道光十九年（1839）刻本。

邑不産茶，所用者，武夷岩茶及安溪清水、留山諸種，近則斗拱山亦有仿爲者，但所出不多耳。〔清〕吳堂、劉光鼎《同安縣志》卷十四，清光緒十二年（1886）刻本。

漳州_{龍溪/龍山}

王襸《清漳十咏》（其五）：可是閩南微，陽多氣候先。麥收正月盡，茶摘上元前。緑笋供春饌，黄蕉入夏筵。南風吾所適，久住亦相便。〔清〕魏荔彤、陳元麟《漳州府志》卷二十九，清康熙五十四年（1715）刻本。

茶。舊有天寶山茶、梁山茶，近有南山茶、龍山茶，俱佳，及各處俱有土産，多於清明時采之。〔明〕李聯芳《龍溪縣志》。（轉引自朱自振《中國茶葉歷史資料續輯（方志茶葉資料彙編）》，東南大學出版社1991年版。）

東庵井。在漳浦東門外印石山，其泉清甘，最宜烹茶，邑内外咸汲焉。《漳州府志》卷二十八。

茶。漳中以龍山産者爲佳。〔清〕吳宜燮、黄惠、李疇《龍溪縣志》卷十九，清乾隆二十七年（1762）刻本。

龍岩_{漳平/上杭/梁野山}

玉泉，在縣東七十里，流爲瀑布，舊有佛庵，前後植茶，號玉泉茶。〔明〕邵有道《汀州府志》卷二，明嘉靖刻本。

茶。杭，凡山皆種茶，多而且佳者，惟金山爲最，至精細者，如蓮子心，香味逾於松蘿。〔清〕趙成、趙寧静《上杭縣志》卷一，清乾隆十八年（1753）刻本。

茶。所出甚少，溪南有之，鄉人名爲深山苦。初食之微苦，後能回甘，如嚼橄欖然。〔清〕查繼純、蔣振芳《漳平縣志》卷一，清乾隆四十六年（1781）重刻本。

茶無佳品，土人以苦者爲上焉。〔清〕蔡世鈹、林得震《漳平縣志》卷一，清道光十年（1830）刻本。

劉旿《梁野仙山》：極目梁山翠色斑，仙家靈處可醫頑。塵心頓共苔痕破，遥想寧容間磅關。滴露幽人携易至，鋤雲衲子種茶閑。飄然物外天寥廓，風度鐘聲出古壇。〔清〕劉旿、趙良生《武平縣志》卷一，民國十九年（1930）鉛印本。

三明 寧化/清流/大田/尤溪

宋　貢茶。國朝歲貢茶葉六百八十四斤。南平葉茶百有二斤……將樂葉茶六十九斤……沙縣葉茶百有八斤……尤溪葉茶百有八斤……順昌葉茶六十斤。〔明〕鄭慶雲、辛紹佐《延平府志》卷五，明嘉靖四年（1525）刻本。

彭士望《寧化第一泉記》：寧陽北郭依山麓，下以石爲基，有泉出其右，澄寒紺冽，里人恒以夜汲，猶天慶觀之乳泉也。泉之右爲南廬，予與諸子讀書其中。予因嗜茶，家仲子手製曰青霜，曰石岩白，獨擅一時。性既專嗜，行止必偕。或不幸逢濁流，輒嚬蹙揮去，寧終日不飲，決不使茶受辱。今一旦與泉值，予與諸子每於春秋佳日，花明鳥歡，梧下松間，風來月上，白雲帶山，西溪斜照，寒燈聽雪，風雨雞鳴，講誦微倦，睡起拂衣，痛快古人，牢騷昔怨。即吹爐發火，烹茶茗供。素瓷初寫，軒室香生，徐引而啜之，盡荊溪小壺數斗，神氣爽發，蛻然若遺，曾不知其老至也。諸子請曰："先生茶極佳，既深嗜之，而泉適相值，天蓋留茲泉以待先生之至。泉不爲無功於先生，先生其名之。"予曰："廬與泉并峙，俱負郭而賓南山。吾南其廬而北其泉，泉不北矣，遂名之曰南泉。"爲之記，貽知泉者。〔清〕曾日瑛、李紱《汀州府志》卷四十一，清同治六年（1867）刊本。

茶。種之山者名山茶，種之園者名園茶。山茶味厚，而園茶次之，視作手以爲精粗。順治初年，有江南僧人至清，遍山種茶，依松蘿製之，香味并妙，與閩茶無異。〔清〕王士俊、王霖《清流縣志》卷十，清康熙四十一年（1702）刻本。

茶。産虎鼻崎者佳，可以療病，他産爲土茶。〔清〕李慧《大田縣志》。（轉引自朱自振《中國茶葉歷史資料續輯（方志茶葉資料彙編）》。）

茶。産各處岩室。〔清〕劉宗樞、劉鴻略《尤溪縣志》卷三，清康熙五十年（1711）刻本。

南平 建陽/政和

茶山

建陽山多田少，荒山無糧，以歷來管業者爲之主。近多租與江西人開墾種茶，其租息頗廉，其產殖頗肥。春二月，突添江右人數十萬，通衢、市集、飯店、渡口有轂擊肩摩之勢，而米價亦頓昂，利之所在，害亦因之，不可不辨也。

茶訟

建陽山下出泉，在谷滿谷，向不畏旱，近因開墾，山不停注，溪流易竭，竟有十日無雨則無禾之勢。且大雨時行，沙土潚騰而下，膏腴變爲石田，五穀不生，空負虛糧。故山農與平地農動成鬥毆，釀爲訟端，幾以養人者害人。惟山近溪河，諭令沿山存腳開溝，方準墾種，庶幾兩全。

茶賭

山農之苦，無如茶事。自朝至夕采茶，自夜達旦揀茶，食不飽，寢不寐。人情苦極思樂，每當集場，必饜酒食而後已。茶山近市，一市之人皆若狂，乘醉而賭，毫無忌憚。至茶事畢，游民尤集棚夥賭，以爲生涯，不可不禁。

茶賊

采茶叢集，不能辨民之良頑。二月杪，頭春茶下山；四月杪，二春茶下山；五月杪，三春茶下山；六七月，尚有尾茶，名爲秋露。其間上山采茶、下山摸竊者，所在多有。故拘賊至堂，俱稱曾在某山爲某采茶。如以是根究山主佃户，則株連貽累。蓋此種小人朝秦暮楚，迄乏定主。現奉各憲檄飭編查棚民，亦塞源拔本之法。

茶盜

茶商往來之地，盜賊出没其間，陸路搶奪，水路扒艙，贓動滿貫。如長湍、宸前、江坊、界首、將口、黃金鋪一帶，自三月至八月，巨案頗多，蓋利有以招之也。非選勤能丁役緝捕護送，無以安行旅。〔清〕陳盛韶《問俗錄》卷一，清道光十三年（1833）刻本。

蔣周南：余承乏政邑三載於茲，幸其地在閩甌間，俗獨稱淳。年來案牘稍暇，因得從容，考其物產之美異，各綴以詩，用以補邑乘所未備云。（擇錄一首）《茶》：“叢叢佳茗被岩阿，細雨抽芽簇實柯。誰信芳根枯北苑，別饒靈草產東和。上春分焙工徵拙，小市盈筐販去多。列肆武夷山下賣，楚才晉用悵如何？”〔清〕程鵬里、譚高捷、梁承緝《政和縣志》卷十，清道光十三年（1833）刻本。

茶。有大白茶、草茶之別。大茶，莖褐色，葉凌冬不凋，色淡綠，邊如鋸齒，葉片厚而橢圓，端及基部略尖。秋開白花，不結實。花合萼離瓣，雄蕊多數在周圍，長短不齊。藥端有深黃花粉，雌蕊一枚，有甘蜜。采嫩芽曬之，名曰銀針。草茶，花冠小，花粉淡，葉片小而長，能結實，皆屬常綠灌木。錢鴻文、黃體震、李熙《政和縣志》卷十，民國八年（1919）刊本。

銀針。原產下里鐵山，後漸推廣。擇土質厚而色黃者種之，發榮滋長。穀雨節采取一旗一槍者揀之，分攤篩上，置當風處，復取曬乾之，色白如銀，曰銀針，曬久則色紅而味遜。

烏龍。采置篩上，旋轉之，令去水分，謂之走水。復炒之釜中，以手揉條，更以火焙乾，味香而色烏，名烏龍香。

紅茶。布嫩葉於篩上，凋萎後，揉縮之，積壓片時，俟變紅色，發佳香，置焙籠焙之，即成紅茶。

綠茶。采嫩葉，鋪篩上當風，復炒於釜中，揉之，至黏而香，焙之令乾，即成綠茶。錢鴻文、黃體震、李熙《政和縣志》卷十。

茶有種類名稱凡七：曰銀針，即大白茶芽，産地始自鐵山、高侖頭山，現到處均有布種；曰紅茶，産西南里；曰緑茶，産地與紅茶同；曰烏龍，産東平里；曰白尾，曰小種，曰工夫，隨地皆有，皆以製造後而得名。業此者有廠户、行棧二種，上年歲入約三十萬元。自歐戰發生後，銷路阻梗，價格低落，比較上年，十折其九，設法救濟，挽回利權，當以此爲先着。錢鴻文、黄體震、李熙《政和縣志》卷十七。

【校勘記】

[一]"雲"，當作"雪"。

後　記

　　數年前，入職武夷學院茶與食品學院，纔轉入茶學的研習。幸有學院領導與同仁的關照、西南大學劉勤晋教授的指導，我這葉"茶青"方有學習門徑。我們利用幾個假期，深入全國各大茶區，品山茶與溪茗，尋踪古遺迹，體驗茶風俗，拜訪老茶人。至今難忘的是：顧渚山下的清凉至境，蒙山頂上的眠雲仙茗，勐海帕沙的山野之行，臺北紫藤廬的片刻清心。茶路上的艱辛與樂趣，應了《茶經》那句："啜苦咽甘，茶也。"

　　行萬里茶路，還須讀茶書。結合相關課程的教學與科研項目的研究，我開始搜集、整理以武夷茶爲主的文獻資料。其中，《武夷茶文獻選輯（1939－1943）》於2020年出版，輯録了部分民國時期的武夷茶文獻；本書則爲民國以前的部分。至此，武夷茶文獻的整理工作有了初步的基礎。

　　感謝劉勤晋教授爲我們的學茶之路指引方向："學問思辨，所以致知。"多年來侍坐左右，如沐春風。他的題簽，茶香、墨香兼具，爲此書增光生輝。感謝厦門大學教授鄭學檬先生、中國農業出版社編審穆祥桐先生的點撥與鼓勵。2015年在厦門大學圖書館查閱資料時，鄭老師列了一整頁關於武夷茶的書目與我，一條條文獻綫索反映的是一位歷史學家的嚴謹與博學。穆老師則是2014年隨劉勤晋老師到宜興參加岕茶研討會拜識的，記得在酒店吃早餐時，向他請教了《茶經》版本問題。二位先生審閲了書稿，提出寶貴的修改意見，并惠賜序言。

　　本書爲福建省社科規劃項目“福建地方志中的茶葉資料整理與研究（1368—1949）”（FJ2021C041）階段性成果，也是武夷學院廖斌教授策劃的“武夷文獻叢書”整理項目中的一種；其出版由武夷學院茶與食品學院應用型學科專項經費支持，得到了張渤院長及諸位同事的鼎力支持。此書能順利完成還離不開黃巧敏、杜茜雅、趙宇欣、李菲、華杭萍、容小清、蔡少輝、陳平、楊明鳴诸君的幫助；來自上海的畫家高山精心設計了藏書票，以向樸實、勤勞的茶農致敬；藏書票上的圓“葉”印章爲揚州大學張琪博士所治；福州籍青年硬筆書家陳燁爲輯封書寫了篇名；福建教育出版社編輯駱一峰先生、劉露梅女士、陳岑女士爲書稿的出版工作付出了極大的辛勞。在此，一并致以由衷的謝意。

　　家有小女，名叫葉卷上。自從她認得自己名字中的“上”以後，常在我翻書時凑過來，從陌生字中認出它，并讓我圈起來，這如同從文獻中找出“武夷茶”一般，只不過一個只看“形”，一個“形”“義”兼顧。而找出文獻并校訂文字，也只是第一步工作，甄別真僞、評定價值，以及如何利用這些文獻説明與解決問題，則需要花費更大的功夫。閱讀這些茶文獻，回頭望一望我們來時的路，至少是有趣的，如一盞“氣味清和兼骨鯁”的茶。

二〇二二年秋葉國盛記於金陵隨園